钢材对照及
焊材智能（AI）
选配手册

段琳娜　王畅畅　李 灏　尹士科　编

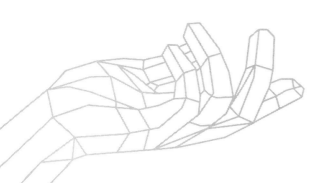

化学工业出版社

·北京·

内容简介

本书基于钢铁材料和焊接材料的大数据，利用模式识别算法和专家经验的数字化，构建了母材-焊材人工智能（AI）选配方法。根据母材成分、性能、应用要求，自动给出不同钢材牌号的可用焊材，并与其他手册数据进行了对比，为焊接及工程建设领域提供焊材选配的依据，也为焊材研发提供有益的参考。

本书适合钢铁材料及配套焊材研发、生产、装备设计选材、采办、建造等领域的技术和工程人员学习参考。

图书在版编目（CIP）数据

钢材对照及焊材智能（AI）选配手册 / 段琳娜等编 . —北京：化学工业出版社，2022.8

ISBN 978-7-122-41331-4

Ⅰ. ①钢… Ⅱ. ①段… Ⅲ. ①钢材-手册 ②焊接材料-手册 Ⅳ. ①TG142-62 ②TG42-62

中国版本图书馆 CIP 数据核字（2022）第 076382 号

责任编辑：周　红
文字编辑：朱丽莉　陈小滔
责任校对：边　涛
装帧设计：王晓宇

出版发行：化学工业出版社
　　　　　（北京市东城区青年湖南街 13 号　邮政编码 100011）
印　　装：三河市延风印装有限公司
787mm×1092mm　1/16　印张 17³/₄　字数 478 千字
2022 年 8 月北京第 1 版第 1 次印刷

购书咨询：010-64518888
售后服务：010-64518899
网　　址：http://www.cip.com.cn

凡购买本书，如有缺损质量问题，本社销售中心负责调换。

序

　　钢材是制造业的脊梁。材料牌号的选用、焊材的选配是装备设计、制造的核心环节之一。钢材和焊材的选用不仅需要了解母材和各种焊材的成分、性能及用途，还必须结合焊接工件的状况、施工条件及焊接工艺等综合考虑。

　　我国钢铁生产和消费量占全球一半。制造业的快速发展要求钢铁材料不断地推陈出新，也需要焊接材料不断更新换代与之相适应。传统的焊材选配主要依靠专家经验，选配门槛高、难度大。随着钢材、焊材品种的快速增长，将大数据和人工智能等新技术应用到焊材选配中将成为必然的发展方向。

　　本书基于钢材和焊材大数据，利用模式识别算法和专家经验的数字化，构建了母材-焊材人工智能（AI）选配方法，根据母材成分、性能、应用要求，自动给出不同钢材牌号的可用焊材，并与其他手册数据进行了对比，为焊接及工程建设领域提供焊材选配的依据，也为焊材研发提供有益的参考。

　　由于钢材对照及焊材人工智能选配是一项跨领域、跨专业的工作，本书的策划和作者团队中，既有耄耋之龄的资深焊接材料专家，也有 60 后、80 后的钢铁材料数据库及算法方面的专家。书中所用到的焊材 AI 选配方法是由中国钢铁研究总院相关团队经过多年研究和积累形成的，覆盖材料品种多、数据查阅方便，其网络版本覆盖面更广、更新、更快。相信随着算法的不断迭代升级和更多专家经验的数字化，基于 AI 的材料选配将成为该领域的主流方法，在方便制造业用户使用的同时，也将为新材料的研发应用提供更好的支撑。

钢铁研究总院常务副院长

教授

前 言

在我国制造业的快速发展过程中，钢铁材料仍然是占据主导地位的结构材料，是经济和社会发展重要的物质基础。中国已经成为世界钢铁行业的生产大国和消费大国，粗钢产量已连续多年超过全球产量的 50%。我国每年约有 3 亿吨的钢材涉及焊接加工，占全球焊接加工量的 50% 以上；我国的焊材产量也已达到世界总产量的 60% 左右，是世界焊接材料的生产大国和消费大国。目前，我国的焊接材料生产企业（不含有色焊材企业）约有 400 家，焊接材料的年产量在 400 万吨左右。

为了适应国民经济高速发展的需要，钢铁行业不断推陈出新，先后开发出了高强、高韧、耐热、不锈及具有特殊用途和功能的钢铁材料。与此同时，焊接材料的品种也在不断更新换代，以适应新型钢铁材料发展的需要。由于焊接过程的复杂性，在焊材的研发、生产及选用过程中，都遵循着严格的技术规范，经过长期生产研究实践形成了一系列专家经验和规则。一般来说，焊材选择需要随着材料种类及施工环境的差异，依据专家经验有针对性地选择合理的焊接材料。然而由于用户涉及领域极为广泛，繁杂的选材规则和焊接知识门槛给用户带来了很多技术和效率上的困难；焊材种类的复杂性也增加了其宣传和普及难度，造成了产品推广上的障碍。随着钢铁材料和焊接材料品种的快速发展，人工选材存在的局限性越来越突出。

钢铁材料和焊接材料数据库的建立，为用户查询焊材信息提供了一个便捷的平台，同时也为解决焊材选用的经验依赖性难题提供了新的技术思路和基础支撑。本书基于材料大数据和模式识别方法，通过对钢材-焊材之间匹配规律和专家知识进行机器学习并建立算法模型，实现焊材选用智能化，可以在很大程度上改变当前焊材选用严重依赖经验的技术应用现状，大幅降低技术门槛，提高应用效率。

本书主要分为四部分，第一章概述了可焊接结构钢的类别、主要焊接方法及焊材选配原则、国内外相关数据库资源，由尹士科、王畅畅、段琳娜参与编写；第二章介绍了钢材的 AI 对照方法及六大类近 500 个牌号的国内外对照数据，由段琳娜、李灏、苏航参与编写；第三章介绍了焊材的 AI 选配方法及常用焊材选配结果，涉及六大类近 2000 个牌号的焊材数据，由王畅畅编写，尹士科、吴树雄参与审核及修改；第四章介绍了常见焊接材料的化学成分及力学性能，由尹士科汇总编写。中国钢研数字化研发中心苏航教授负责了本书的整体策划和协调工作；北京钢研新材科技有限公司为本书的编纂和出版提供了关键的技术、人员和费用支撑。

本书是钢铁及装备制造领域大数据选材应用的一次大胆探索和尝试，对促进数字化技术在传统行业的应用和发展具有重要意义。文中汇集了大量基于 AI 匹配技术的选材速查表格，以及与传统专家经验的对比数据，希望可以为钢铁材料及配套焊材研发、生产、装备设计选材、采办、建造等领域的技术和工程人员提供借鉴和参考。

本书的成书过程中，特别感谢吴树雄先生的悉心指导和大力支持，作为焊接领域的前辈专家，吴先生不仅参与了本书部分章节的编写，也对焊材选配专家经验库的建立提供了许多指导性意见。感谢哈尔滨焊接研究院的陈默高级工程师对本书第四章提供的补充数据。感谢喻萍博士为本书的成型提供了大量的前期资料和重要建议。感谢路勇超博士在焊材数据库及低合金钢焊材 AI 选配方面所做的大量基础性研究工作。感谢王世宏、陈焕明、闫博伟对本书在编写和校对过程中给予的帮助。

此外，创新性、探索性的工作难免有风险，本书也难免有疏漏和不足之处，请读者和专家批评指正。也建议读者在使用本书相关数据时，对生僻的材料牌号还是应配合必要的试验验证。欢迎更多的读者积极参与到此项工作中来，与我们一起丰富和完善此方向的工作，使之更趋完善。本书相关的最新研究成果可以直接访问钢研·新材道网站进行查询。

编者

目 录

第三章

常用钢种的焊材选配 141

第四章
焊接材料的化学成分及力学性能   208

第一章

概述

第一节　焊接钢材的类别

钢铁是国民经济建设及国防建设的重要原材料。改革开放 40 多年来，我国的钢铁工业有了重大发展与进步，钢铁产品结构调整取得显著成效，研制开发出了各种新型钢铁材料，满足了国民经济发展的需求。

焊接钢材的类别，按照其用途或使用条件主要分为焊接结构用钢和耐腐蚀用钢。

焊接结构用钢包括各种不同强度的钢（它要求具有一定的强度和韧性）、铬钼耐热钢、低温钢及超低温钢、耐大气及其他介质耐腐蚀的低合金钢等。图 1-1 示出了焊接结构用钢的类型及其成分特征。

耐腐蚀用钢主要是各种类型的不锈钢，包括奥氏体、马氏体、铁素体、双相不锈钢和沉淀硬化不锈钢。奥氏体、马氏体及铁素体不锈钢的数字系统钢号分别汇总于图 1-2 至图 1-4。

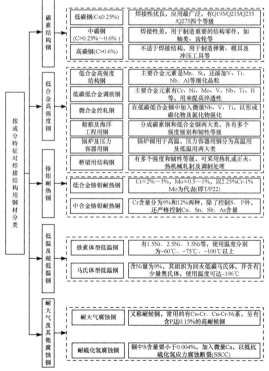

图 1-1　焊接结构用钢的类型及其化学成分特征

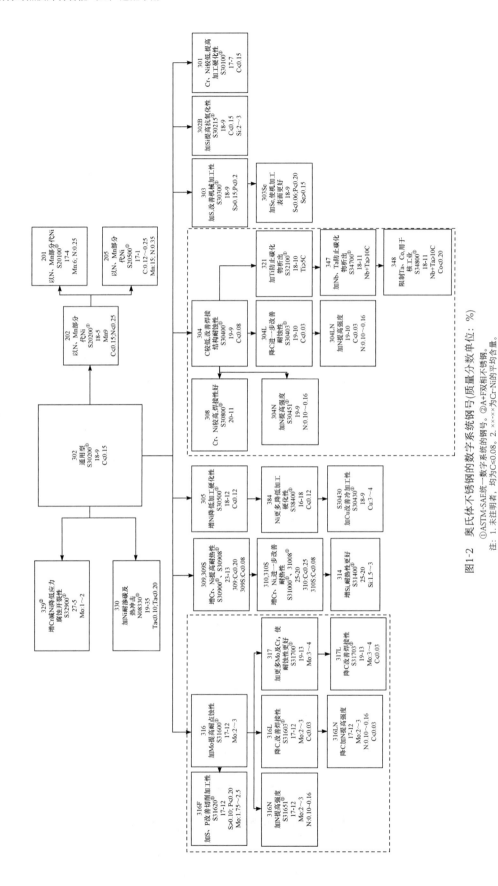

图1-2 奥氏体不锈钢的数字系统钢号（质量分数单位：%）

①ASTM-SAE统一数字系统的钢号。②A+FэX相不锈钢。

注：1. 未注明者，均为C≤0.08。 2. ××-××为Cr-Ni的平均含量。

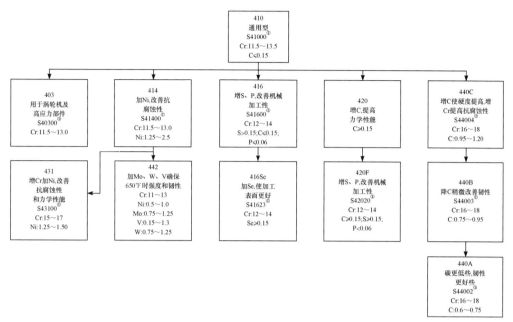

图 1-3　马氏体不锈钢的数字系统钢号（质量分数单位：%）

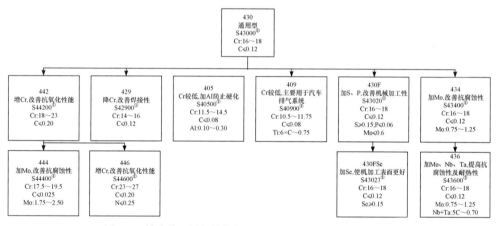

图 1-4　铁素体不锈钢的数字系统钢号（质量分数单位：%）

第二节　钢材的焊接施工方法

一、手工电弧焊

手工电弧焊是应用最广泛的焊接方法，几乎可用于所有的制造业、建筑业和维修行业等。其设备简单，投资少，焊条操作灵活，可全位置焊接。但手工电弧焊对焊接技术水平要求高，培训难度大。

手工电弧焊的焊道质量取决于接头的设计和装配、焊条的品质、焊工的技术水平等。总体来说，通过手工电弧焊能够获得优质的焊缝，这种焊接方法也可用于潜艇的压力壳体和高压油气输送管线。

手工电弧焊用于母材厚度在 1.6mm 以上钢板的焊接。薄板焊接时，需要熟练的焊工，良好的装配质量，并采用小直径的焊条。焊接位置不同，也会影响到最小板厚的范围。平焊和平角焊比较容易操作，立焊和仰焊需要更高的焊接技能。虽然母材的厚度无上限，但是随着厚度的增大，经济效益降低，手工操作的不可控因素，将导致焊接缺陷增多。尽管如此，在某些现场施工中，由于无法提供保护气体、冷却水及其他必备条件时，手工电弧焊也是必要的选择。

根据焊条药皮的特性，手工电弧焊可选用的电流极性有交流（AC）、直流正接（DCEN 或 DC-）、直流反接（DCEP 或 DC+）。

二、药芯焊丝电弧焊

药芯焊丝主要有两大类，一类是气体保护药芯焊丝，需要提供额外的保护气体来屏蔽大气中的氧气和氮气，其药芯成分的主要作用是造渣、脱氧、稳定电弧和实现合金化。气体保护药芯焊丝普遍用于碳钢、低合金钢和不锈钢的焊接，例如石化工业中的压力容器及管道、汽车、重型机械等。另一类是自保护药芯焊丝，这种焊接方法不需要额外的保护气体，它是通过药芯物质的分解产生保护气体，以及依靠造渣剂形成焊渣进行保护。大多数自保护药芯焊丝的药芯成分中有大量的脱氧和脱氮成分，同时有稳弧剂和合金化元素。自保护药芯焊丝特别适用于保护气体不容易到达的现场焊接。

药芯焊丝具有连续送丝的优点，也具有渣保护的优势。焊接时熔敷效率高，可全位置焊接，对焊接技能的要求比实心焊丝气体保护焊更低，抗母材表面锈蚀和氧化皮能力比实心焊丝强，熔深比手工电弧焊大，焊接设备也比手工电弧焊复杂，不容易携带。焊后需清理焊渣。因为焊接烟尘大，需要抽烟设备。

药芯焊丝电弧焊适用于半自动焊或自动焊。焊丝直径一般为 0.8～3.2mm，小直径（≤1.6mm）的焊丝可进行全位置焊接。

三、实心焊丝气体保护电弧焊

实心焊丝气体保护电弧焊（GMAW）可分为半自动和自动两种方式，用于焊接碳钢、低合金高强度钢、不锈钢、铝及铝合金、铜及铜合金和镍及镍合金等，可进行全位置焊接。焊丝在化学成分设计时，除了要保证焊缝金属的成分和性能达到要求外，还要有足够的脱氧剂和脱氮剂，以补偿焊丝和母材在焊接过程中的烧损。焊丝的物理特性，如光洁度和平直度，也非常重要。成品焊丝应该表面光滑，无碎屑、划痕或氧化皮，在线轴上均匀缠绕，无扭结或乱绕，直径均匀，圈径和翘高合格，能平稳地通过送丝机构，以保证焊接过程的畅通和连续性。外部供应的保护气体起到保护电弧和熔池的作用，除此之外，保护气体还影响到电弧特性、熔滴过渡形式、熔深、焊道成形及焊后清理工作量。常用的保护气体分为惰性气体（例如：氩气或氦气）、活性气体（例如：二氧化碳）及混合气体。

气体保护金属极电弧焊的优点是可连续焊接，需要选择恰当的保护气体、焊丝型号和焊接参数；在选择合适的焊接规范条件下，可实现全位置焊接；焊接速度高、熔敷效率高、熔深大、对焊工技能要求低、焊后清理工作量少。这些优点使得该工艺特别适合于高效和自动化焊接，以及机器人技术的应用。气体保护金属极电弧焊比手工电弧焊使用的设备复杂；价格相对昂贵；焊枪尺寸比较大；在户外有风干扰的情况下，需要使用保护罩；电弧辐射性强，焊工需佩戴合适的过滤片，以便保护眼睛。

通常 GMAW 电源极性都使用 DCEP（DC+），以获得稳定的电弧，较小的飞溅，良好的焊道成形和较大的熔深。

四、实心焊丝钨极惰性气体保护电弧焊

钨极惰性气体保护电弧焊（GTAW）也称为 TIG 焊，在钨合金电极和工件之间形成电弧，使工件和填充丝熔化，熔池温度可接近 2500℃。采用保护气体保护，以免电弧和熔融金属受到大气干扰和污染。通常采用的惰性气体有氩气、氦气以及氦气和氩气的混合气体。钨极惰性气体保护电弧焊广泛用于焊接不锈钢、铝、镁、铜和钛，也可用于焊接碳钢和合金钢。

钨极惰性气体保护电弧焊的优点是焊缝质量高、变形小、飞溅和烟尘极少。可以有填充丝也可无填充丝，能够精确控制焊接热输入，可以焊接几乎所有种类的金属。其局限性在于熔敷效率低、不适合厚板焊接、焊接区域需要防风设备。

是否需要填充金属取决于被焊工件的厚度，厚度小于 3.2mm 的工件可以不使用填充丝。填充丝可以是直的焊棒或者是缠绕在线轴上的焊丝卷。焊棒通常用于手工操作，一般为圆形截面，有些铝合金焊棒为长方形截面。焊丝卷一般用于有自动送丝机构的半自动焊或自动焊。

钨极惰性气体保护电弧焊保护气体主要采用氩气，统称为氩弧焊，电流极性为DC-。

五、埋弧焊

埋弧焊也能实现自动焊接和半自动焊接，自动焊的应用更广泛。它又分成单丝焊及多丝焊，串列焊及并列焊等。它的熔敷率高，焊接速度快，焊缝质量高，无金属飞溅，焊缝外部光滑美观。进行埋弧焊时，电弧在焊丝与工件之间形成，颗粒状焊剂覆盖着电弧，避免大气对焊接过程造成污染。也大大降低了弧光、飞溅和烟尘对焊工健康的损伤。由于采用焊剂保护，焊丝伸出长度短，可以采用大电流焊接，从而获得深熔的焊缝，30mm 以下的焊件可以不开坡口或开小坡口焊接，提高了生产效率。该方法容易实现生产过程的机械化和自动化。埋弧焊工艺简单，焊工培训耗时少。但是，埋弧焊电源、控制器和送丝机构比较复杂，成本高，并且只能在平焊和横焊位置，灵活性小，需要清理焊渣。由于热输入高，埋弧焊通常用于焊接板厚大于 6.4mm 的钢板。它广泛用于焊接低碳钢、低合金钢、耐热钢等。

六、气电立焊

气电立焊是由普通熔化极气体保护焊和电渣焊组合发展而形成的一种熔化极气体保护电弧焊方法，可采用单丝、双丝和三丝进行焊接，焊丝数越多，生产效率越高。气电立焊属于窄间隙焊，与其他窄间隙焊的主要区别是焊缝一次成形，而不是多道多层焊。所以其焊接效率及焊接质量均较高，主要应用于船舶的外壳板的中厚板焊接，也可应用于相应尺寸的桥梁箱形梁腹板及大型储罐侧板的中厚板的焊接。但是，由于它的焊接热输入很大，引起焊缝

或热影响区的晶粒粗大化，导致其韧性的急剧降低。为了提高大热输入（≥100kJ/cm）及超大热输入（≥500kJ/cm）条件下焊缝及热影响区的韧性，可采用高韧性的药芯焊丝，同时配套制造出焊接施工的工装设备，以满足生产企业的现场使用要求。

第三节　钢材与焊材的配套选用原则

焊接材料的种类繁多，每种焊接材料均有一定的特性和用途。即使同类别的焊材，由于不同的药皮、药芯或焊剂类型，所反映出的使用特性也是不同的。加之被焊工件的理化性能、工件条件（结构形状及刚度）、施工条件的不同，还要考虑生产效率、安全卫生及经济性等因素，这些势必给焊材的选择带来了一定的困难。在实际工作中，除了要认真了解各种焊材的成分、性能及用途等资料外，还必须结合被焊工件的状况、施工条件及焊接工艺等综合考虑，才能正确选择焊材。图1-5为焊接碳钢和低合金钢时，选用焊材的一般原则，提供参考。

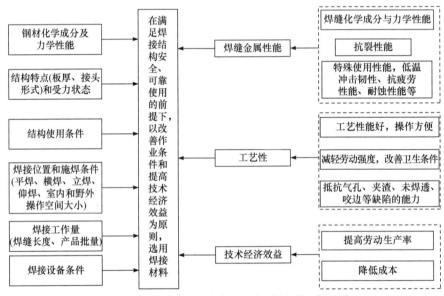

图1-5　焊接碳钢和低合金钢时选用焊条的一般原则

一、关于焊接接头的强度匹配

长期以来，焊接结构的传统设计原则基本上是强度设计。在实际的焊接结构中，焊缝与母材在强度上的配合关系可有三种：焊缝强度等于母材（等强匹配），焊缝强度超出母材（超强匹配，也叫高强匹配）及焊缝强度低于母材（低强匹配）。从结构的安全可靠性考虑，一般都要求焊缝强度至少与母材强度相等，即所谓"等强"设计原则。但实际生产中，多是按照熔敷金属强度来选择焊接材料，而熔敷金属强度并非是实际的焊缝强度。熔敷金属不等同于焊缝金属，特别是低合金高强度钢用焊接材料，其焊缝金属的强度往往比熔敷金属的强度高出不少。

所以出现了名义"等强"而实际"超强"的结果。超强匹配是否一定安全可靠，在学术界尚未有定论。我国九江长江大桥设计中就限制焊缝的"超强值"不大于98MPa。美国的学者 Pellini 则提出，为了达到保守的结构完整性目标，可采用在强度方面与母材相当的焊缝或比母材低 137MPa 的焊缝（即低强匹配）。根据日本学者佑藤邦彦等的研究结果，低强匹配也是可行的，并已在工程上得到应用。但比利时学者 Soete 和我国张玉凤等人的观点是，超强匹配应该有利。显然，涉及焊接结构安全可靠的有关焊缝强度匹配的设计原则，还缺乏充分的理论和实践的依据。为了更合理地确定焊接接头设计原则和为正确选用焊接材料提供依据，清华大学陈伯蠡教授等人承接了国家自然科学基金研究项目"高强钢焊缝强韧性匹配理论研究"。课题的研究内容有：490MPa 级低屈强比高强钢接头的断裂强度，690～780MPa 级高屈强比高强钢接头的断裂强度，无缺口焊接接头的抗拉强度，深缺口试样缺口顶端的变形行为，焊接接头的 NDT 试验，等等。大量试验结果表明：

① 对于抗拉强度 490MPa 级的低屈强比高强钢，选用具备一定韧性而适当超强的焊接材料是有利的。如果综合焊接工艺性和使用适应性等因素，选用具备一定韧性而实际"等强"的焊接材料应更为合理。该类钢焊接接头的断裂强度和断裂行为取决于焊接材料的强度和韧塑性的综合作用。因此，仅考虑强度而不考虑韧性进行的焊接结构设计，并不能可靠地保证其使用安全性。

② 对于抗拉强度 690～780MPa 级的高屈强比高强钢，其焊接接头的断裂性能不仅与焊缝的强度、韧性和塑性有关，而且受焊接接头的不均质性所制约，焊缝过分超强或过分低强均不理想，而接近等强匹配的接头具有最佳的断裂性能，按实际等强原则设计焊接接头更为合理。因此，焊缝强度应有上限和下限的限定。

③ 抗拉强度匹配系数（Sr）即焊接材料的熔敷金属抗拉强度与母材抗拉强度之比值，它可以反映接头力学性能的不均质性。试验结果表明，当 $Sr \geq 0.9$ 时，可以认为焊接接头强度很接近母材强度。因此，生产实践中采用比母材强度降低 10% 的焊接材料施焊，仍可以保证接头等强度设计要求。当 $Sr \geq 0.86$ 时，接头强度可达母材强度的 95% 以上，这是因为强度较高的母材对焊缝金属产生拘束作用，使焊缝强度得到提高。

④ 母材的屈强比对焊接接头的断裂行为有重要影响，母材屈强比低的接头的抗脆断能力较母材屈强比高的接头更好。这说明母材的塑性储备对接头的抗脆断性能亦有较大的影响。

⑤ 焊缝金属的变形行为受到焊缝与母材力学性能匹配情况的影响。在相同拉伸应力下，低屈强比钢的超强匹配接头的焊缝应变较大，高屈强比钢的低强匹配接头的焊缝应变较小。焊接接头的裂纹张开位移（COD 值）也呈现相同的趋势，即低屈强比钢的超强匹配接头具有裂纹顶端处易于屈服，且裂纹顶端变形量更大的优势。

⑥ 焊接接头的抗脆断性能与接头力学性能的不均质性有很大关系，它不仅决定于焊缝的强度，而且受焊缝的韧性和塑性所制约。焊接材料的选择不仅要保证焊缝具有适宜的强度，更要保证焊缝具有足够高的韧性和塑性，即要控制好焊缝的强韧性匹配。

对于强度级别更高的钢种，要使焊缝金属与母材达到等强匹配则存在很大的技术难度，即使焊缝强度达到了等强，却使焊缝的塑性、韧性降低到了不可接受的程度，抗裂性能也显著下降。为防止出现焊接裂纹，施工条件要求极为严格，施工成本大大提高。为了避免这种只追求强度而损害结构整体性能的情况，提高施工上的经济可靠性，不得不把强度降下来，采用低强匹配方案。如日本的潜艇用钢 NS110，它的屈服强度≥1098MPa，而与之配套的焊条和气体保护焊焊丝的熔敷金属屈服强度则要求≥940MPa，其屈服强度匹配系数为0.85。采用低强匹配的焊接材料后，焊缝的含碳量及碳当量都可以降低，这将使焊缝的塑韧性得到提高，抗裂性能得到改善，给焊接施工带来了方便，降低了施工方面的成本。

另外，日本学者佐藤邦彦的一些试验数据表明，只要焊缝金属的强度不低于母材强度的 80%，仍可保证接头与母材等强，但是低强焊缝的接头整体伸长率要低一些。在疲劳载荷作用下，如不消除焊缝的余高，疲劳裂纹将产生在熔合区；但若消除焊缝的余高，疲劳裂纹将产生在低强度的焊缝之中。因此，关于低强焊缝的运用，应当结合具体条件进行一些试验工作为宜。

二、关于高强钢焊缝的韧性问题

1. 焊接接头强度匹配对焊缝韧性的要求

很多焊接结构的破坏事故是典型的低应力下发生的脆性断裂，断裂前在表观上几乎不发生明显的塑性变形。工程上的脆断事故，总是从存在宏观缺陷或裂纹作为"源"而开始的，它在远低于屈服应力的条件下，由于疲劳或应力腐蚀等原因而逐渐扩展，最后导致突然地低应力断裂。只要存在裂纹源，裂纹的扩展总是沿着韧性最差的部位进行。从这一点考虑，焊接接头的最薄弱部位也要具有足够的韧性储备。陈伯蠡教授等人在研究高强钢焊缝强韧性匹配时得出，等强或接近等强匹配时所用的焊材，焊接接头最容易获得最优异的抗脆断性能。这是因为等强匹配时所用的焊材，不需要将其韧性提高到优于低强或超强匹配时所要求的韧性。而如欲使低强匹配或超强匹配的抗断裂性达到等强匹配的效果，则要进一步改善焊材的韧性水平。对于较低强度的焊材，其韧性容易改善；而当焊材强度提高时，大幅度提高其韧性却十分困难。因此，低强匹配较超强匹配更容易获得良好的接头抗脆断性能。故从抗脆性断裂方面考虑，超强匹配未必有利，在一定条件下，低强匹配反而是更适用的。对于低强度钢，无论是母材还是焊缝都有较高的韧性储备，所以按等强原则选用焊接材料时，既可保证强度要求，也不会损害焊缝韧性。但对于高强度钢，特别是超高强度钢，其配套用的焊接材料韧性储备是不高的，此时如仍要求焊缝与母材等强，则焊缝的韧性水平就有可能降低到安全限值以下，有可能因其韧性不足而引起脆断。此时，通过牺牲少许焊缝强度来提高韧性，将会更为有利。已有这方面的事故教训，如某厂家的 10000 吨油罐脆性破坏时，其强度和伸长率都是合格的，脆断主要是由韧性不足引起的。

2. 高强度钢焊缝韧性的判据

目前采用最广泛的韧性判据是 V 型缺口的夏比（Charpy）试样冲击功，它是根据 20 世纪 40 年代初美国船体破坏事故的分析经验得出来的。当时的船体均采用低碳沸腾钢，在事故温度下试验时，船体钢未断裂部位的冲击功平均为 15ft-lb（21J），因此，认为可采用这一数值作为判据来确定临界温度，即所谓 VTr15 判据。后来又发展为平均冲击功不小于 20ft-lb（27J），且允许有一个试样低于此值，但不得低于 21J。1954 年又出现了油船断为两半的事故，该船体钢为细晶粒钢或低合金钢，经英国劳埃德船级社调查分析得出，这类钢的 V 型缺口冲击功低于 35ft-lb（47J）时易于发生脆性断裂，因此提议以 47J 冲击功作为最低保证值。可见，在同一韧性水平下，高强度钢比低强度钢更易于断裂。为安全计，对于钢材冲击功的要求，应随其强度的提高而做适当的提高。1978 年挪威船级社在采油平台结构入级规范中给出了冲击功要求值与屈服强度最低值之间的关系函数，写为数学公式即：

$$VE_T \geqslant 0.1\sigma_y \tag{1-1}$$

式中，VE_T 表示在规定试验温度（7℃）时的冲击功（现多用 A_{kV} 表示），J；σ_y 表示最低屈服强度保证值，MPa。

1980 年英国颁布的桥梁规程 BS—5400 中，不仅将焊缝韧性要求与屈服强度联系起来，而且还考虑了板厚 h 的影响，其表达式为

$$VE_T \geqslant \frac{\sigma_y}{355} \times \frac{h}{2} \tag{1-2}$$

另有报道，对于大多数大型复杂结构，如桥梁、船舶、压力容器等，根据断裂力学原则，要求其结构材料的"韧强比"（RA）满足如下要求：

$$RA = A_{kV} / R_{eL} \geqslant 0.0016\delta + 0.01 \tag{1-3}$$

式中，δ 为板厚，mm；韧性值为冲击功 A_{kV}，J；强度值为最低屈服强度保证值 R_{eL}，MPa。

近年来，中国船级社（CCS）参照国外各船级社（LR、NV、ABS、NK 等）的规范，对高强度钢用焊条，自动焊及半自动焊焊丝的熔敷金属强度和韧性作出了如表 1-1 所列的规定。

表 1-1　高强度钢用焊材的熔敷金属力学性能要求

屈服强度/MPa	抗拉强度/MPa	伸长率/%	冲击温/℃	冲击功/J
≥400	510～690	≥22	−60～0	≥47
≥460	570～720	≥20	−20～−60	≥47
≥500	610～770	≥18	−20～−60	≥50
≥550	660～830	≥18	−20～−60	≥55
≥620	720～880	≥18	−20～−60	≥62
≥690	770～940	≥18	−20～−60	≥69

该表中的数值与数学公式 $VE_T = 0.1\sigma_y$ 是相一致的，也是目前各国船级社都采用的。笔者认为，$VE_T = 0.1\sigma_y$ 的适用范围不是无限的，而是有一定限制的。表 1-1 中所列的 690MPa 和

−60℃下 69J 的强韧性配合指标已经是上限范围了，进一步提高强度和冲击功的双重要求将是难以实现的。这是由金属材料本身的性能所决定的，强度和韧性是要相互制约的。

在焊缝韧性指标上，有的规范不是这样要求的，它对各种强度级别的焊缝，都要求相同的韧性水平。如潜艇用钢，按照日本防卫厅规格，对各种强度级别的焊条或焊丝的熔敷金属，都要求−50℃下的冲击功不小于 27J；其焊缝金属的屈服强度包括 460MPa、630MPa、800MPa 和 940MPa 四个等级，其焊接方法适用于焊条电弧焊、埋弧焊、MIG 和 TIG 等。除了对熔敷金属的冲击功有指标要求外，对焊接接头还要进行落锤试验，根据屈服强度等级和试板厚度选用规定的冲击功，要求在−50℃下不发生试样断裂。从这两个方面进行韧性考核应是更为科学的。

美国军标（MIL）对潜艇用焊接材料的韧性考核，与日本防卫厅的规格有所不同。对熔敷金属的韧性考核，早期也是采用夏比 V 型缺口冲击试验，要求−50℃下的冲击功不小于 27J、47J 或 68J，这些冲击功的提高不是因为强度的提高而相应提高，而是根据焊接材料的韧性储备等因素来确定的。后来又改为动态撕裂试验（DT 试验），常用的试样厚度为 5/8 英寸（约 16mm），试样的宽度和长度分别为 41mm 和 180mm；对裂纹源缺口的加工有着更严格的要求。试验温度为 30℉（约为 0℃），撕裂功的最低值要求为 450ft-lb、475ft-lb、500ft-lb 及 575ft-lb。这些数值的确定也不是与强度的提高存在线性关系，而与材料的韧性储备有直接关系，例如，屈服强度≥920MPa 级的焊缝 DT 值要求不小于 475ft-lb，而屈服强度≥700MPa 级的焊缝，则要求其 DT 值≥575ft-lb。曾有几年时间内，夏比 V 型缺口冲击试验和动态撕裂试验两者并用，后来就只采用动态撕裂试验一种方法了。

在焊接接头的韧性考核方面与日本截然不同的是，美国采用爆炸试验，试板厚度都为 1 英寸（25mm）或 1.5 英寸（38mm），对接焊后成为正方形，边长分别为 510mm 或 640mm，焊缝在中心部位。试验温度为 30℉（约为 0℃），经三次爆炸后，厚度减薄率期望达到 7%，要求不产生碎片；允许有穿过整个厚度的裂纹，但裂纹不应扩展到支撑区之内。美国军标将这种方法定为认可试验或鉴定试验，只有通过此种试验的焊接材料才能用于潜艇建造。一旦试验被通过，只要焊接材料的焊芯成分、药皮配方和原材料、制造技术和工艺等不作改变，就不再进行此项试验，只进行熔敷金属的韧性检验，而且这种韧性检验的目的主要是控制焊接材料的质量稳定性。故熔敷金属的冲击功可以认为是控制焊材产品质量的相对判据。当某种焊接材料用于船舶、桥梁、压力容器、车辆、高架建筑等具体结构时，应根据结构的特征、受力情况（是静载还是动载、低周疲劳还是高周疲劳）、环境条件等，提出具体要求，有的还要求进行特殊的评定试验，同时将其符合安全要求的熔敷金属韧性指标确定下来。既不是韧性指标越高越好，也不可为了降低成本而降低对韧性的要求。用钢材的韧性指标来要求焊接材料也不全是合理的，因为钢材经焊接之后，其热影响区中的粗晶区因晶粒明显长大，使韧性大幅度下降，所以为了保证热影响区有好的韧性，应该对母材韧性有更高的要求。

目前国内外的焊接材料标准都是由焊接材料标准化机构制定出来的。高强度钢用焊接材料的强度级别虽不完全一致，但各种强度级别下的熔敷金属韧性指标是相同的，主要有两个体系：一是欧洲体系，要求冲击功≥47J；太平洋周围国家，如美国、中国、日本、韩国等，采用另一个体系，即要求冲击功≥27J。自2000年以来，国际标准化组织（ISO）同时认可了这两个体系，将其按A、B两个体系并列于同一个标准之中。如ISO 18275—2005，ISO 16834—2006和ISO 18276—2005，分别是高强度钢用的焊条、实芯焊丝和药芯焊丝标准，在这三个标准的A体系中统一把熔敷金属的屈服强度划分成如下五个等级，即550MPa、620MPa、690MPa、790MPa和890MPa级。而熔敷金属的冲击功不随强度等级变化，它是一个固定数值，即A体系要求≥47J；B体系要求≥27J。但是在同一个冲击功条件下又分成若干个试验温度，通常有+20℃、0℃、-20℃、-30℃、-40℃、-50℃、-60℃、-70℃和-80℃。可根据结构的使用温度或对韧性储备的要求来选择试验温度，以满足对韧性的不同需要。例如，在我国南方江河中运行的船舶，其使用环境温度较高，可选用较高的试验温度；在北方江河中运行的船舶，其使用环境温度较低，就选择较低的试验温度。有些结构承受动载荷或疲劳载荷，与同一地区只承受静载荷的结构相比，可采用相同强度的焊材，但在韧性方面应有更大的储备，以保证动载荷或疲劳载荷下仍能安全运行，这时一定要选择在更低的试验温度下能满足47J或27J冲击功要求的焊接材料。

总之，对于重要结构的焊材选用，要充分运用断裂力学理论，综合考虑强度、韧性的匹配，板厚及焊接参数等影响因素，并通过工艺评定试验来确定。

三、异种钢焊接时焊接材料选用要点

采用异种钢（包括复合钢）制造焊接结构，不仅可节约大量的优质贵重材料，降低成本，而且能保证在不同的工作条件下使用不同的材料，充分发挥不同材料的性能优势，因此，异种钢的焊接也越来越受到重视。

异种钢的焊接要充分考虑两种材料的组织结构、物理性能、表面状态等。当两种材料的热物理性能差异较大时，会使熔化不一致，焊接困难。线胀系数相差较大时，会使接头区产生较大的残余应力和变形，易使焊缝及热影响区产生裂纹。

对于不同合金类型的异种钢焊接时，要考虑两种材料熔化混合后焊缝金属特性的变化。如高温下工作的热稳定钢不宜用奥氏体焊材焊接，否则可能形成脆性的金属间化合物层和脱碳层或增碳层。低合金钢与铬镍奥氏体钢焊接时，如采用同成分奥氏体焊材，由于Cr、Ni元素的稀释，焊缝易出现脆性马氏体组织等。

异种钢焊接时焊接材料的选用要点简述如下。

① 强度级别不同的碳钢+低合金钢（或低合金钢+低合金高强度钢）一般要求焊缝金属或接头的强度不低于两种被焊金属的最低强度，选用的焊接材料熔敷金属的强度应能保证焊缝及接头的强度不低于强度较低一侧母材的强度，同时焊缝金属的塑性和冲击韧性应不低于强度较高而塑性较差一侧母材的性能。因此，可按两者之中强度级别较低的钢种选用焊接材料。但是，为了防止焊接裂纹，应按强度级别较高、焊接性较差的钢种确定焊接工艺，包括焊接规范、预热温度及焊后热处理等。

② 低合金钢+奥氏体不锈钢应按照对熔敷金属化学成分限定的数值来选用焊接材料，一般选用 Cr 和 Ni 含量较高的、塑性和抗裂性较好的 Cr25-Ni13 或 Cr25-Ni13-Mo2 型奥氏体钢焊接材料，以避免因产生脆性淬硬组织而导致的裂纹。但应按焊接性较差的不锈钢确定焊接工艺及规范。

③ 不锈复合钢板应考虑对基层、复层、过渡层的焊接要求选用三种不同性能的焊接材料。对基层（碳钢或低合金钢）的焊接，选用相应强度等级的结构钢焊接材料；复层直接与腐蚀介质接触，应选用相应成分的奥氏体不锈钢或镍基合金焊接材料；关键是过渡层（即复层与基层交界面）的焊接，必须考虑基体材料的稀释作用，应选用 Cr 和 Ni 含量较高、塑性和抗裂性好的 Cr25-Ni13 或 Cr25-Ni13-Mo2 型奥氏体钢焊接材料。

四、关于焊材型号后缀带"G"的说明

在碳钢、低合金及不锈钢的焊条、实芯焊丝和药芯焊丝标准中，都有一个带"G"的型号，如 E×××-G（例 E5015-G）焊条、ER××-G（例 ER80S-G）焊丝、E×××T×-G（例 E551T8-G）低合金钢药芯焊丝等。标准中对带"G"焊材的化学成分的规定，往往是"只要有 1 个元素符合表中规定要求即可"，或是对化学成分不规定，力学性能要求"由供需双方协商"。

在焊接材料标准中之所以设定"G"这类型号，主要是考虑到标准制订及修订的时间滞后性及局限性，为了适应焊材研制、生产单位的发展需要，不致因为标准中某些型号化学成分的限制，而无法开发一些新品种。例如，对于以考核熔敷金属强度与韧性为主的碳钢及低合金钢焊条，虽然规定了锰钼型及镍钼型熔敷金属化学组成类型，但实际上，不仅可以通过加入 Mn、Mo、Ni 达到规定的强度、韧性指标，还可以通过加入 Cr、V、Nb 及 Ti、B 等元素，来达到同样的性能要求。这样，在同一强度等级的焊材中，可以出现许多种化学成分组合，而这些新的组合却与标准中的该类型号的化学成分要求无法对号入座，于是就出现了如 J507NiTiB（E5015-G）、J857Cr（E8515-G）之类的带"G"焊条。而对于同一强度等级带"G"的焊条，可以对应许多牌号，如 E5515-G 焊条，相对应的焊条牌号有 J557、J557XG、J557Mo、J557MoV 等。

带"G"型号焊接材料的出现，方便了焊材新品种的开发。但在实际工作中对于低合金钢焊材的选用，可能会引起一些混乱。如在有些技术文件中，由于不能指定焊材的具体牌号，往往只列出了焊材的型号，如 GB E7015-G、E8016-G 焊条或 AWS E81T8-G 药芯焊丝等，这就可能会使某些焊接工艺人员或焊材购销人员产生一些困惑。如 E5515-G 焊条中 J557XG 主要用于管子向下立焊，J507Mo 与 J507MoV 由于所含合金元素的量及种类不同，反映在其熔敷金属的低温韧性及抗回火性能上即有所区别，故使用场合就有所不同。再如，日本神钢公司（KOBELCO）生产的 490MPa 高强度钢用 MAG 焊丝，共有 9 种产品均标明符合 AWS ER70S-G 型号要求，其中 MG-50、MG-55、MG-1、MG-2、MG-1Z 焊丝均采用 CO_2 气体保护焊，但又分别有适用大电流、大电流及高层间温度、小电流、焊薄板、焊镀锌板的特点；另外 MIX-50S、MGS-50、MIX-1Z 及 MIX-55S 焊丝则要用 Ar+CO_2（或

+O_2）混合气体保护，焊接工艺也各有特点。因此，在针对带"G"焊接材料的选用或采购时，必须在充分了解焊接材料特性的基础上，结合被焊母材的化学成分和性能要求、产品结构、使用条件热处理要求及焊接工艺等因素去选用，才不会造成选材上的失误。

第四节 国内外相关数据库资源

一、国内外钢铁材料数据库的发展

钢铁材料是主要的结构材料，也是焊接材料应用的主体材料。在数字化、信息化方面，钢铁材料也走在了各类材料前列，国内外产生了多个以钢材信息为主的大型数据库，并且部分已处于成熟商用阶段。表1-2列出了当前国际知名的在线钢铁材料数据库，这些数据库普遍数据量巨大、应用面广泛，涵盖了材料的化学、物理、力学、工艺等性能及实验数据，同时某些数据库如Total Materia还提供了基于大数据的材料智能匹配、未知材料推测等功能，Key to Steel-Stahlschlüssel、Matmatch等提供了异国牌号对照、相似可替代材料查询功能。这些数据库的建设不仅为用户提供了便捷的基础信息查询功能，也为材料大数据挖掘方法及材料潜在价值信息应用开拓了思路。

表1-2 国际知名钢铁材料数据库

国别	时间	名称	数据内容	特点	运营状况
美国	1996	MatWeb	超过155000种金属、塑料、陶瓷、复合材料的物理、化学及力学性能	数据90%源于制造商实验测试，10%来源于专业手册或专业协会	用户众多，日均24000名使用者
瑞士	1999	Total Materia	74个国家及组织标准，超过450000个材料的性能数据，12000000多条性能数据，超过150000条应力应变曲线，超过3000个材料高级性能数据来源，超过35000个材料的循环属性数据	提供人工智能搜索系统和自定义搜索条件的替代材料查询功能，可通过材料成分来快速推测材料种类	1999年实现线上查询，后由原Key to Metals扩展为Total Materia，现为世界最大的材料性能数据库和资料来源之一
日本	2001	MatNavi	7个材料基本性能库，2个工程应用数据库，4个在线结构材料库及3个工程应用数据库	分类齐全，涵盖材料属性各个方面	世界上最大的材料数据库之一
德国	2002	Key to Steel–Stahlschlüssel	全世界25个国家的300多家钢铁供应商，70000多个钢铁牌号的成分及性能数据	以Stahlschlüssel钢铁指南手册为基础建立，知名于不同国家钢铁牌号间的对照查询功能	全球最具竞争力的对照查询数据库之一
德国	2017	Matmatch	包括31000种材料的物理、化学和热特性，以及材料的应用和加工数据	可免费查询材料性能，并提供同等或相似材料的供应商信息	互联网最大的物料数据库之一

国内紧紧抓住数字化变革机遇，围绕材料大数据、材料基因工程开展了多项工作。在材料数据库方面，较为典型的包括：中科院科学数据库集群子库——材料学科领域基础科学

数据，该数据库于 2002 年正式全面启动，并与"十一五""十二五"针对不同主题进行了建设，涵盖了金属、无机、纳米、高分子等材料，在钢材方面数据内容包括基础的物理性能、化学性能、力学性能、高温、焊接、腐蚀、失效等信息；科技部于 21 世纪初发起的国家科技基础平台建设项目，在材料领域对已建的部分材料数据库进行整合建设，构建了国家材料科学数据共享网，并于 2010 年上线运行，包含材料基础数据、有色金属材料及特种合金、黑色金属材料、复合材料、有机高分子材料、无机材料以及信息材料、能源材料、生物医用材料、天然材料及制品、建筑材料、道路交通材料等，信息涵盖化学性能、物理性能及实验数据等方面。这两个代表型数据库在材料参量覆盖面上较为全面，基本包括了材料科学研究所涉及的大部分材料性能参量，但在各领域材料数据量及成熟市场化应用方面，还有待完善。同时，国内也开发出了几个得以成熟商用的大型在线材料数据平台，如新材道、欧冶知钢、材易通等，以钢铁研究总院开发并于 2018 年 1 月份发布的新材道·全球钢铁材料高端云服务平台为例，该数据平台包含全球范围内十余万条钢材牌号数据，覆盖了国内、国际及冶金行业数千份标准体系，还包括千余种钢材产品实物应用和研发数据，并基于大数据分析方法，构建了不同国别体系的钢材产品的智能匹配、对照功能。材料基因工程方面，在 2017 年 11 月和 2018 年 10 月，国内举办了两届材料基因组工程高层论坛，数百位国内外知名专家学者围绕材料基因组各分支工作，包括材料的高通量计算与设计、高通量制备与表征、服役与失效行为评价、数据库与大数据技术、工程技术应用作了百余场高质量报告，材料数据的重要性引起广泛关注。综上，国内在钢铁材料数据库的建设架构、规模、数据应用深度方面已与国际先进水平接轨，为材料数字化深入变革打下了良好基础。

二、国内外焊接材料数据库的发展

焊接涉及母材、焊材、焊接方法、焊接工艺、焊接质量检测等方面，目前国内外焊接领域的数据库大多为焊接工艺及质量检测等主题数据库，母材数据库如上一节介绍，也已发展较为完善，而在焊接材料及其选用方面的数据库较为稀少。

国外代表性焊材数据库建设状况如表 1-3 所示，早期的单机版焊接材料数据库如美国焊接研究所开发的 CORRAL D1.1 WPS/PQR 数据库，其主题为工艺性数据库，焊材数据库作为子库包含其中，因年代较早，形式为离线型且数据量小，未随新技术及时更新维护，实用价值退化；Weld Selector 是较为少有的专门针对焊材数据管理及选用的数据库，由美国焊接研究所与科罗拉多矿业学院联合开发，该数据系统可根据用户输入的参量来推荐熔焊焊条和焊丝，提供了一个可借鉴的焊接选材数据库初期模型；21 世纪初，美国 NIST 牵头建立了网络化的焊接数据库系统，扩大了焊接数据服务范围，为互联网与焊材数据库的结合打下了基础。

表 1-3　国外焊接材料相关数据库

国别	时间	单位	主题	内容
日本	1986	焊接数据库委员会	焊接数据库建设规划	明确列出建立焊材数据库规划，作为焊接数据库群的一个重要分支

续表

国别	时间	单位	主题	内容
英国	1986	Darvignan 公司	Filler2 焊接材料数据库	焊接材料相关属性信息，后续缺乏维护，实用性退化
美国	1990	焊接研究所	CORRAL D1.1 WPS/PQR 数据库	具备焊接材料、焊接工艺、PQR、母材、工艺参数等属性查询，以及坡口及接头的图形处理等功能
美国	1991	焊接研究所 科罗拉多矿业学院	Weld Selector 数据库	可通过多层次参数输入，系统为用户选择手工电弧焊、熔化极气体保护焊、药芯焊丝电弧焊的焊条和焊丝，构建了一个良好的焊材选材数据库模型
美国	21世纪初	NIST，Caterpilar Delphi Auto motive AWS A9 标准委员会	网络化焊接数据库系统	将焊接信息等传送给远程的技术人员，基于广域网的焊材数据库系统开始出现
保加利亚	2003	鲁塞大学	焊条智能选择系统	包含常用钢材的数据库，覆盖 BDS、DIN、ANFOR、SFS 标准，系统可根据用户选择的钢材和焊接方法，智能推荐选配焊条

当前国外可在线浏览的焊材数据库，多为各焊材企业建立的焊材图文数据库，主要用于焊材产品的推广，包括焊材的成分、力学性能及工艺操作信息，如美国 Lincoln Electric 焊材产品数据库、法国 Air Liquide 公司建立的 Oerlikon 焊材数据库、奥钢联集团建立的 Böhler 系列数据库等。这些数据库提供了大量焊材产品实物数据，但限以其自身属性，难以实现同类产品的对比选材。

国内焊材数据库起步时间较晚，但成长发展迅速，如表 1-4 所示。国内早期离线型焊材数据库，如哈尔滨工业大学与哈尔滨锅炉厂于 1986 年开发的焊接工艺规程数据库系统，其主要功能为焊材数据的基础管理储存及查询。2008 年，中国电子科技集团公司第三十八研究所和南京航空航天大学联合开发了基于互联网的铝合金焊材管理系统，在本地数据库的功能基础上，添加了异地搜索功能。2014 年，南京航空航天大学开发了石油化工行业焊接智能化系统，建立了集焊接在线办公、焊接工艺评定智能筛选、焊接基础数据查询及焊接性分析等功能于一体的焊接智能化系统，其中焊接基础数据库包含 NB/T 47014—2011《承压设备焊接工艺评定》中钢材、铝合金、钛合金等母材及焊材的成分性能数据库、牌号对照数据库和材料分类数据库，在母材与焊材衔接性及焊接数据库专家系统功能设计等方面愈加成熟完善。

表 1-4　国内焊接材料数据库开发状况

单位	时间	服务模式	服务范围	功能特点
哈尔滨工业大学，哈尔滨锅炉厂	1986	离线型	哈尔滨锅炉厂	针对锅炉厂生产的焊接工艺规程数据库，实现焊接材料、母材、焊接方法、预热及热处理的组合条件查询

单位	时间	服务模式	服务范围	功能特点
哈尔滨科学技术大学	1996	离线型	—	对焊材类型、用途、性能及相关参数分类管理，方便查询
辽宁工程技术大学	2001	离线型	—	焊材信息管理，包括材料成分、性能、不同国别牌号对照、焊材供销等数据
中国工程物理研究院工学院	2005	离线型	—	对焊材的标准、类型、电源、成分、用途等信息的管理
武汉理工大学	2006	离线型	—	焊材信息及钢材牌号、成分、性能管理
中国电子科技集团，南京航空航天大学	2008	网络型	铝合金	焊材信息管理、推广、查询
重庆科技学院	2012	离线型	实验室	焊材与母材的成分、性能、库存等信息管理
南昌航空大学	2012	网络型	—	焊材物理、化学及力学性能信息管理，实现网络化共享，辅助工艺人员设计
南京航空航天大学	2014	网络型	承压设备焊接	NB/T 47014 标准相关钢材、铝合金、钛合金等母材及焊材的成分性能数据库、牌号对照数据库和材料分类数据库
西南交通大学	2016	网络型	高速列车生产	包含高速列车生产过程相关的焊材牌号基础信息、批次信息、工艺参数等信息及焊接设备、疲劳、残余应力信息等系统管理功能

总体来看，国内外的焊接材料相关数据库主要包括三类形式：一类是由焊材用户主导建立、以工艺管理为主、包含焊材子库的工艺性数据库，这类数据库注重特定环境下焊接过程中的参数和细节管理，覆盖的材料品种有限，应用面较窄；第二类是由焊材生产厂商建立、以企业自身材料品种为主的焊材产品数据库，这类数据库关注企业产品的宣传和应用推广，缺少行业内的数据对比及第三方评价，权威性和专业性不足；最后一类是由高校及科研院建立、以焊材数据管理为主的探索型焊材数据库，这类数据库侧重焊材数据的某个具体服务场景，难以满足成熟市场化应用的全面需求。无论以上哪一种形式，在数据覆盖面、数字化程度、智能选材和数据挖掘等方面均有待提高。

三、典型数据库资源详情

通过前文的介绍，读者已对国内钢铁材料和焊接材料数据库资源的发展有所了解。然而其中多为学术项目，持续运营并进行更新的数据库资源并不多。本节将对持续更新的典型数据库资源进行详细介绍。

1. 钢研·新材道

钢研·新材道平台是由北京钢研新材科技有限公司打造的专业性全球钢材高端云服务平台。该平台依托钢铁研究总院国内顶尖的研发团队和几十年的技术积淀，立足于中国钢铁工业世界级的规模及装备能力，以材料大数据和定制研发为核心理念，致力于技术市场化的互联网+之路，为中高端材料用户提供研、产、检、造、用全产业链服务。平台拥有专业的钢铁材料数据库、焊接材料数据库、钢铁企业产品数据库、高端品种实物性能数据库等。并提供全球钢铁产品搜索与匹配服务。数据库主要特色如下所述。

✓ 拥有十余万条牌号、性能数据，覆盖全球百余个公共标准及企业标准体系。

✓ 拥有一千余类常见材料的研发、实物应用数据。

✓ 拥有国内先进的焊接材料数据库。

✓ 突破材料大数据匹配技术，能够跨标准体系、企业，甚至跨用户行业实现材料对标和匹配替代。

✓ 首创焊材智能选配技术，开创性实现母材和焊材的自动对照选配。

图 1-6 为钢研·新材道平台首页，图 1-7 为部分收录标准体系，图 1-8 为数据服务页面，图 1-9 为新材道数据库概况。

图 1-6　钢研·新材道平台首页

图 1-7　已收录标准体

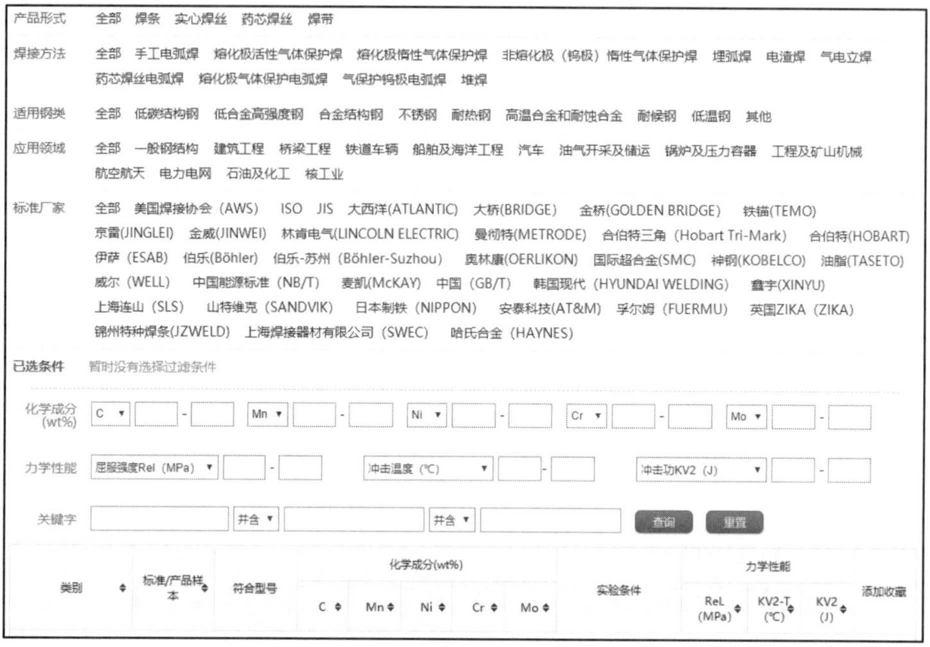

（a）焊材搜索界面

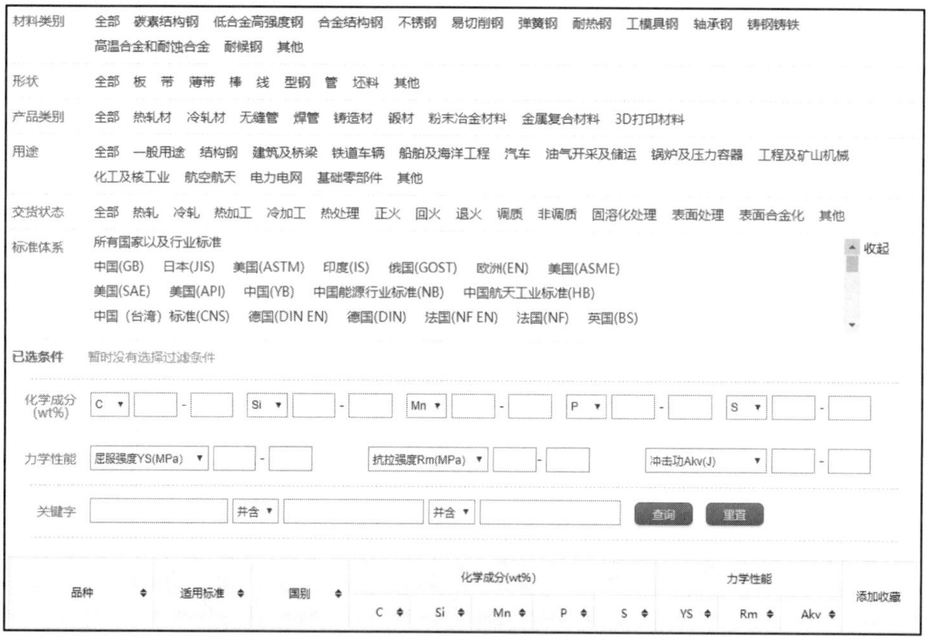

（b）钢材搜索界面

图 1-8　数据服务页面

2. Total Materia

Total Materia 为瑞士 Key to Metals AG 公司旗下材料数据库。Key to Metals AG 于 1999 年上线首个钢材性能数据库 Key to Metals，并不断地发展、更新，于 2013 年将 Key to Metals 正式更名为 Total Materia。该数据库主要是服务于钢铁材料牌号的查询和搜索，其包含全世界 300 多家钢铁供应商的 70000 多个钢铁牌号的成分及性能数据，可以轻松比

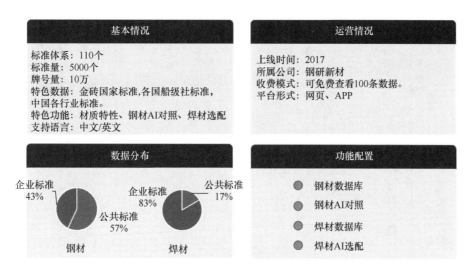

图 1-9　新材道数据库概况
(图中数据截至 2021 年 3 月，来自网站介绍及本书作者统计，仅供读者参考)

对 25 个国家的钢铁牌号，包括美、日、德、中、澳、俄等国家及标准，是全球最具竞争力的对照查询数据库之一。

Total Materia 数据库包含多种材料，如黑色金属、有色金属、高分子材料、硅酸盐材料、复合材料、纤维材料、水泥材料、泡沫材料、蜂窝材料、木材等。其中钢材数据包括：结构和建筑用钢（普通结构钢、表面硬化钢、氮化钢、易切削钢、可热处理的钢、滚动轴承钢、弹簧钢、表面硬化钢、冷挤压钢、耐低温钢、压力容器用钢、耐热结构钢、细晶粒结构钢）、工具钢（碳素工具钢、高速钢、热作工具钢、冷作工具钢）、阀门钢、高温钢和合金、无磁钢、耐热钢和合金、导热合金、不锈钢、不锈钢和耐热钢铸件、焊接材料等。该数据库的特点如下所述。

✓ 优质的数据库：数据涵盖不同温度下，从化学成分、力学和物理性能到其他附加信息，如热处理图、金相和加工性能。

✓ 快速和强大的交互引用：全面的交叉引用表有来自全球超过 10 万条记录的等价材料，并系统化采用了专有的相似分类方法。此外，专利 SmartCross2 应用能够使用组合物的相似性、力学性能或者其组合来识别未知的等价材料。

图 1-10 为 Total Materia 数据服务页面，图 1-11 为 Total Materia 数据库概况。

3. 钢铁指南（Key to Steel）

钢铁指南（Key to Steel）创始于 1951 年，源自德国，是世界各国钢铁牌号横向比较的手册。除传统的书本形式外，Key to Steel 于 1999 年上线首个钢材性能数据库，现有软件版（CD）的手册可供使用。

钢铁指南中包含的钢材类别有：结构钢和建筑用钢（普通结构钢、渗碳钢、易切削钢、热处理钢、滚珠轴承钢、弹簧钢、表面硬化钢、冷挤压钢、压力容器用钢、耐热钢、细粒结构钢）、工具钢（碳素工具钢、高速钢、热作工具钢、冷作工具钢）、阀门钢、高温合金、无磁钢、导热合金、不锈钢、焊接材料等。

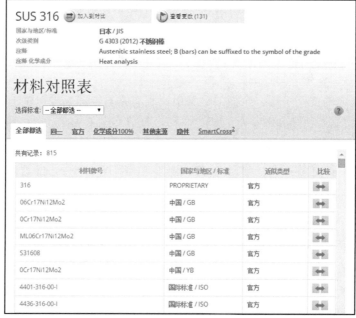

图 1-10　Total Materia 数据服务页面

图 1-12 为钢铁指南数据搜索界面，图 1-13 为钢铁指南数据库概况。

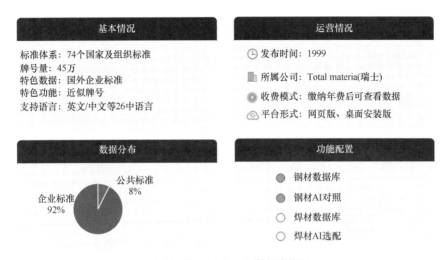

图 1-11　Total Materia 数据库概况

(图中数据截至 2021 年 3 月，来自网站介绍及本书作者统计，仅供读者参考)

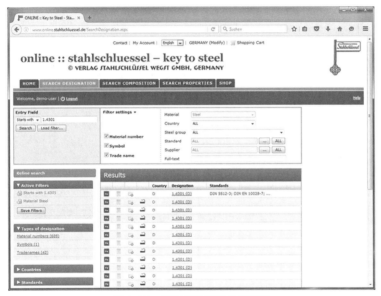

图 1-12　钢铁指南数据搜索界面

4. 欧冶知钢

欧冶知钢是宝武集团旗下欧冶云商研发的钢铁技术服务软件。其中查询功能模块收录了国内外 3 万余个常用牌号，涉及 ASTM、EN、JIS、JFS、GB、OYN、宝钢、武钢、首钢、鞍钢、马钢、唐钢、POSCO、JFE、NSSMC 等近 1500 个标准。产品大类覆盖冷轧及涂镀、热轧及厚板、棒材、型钢、盘条及钢丝、钢管、钢筋、不锈钢等品种。可查询内容包括牌号字段解读、后缀解析、成分范围、力学性能要求等，有助于钢材贸易和指导选材用材。

在查询功能基础上，该网站还提供近似牌号查询功能。该功能以牌号通为基础，材料专家根据不同标准和应用场景进行专业梳理，已经实现国内外产品标准如欧标、国标、日标、美标，以及国内外大型钢厂如宝钢、首钢、鞍钢以及新日铁、浦项、JFE 的不同牌号之间的关联与转换。可用于钢材采购、钢材估值及风险评估，以及材料工程师的科学选材。

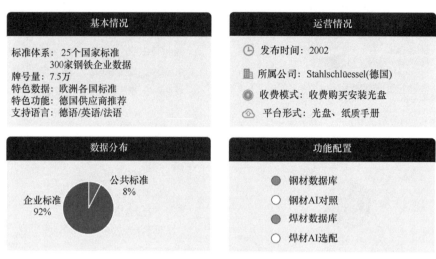

图 1-13　钢铁指南数据库概况
(图中数据截至 2021 年 3 月，来自网站介绍及本书作者统计，仅供读者参考)

除此之外，欧冶知钢还附带一些在线小工具供用户使用，如硬度转换工具、业务工具等。硬度转换可以展示由国际权威机构定义的钢铁产品抗拉强度和各个硬度指标之间的近似关系，供钢铁产业链从业者快速查阅参考。包含抗拉强度、维氏硬度（HV10）、布氏硬度（HB）、洛氏硬度（HRB、HRF、HRC、HRA、HRD、HR15N、HR30N、HR45N）等查询指标。业务工具中收录了钢贸和加工储运环节的常用业务工具，包括钢卷卷径估算、钢卷（板）重量估算、钢卷长度估算、周长估算、长度单位转换、重量单位转换、面积单位转换、体积单位转换、温度单位转换等业务工具。

图 1-14 展示了欧冶知钢界面，图 1-15 介绍了欧冶知钢数据库概况。

图 1-14　欧冶知钢界面（以 Q215 为例）

图 1-15 欧冶知钢数据库概况

(图中数据截至 2021 年 3 月，来自网站介绍及本书作者统计，仅供读者参考)

5. 焊林院

焊林院 APP 由上海孔德信息技术有限公司开发，该公司汇集了众多焊接工艺人员、焊材研发人员、行业专家及软件开发人员等各专业技术人员，致力于为用户提供优质的产品信息、交易保障、技术支持等专业服务。APP 主要模块如下所述。

✓ 标准查询：焊林院已经囊括了 GB、ASME、JIS、ISO 四个标准体系金属和焊材标准数据库，用户可方便查询到某一焊接材料类型或金属材料牌号的力学性能和化学成分，并可看到标准全文。

✓ 焊材查询：焊林院内置近百家、上万条的焊材详情数据，每种焊材生成一种二维码，并且与焊材标准和金属标准相连，方便采购员查询焊材，也方便销售人员分享和推荐焊材。

✓ 焊材推荐：根据国内外焊接制造相关标准和生产经验，焊林院可以针对金属牌号推荐所需的焊接材料，包括焊条电弧焊、氩弧焊、气保焊、埋弧焊等焊接方法。

✓ 推荐焊材品牌：对于一些金属牌号和焊接方法，焊林院可以推荐用户不同的焊材品牌的焊接材料，用户可根据自身需要选择。

✓ 焊接设备：具有 200+设备厂家的 10000+设备信息，既包括手工焊/氩弧焊/气体保护焊等的电源，还包括等离子切割/激光焊/操作机/变位机/各类专机信息。

✓ 焊接小工具：包括了计算焊材定额/焊接热输入计算工具/不锈钢金相的德龙图和 WRC-1992/舍弗勒图/预热温度，以及在金属计算 J 系数和 X 系数工具。

图 1-16 为焊林院数据服务界面，图 1-17 为焊林院数据库概况。

焊林院焊材数据目前主要为焊材产品手册数据，用户可以对牌号和符合型号进行搜索，焊材成分和性能等信息以 PDF 文本形式展示，未做结构化处理。除了样本搜索功能外，焊林院目前还推出了智能系统小工具，该工具可以对母材进行焊材推荐。从其焊材数据形式并未做结构化处理可推测，其应为通过预制配对型号的方法半智能推荐焊材。

图 1-16　焊林院数据服务界面

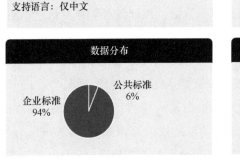
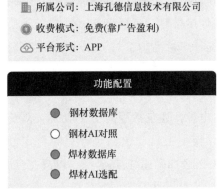

图 1-17　焊林院数据库概况

(图中数据截至 2021 年 3 月，来自网站介绍及本书作者统计，仅供读者参考)

第二章
可焊接钢国内外牌号对照

第一节　钢材对照 AI 方法

在全球经济一体化的今天，为寻求更低的制造和研发成本，获取更大的经济效益，各国制造业在原材料采购方面日趋国际化。在制造业走向全球采购的背景条件下，材料牌号相似性分析系统的建立有着极为重要的意义，它可以方便地实现各种材料牌号的对照查询和匹配检索，服务于全球制造业对各国材料的对比选用，减少材料的盲目开发，提高材料开发效率。钢材牌号内含信息众多。面对体系繁多的牌号数据信息，如何使在某一个或多个方面具有一定相似性的数据自动迅速匹配起来是一个难题。显然通过专家经验和人为判定，既难以全面覆盖，匹配结果也难以保障。通过模式识别和人工智能技术开发全球钢铁材料 AI 对照技术和系统的需求也变得越来越迫切。

传统近似钢材对照通常依据标准原文中的钢号对照表或依靠专家经验，钢材之间是否近似，通常基于其化学成分和力学性能的异同来判定。不过，即使是来自标准原文推荐的近似材料，化学成分、抗拉强度、屈服强度和物理性能数据也不一定完全一样。这也意味着并不能简单地直接拿来替代，而是要仔细考虑材料实际使用中的各种因素，一步步来确定替代材料的可用性。另外，与目标材料类似的候选材料以及相关标准文献数量可能很多，所以决定选择何种替代材料需要具有一定的材料及机械专业知识，并需参阅材料的具体标准文献。这使得传统的近似钢材对照较为主观，且局限于专家经验的覆盖范围。

评估钢材能否互相替代的主要指标包括化学成分、力学性能等，其他相关指标比如制造工艺、成形方式、交货状态、产品形状、应用领域、淬透性、腐蚀性能、耐热性能等也对材料是否可以互相替代有显著影响。定义某类钢材的特征，主要有材料成分、性能以及一些关键特征，这些特征如同钢材的"DNA"一般，独一无二，是每个钢材区别于其他钢材的基本信息。钢材的主要"DNA"（图 2-1）特征如下所述。

① 材料成分：包括 C、Si、Mn、P、S、Ni、Cr、Mo、W、Cu、V、Nb、Ti、Al、B 等

元素。

② 材料性能：包括屈服强度、抗拉强度、断后伸长率、断面收缩率、冲击吸收能量等主要性能指标。

③ 材料关键特征。

a. 形状：包括板、带、薄带、棒、线、型钢、管等。

b. 用途：包括一般用途、钢结构、建筑与桥梁、铁道车辆、船舶及海洋工程、汽车、油气开采与储运、锅炉及压力容器、工程及矿山机械、化工及核工业、航空航天、电力电网、基础零部件等。

c. 产品类别：包括热轧材、冷轧材、无缝管、焊管、铸造材、锻材、粉末冶金、金属复合材料等。

d. 交货状态：包括热轧、冷轧、热加工、冷加工、热处理、正火、回火、退火、调质、非调质、固溶处理、表面处理、表面合金化等。

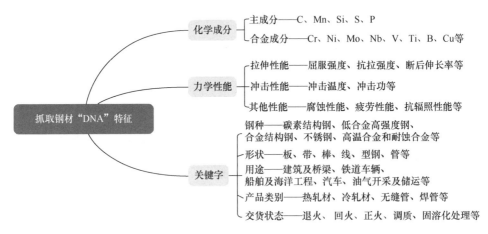

图 2-1　钢材"DNA"特征

传统手册中的近似牌号推荐实际上也是专家通过经验和成分性能的相似程度来估算的，这种估算方法较为主观，无法系统地考虑到钢材特性中的各个因素。同时，钢材数据具有高纬度、非线性等特点，传统的手册对于数据中的信息提取十分有限，很难把握其中复杂的交互作用。

现在大数据和人工智能技术的发展为钢材对照提供了新的思路和方法。通过 AI 方法，如模式识别、深度学习等，可以有效地解决传统钢材对照问题，钢材 AI 对照可以把钢材特征因素都考虑在内，通过 AI 算法，为用户推荐近似钢材，且算法可以将近似程度量化，使对照结果更为精确。随着钢材大数据以前所未有的数量、维度和频率"喷薄而出"，并在大量场景中替代传统数据源（如手册和书籍），钢材 AI 对照方法比传统对照方法覆盖更广的数据源。

第二节 碳素结构钢国内外牌号对照

碳素结构钢又称碳钢，主要成分是 Fe 和 C，还含有一定数量的有益元素 Mn 和 Si，也含有少量的杂质元素 S 和 P。在化学成分中，C 对钢的组织和性能影响最大，随着含碳量的增加，渗碳体的量增加，形成的珠光体量增多，钢的强度和硬度升高，而塑性和韧性下降。钢中的 Mn 和 Sl 具有固溶强化作用，可提高其强度和硬度。Mn 也能细化珠光体，形成合金渗碳体，并减少 S 的有害作用。Si 可以提高钢的弹性。P 和 S 的有害作用分别是造成钢的冷脆性和热脆性，此外还容易形成偏析、降低钢的焊接性等，因此必须严格加以限制。一般来说，钢的质量主要看 S、P 含量的高低，愈是优质、高级的钢种，其 S、P 含量愈低。在高碳钢中，C 的最大含量（指质量分数，全书同）一般不超过 0.9%，在低碳钢中不超过 0.25%；Mn 的含量一般不超过 1.5%；Si 的含量不超过 0.37%；P、S 的最大含量均不超过 0.050%（在优质钢中均不超过 0.035%）。

碳素结构钢可以根据其品质、冶炼方法、用途及化学成分等进行分类。按照品质可分为碳素结构钢和优质碳素结构钢。前者广泛应用于工程结构，也可用来制造要求不高的机械零件；后者主要用来制造机械零件。按照冶炼方法可分为沸腾钢、半镇静钢和镇静钢。按照化学成分可粗分为低碳钢、中碳钢及高碳钢，低碳钢的 C≤0.25%，具有优良的塑性、韧性和焊接性能，是应用最广泛的碳素结构钢；中碳钢的 C>0.25%～0.60%，具有较好的综合力学性能，用来制造各种重要的结构零件，如轴类、齿轮、凸轮、连杆等；高碳钢的 C>0.60%，这类钢的强度和硬度高，但塑性及韧性很低，用来制造弹簧、模具及冲压工具等。

碳素结构钢在 1988 年前称为普通碳素结构钢，其产量最大，用途最广，一般不需要进行热处理，通常是热轧状态下供货，特殊情况下以正火处理状态供货。在制定碳素结构钢的国家标准（GB/T 700—1988）时，对碳素结构钢体系进行了改革，以钢的屈服强度表示钢的牌号，按照钢中 S、P 含量高低划分质量等级，并将其名称由普通碳素结构钢改为碳素结构钢。2006 年对这一标准进行了修订，共设有 Q195、Q215、Q235、Q275 四个牌号，牌号中的字母 Q 代表钢的屈服强度中"屈"的汉语拼音首字母，其后的数值代表钢的屈服强度（MPa）。其中 Q195 不分质量等级，Q215 分为 A、B 两级，Q235、Q275 各分 A、B、C、D 四个等级。A 级对韧性不作要求，B 级仅规定常温下的韧性，C 级规定 0℃冲击吸收功，D 级规定–20℃冲击吸收功，均要求在规定温度下纵向试样的冲击功不小于 27J。

碳素结构钢化学成分及力学性能见表 2-1，钢材匹配对照见表 2-2；优质碳素结构钢化学成分及力学性能见表 2-3，钢材匹配对照见表 2-4。

表 2-1 碳素结构钢化学成分及力学性能（GB/T 700—2006）

序号	牌号	统一数字代号	厚度（或直径）/mm	化学成分（质量分数）/%					力学性能				
				C	Si	Mn	P	S	屈服强度 R_{eH}/MPa	抗拉强度 R_m/MPa	断后伸长率 A/%	冲击温度/℃	冲击吸收能量 A_{kv}/J
1	Q195	U11952	≤16	≤0.12	≤0.30	≤0.50	≤0.035	≤0.040	≥195	315~430	≥33	—	—
			>16~40						≥185	315~430	≥33	—	—
2	Q215A	U12152	≤16	≤0.15	≤0.35	≤1.20	≤0.045	≤0.050	≥215	335~450	≥31	—	—
			>16~40						≥205	335~450	≥31	—	—
			>40~60						≥195	335~450	≥30	—	—
			>60~100						≥185	335~450	≥29	—	—
			>100~150						≥175	335~450	≥27	—	—
			>150~200						≥165	335~450	≥26	—	—
3	Q215B	U12155	≤16	≤0.15	≤0.35	≤1.20	≤0.045	≤0.045	≥215	335~450	≥31	20	≥27
			>16~40						≥205	335~450	≥31	20	≥27
			>40~60						≥195	335~450	≥30	20	≥27
			>60~100						≥185	335~450	≥29	20	≥27
			>100~150						≥175	335~450	≥27	20	≥27
			>150~200						≥165	335~450	≥26	20	≥27
4	Q235A	U12352	≤16	≤0.22	≤0.35	≤1.40	≤0.045	≤0.050	≥235	370~500	≥26	—	—
			>16~40						≥225	370~500	≥26	—	—
			>40~60						≥215	370~500	≥25	—	—
			>60~100						≥215	370~500	≥24	—	—
			>100~150						≥195	370~500	≥22	—	—
			>150~200						≥185	370~500	≥21	—	—
5	Q235B	U12355	≤16	≤0.20	≤0.35	≤1.40	≤0.045	≤0.045	≥235	370~500	≥26	20	≥27
			>16~40						≥225	370~500	≥26	20	≥27
			>40~60						≥215	370~500	≥25	20	≥27
			>60~100						≥215	370~500	≥24	20	≥27

续表

序号	牌号	统一数字代号	厚度（或直径）/mm	化学成分（质量分数）/%					力学性能				
				C	Si	Mn	P	S	屈服强度 R_{eH}/MPa	抗拉强度 R_m/MPa	断后伸长率 A/%	冲击温度/℃	冲击吸收能量 A_{kv}/J
5	Q235B	U12355	>100~150	≤0.20	≤0.35	≤1.40	≤0.045	≤0.045	≥195	370~500	≥22	20	≥27
			>150~200						≥185	370~500	≥21	20	≥27
6	Q235C	U12358	≤16	≤0.17	≤0.35	≤1.40	≤0.040	≤0.040	≥235	370~500	≥26	0	≥27
			>16~40						≥225	370~500	≥26	0	≥27
			>40~60						≥215	370~500	≥25	0	≥27
			>60~100						≥215	370~500	≥24	0	≥27
			>100~150						≥195	370~500	≥22	0	≥27
			>150~200						≥185	370~500	≥21	0	≥27
7	Q235D	U12359	≤16	≤0.17	≤0.35	≤1.40	≤0.035	≤0.035	≥235	370~500	≥26	−20	≥27
			>16~40						≥225	370~500	≥26	−20	≥27
			>40~60						≥215	370~500	≥25	−20	≥27
			>60~100						≥215	370~500	≥24	−20	≥27
			>100~150						≥195	370~500	≥22	−20	≥27
			>150~200						≥185	370~500	≥21	−20	≥27
8	Q275A	U12752	≤16	≤0.24	≤0.35	≤1.50	≤0.045	≤0.050	≥275	410~540	≥22	—	—
			>16~40						≥265	410~540	≥22	—	—
			>40~60						≥255	410~540	≥21	—	—
			>60~100						≥245	410~540	≥20	—	—
			>100~150						≥225	410~540	≥18	—	—
			>150~200						≥215	410~540	≥17	—	—
9	Q275B（≤40mm）	U12755	≤16	≤0.21	≤0.35	≤1.50	≤0.045	≤0.045	≥275	410~540	≥22	20	≥27
			>16~40						≥265	410~540	≥22	20	≥27
10	Q275B（>40mm）	U12755	>40~60	≤0.22	≤0.35	≤1.50	≤0.045	≤0.045	≥255	410~540	≥21	20	≥27
			>60~100						≥245	410~540	≥20	20	≥27

续表

序号	牌号	统一数字代号	厚度（或直径）/mm	化学成分（质量分数）/%					力学性能				
				C	Si	Mn	P	S	屈服强度 R_{eH}/MPa	抗拉强度 R_m/MPa	断后伸长率 A/%	冲击温度/℃	冲击吸收能量 A_{kv}/J
10	Q275B（>40mm）	U12755	>100~150	≤0.22	≤0.35	≤1.50	≤0.045	≤0.045	≥225	410~540	≥18	20	≥27
			>150~200						≥215	410~540	≥17	20	≥27
11	Q275C	U12758	≤16	≤0.20	≤0.35	≤1.50	≤0.040	≤0.040	≥275	410~540	≥22	0	≥27
			>16~40						≥265	410~540	≥22	0	≥27
			>40~60						≥255	410~540	≥21	0	≥27
			>60~100						≥245	410~540	≥20	0	≥27
			>100~150						≥225	410~540	≥18	0	≥27
			>150~200						≥215	410~540	≥17	0	≥27
12	Q275D	U12759	≤16	≤0.20	≤0.35	≤1.50	≤0.035	≤0.035	≥275	410~540	≥22	−20	≥27
			>16~40						≥265	410~540	≥22	−20	≥27
			>40~60						≥255	410~540	≥21	−20	≥27
			>60~100						≥245	410~540	≥20	−20	≥27
			>100~150						≥225	410~540	≥18	−20	≥27
			>150~200						≥215	410~540	≥17	−20	≥27

表 2-2　碳素结构钢（GB/T 700—2006）钢材匹配对照

序号	牌号	传统对照				AI 对照		
		世界钢铁牌号对照与速查手册		世界钢号对照手册		牌号	符合标准	匹配度
		牌号	符合标准	牌号	符合标准			
1	Q235A	E235A	ISO 630—1995	E235A（Fe360）	ISO 630—1995	HR370A	Q/HG 081—2016	0.99
		SS400	JIS G3101—2004	SS400	JIS G 3101—2004	E235A（Fe360）	ISO 630—1995	0.97
		FeE230	IS 1570-1—2004	SM 400A/SM400B	JIS G 3106—2005	SM400A	JIS G 3106—2008	0.96
		Ст.3кп-2	ГОСТ 380—1994	CT3СП	ГОСТ 380—1994	SGV410	JIS G 3118—2005	0.95
		S235JR/1.0038	DIN EN 10025-2—2004	080A15	BS 970-1—1996	Ст3сп	ГОСТ 380—2005	0.94
		Grade D	ASTM A283/A283M—2003	Grade D	ASTM A283—2003	SN400A	Q/BQB 612—2013	0.94
				Grade 65	ASTM A573—2000	A283 Grade D	ASTM A283/A283M—2013	0.93
2	Q235B	E235B	ISO 630—1995	E235B（Fe360）	ISO 630—1995	HR370B	Q/HG 081—2016	0.99
		SS400	JIS G3101—2004	S235JRH	ISO 630-2—2000	E235B（Fe360）	ISO 630—1995	0.97
		FeE230	IS 1570-1—2004	SS400	JIS G 3101—2004	SM400B	JIS G 3106—2008	0.96
		Ст.3пс-3	ГОСТ 380—1994	SM 400A/SM 400B	JIS G 3106—2004	SN400B	Q/BQB 612—2013	0.94
		S235JR/1.0038	DIN EN 10025-2—2004	Rst37-2	DIN 17100—1986	St37-2	Q/ASB 331—2004	0.94
		Grade D	ASTM A283/A283M—2003	S235JR	DIN EN 10025-2—2004	S235JR	EN 10025-2—2005	0.94
				Grade D	ASTM A283—2003	A283 Grade D	ASTM A283/A283M—2013	0.93
3	Q235C	E235C	ISO 630—1995	E235C（Fe360）	ISO 630—1995	E235C（Fe360）	ISO 630—1995	0.98
		SS400	JIS G3101—2004	SM 400A/SM 400B/SM 400C	JIS G 3106—2004	SM400C	JIS G 3106—2008	0.96
		FeE230	IS 1570-1—2004	CT3СП	ГОСТ 380—1994	SN400C	Q/BQB 612—2013	0.94
		Ст.3пс-4	ГОСТ 380—1994	St37-3	DIN 17100—1986	St37-3	Q/ASB 331—2004	0.94
		S235J0/1.0038	DIN EN 10025-2—2004	S235J	DIN EN 10025-2—2004	S23510W	EN 10025-2—2005	0.93
		Grade D	ASTM A283/A283M—2003	Grade D	ASTM A283—2003	B	GB 712—2011	0.92
				Grade 65	ASTM A573—2000	A283 Grade D	ASTM A283/A283M—2013	0.92
4	Q235D	E235D	ISO 630—1995	E235D（Fe360）	ISO 630—1995	HR370A	Q/HG 081—2016	0.99
		SS400	JIS G 3101—2004	HR235	ISP 6316	E235D（Fe360）	ISO 630—1995	0.97

续表

序号	牌号	传统对照				AI对照		
		世界钢铁牌号对照与速查手册		世界钢号对照手册				
		牌号	符合标准	牌号	符合标准	牌号	符合标准	匹配度
4	Q235D	FeE230	IS 1570-1—2004	SM 400A/SM 400B	JIS G 3106—2004	S235J0W	EN 10025-2—2005	0.93
		Ст.3сп-4	ГОСТ 380—1994	S235J2	DIN EN 10025-2—2004	D	GB 712—2011	0.92
		S235J0/1.0038	DIN EN 10025-2—2004	Grade D	ASTM A283—2003	A283 Grade D	ASTM A283/A283M—2013	0.92
5	Q275A	E275A	ISO 630—1995	E275A（Fe430）	ISO 630—1995	E275A（Fe430）	ISO 630—1995	0.98
		SS490	JIS G3101—2004	S275NH/S275NLH	ISO 630-2—2000	SS490	JIS G 3101—2010	0.96
		FeE270	IS 1570-1—2004	SS490	JIS G 3101—2004	S275JR	EN 10025-2—2005	0.94
		Ст.5пс-2	ГОСТ 380—1994	CT5ПIIC	ГОСТ 380—1994	Cr5Гпс	ГОСТ 380—2005	0.92
		S275JR/1.0044	DIN EN 10025-2—2004	Grade 70	ASTM A573—2000	A573 Grade 70	ASTM A573/A573M—2013	0.92
6	Q275B	E275B	ISO 630—1995	E275B（Fe430）	ISO 630—1995	E275B（Fe430）	ISO 630—1995	0.98
		SS490	JIS G 3101—2004	S275JRH	ISO 630-2—2000	S275JR	EN 10025-2—2005	0.94
		FeE270	IS 1570-1—2004	SS490	JIS G 3101—2004	Cr5Гпс	ГОСТ 380—2005	0.92
		Ст.5пс-2	ГОСТ 380—1994	CT5ПIIC	ГОСТ 380—1994	St44-2	Q/BQB 303—2003	0.90
		S275JR/1.0044	DIN EN 10025-2—2004	St44-3	DIN 17100—1986	SS490	JIS G 3101—2004	0.89
7	Q275C	E275C	ISO 630—1995	E275C（Fe430）	ISO 630—1995	E275C（Fe430）	ISO 630—1995	0.98
		SS490	JIS G3101—2004	S275JOH	ISO 630-2—2000	SN400B	Q/BQB 612—2004	0.95
		FeE270	IS 1570-1—2004	SS490	JIS G 3101—2004	Cr5Гпс	ГОСТ 380—2005	0.94
		Ст.5пс-2	ГОСТ 380—1994	CT5ПIIC	ГОСТ 380—1994	SN400B	JIS G 3136—2012	0.92
		S275J0/1.0044	DIN EN 10025-2—2004	St44-3	DIN 17100—1986	S275J0/1.0044	DIN EN 10025-2—2004	0.91
		SS Grade 40	ASTM A1011/A1011M—2004a	S275JO	DIN EN 10025-2—2004	A573 Grade70	ASTM A573/A573M—2013	0.90
8	Q275D	E275D	ISO 630—1995	E275D（Fe430）	ISO 630—1995	E275D（Fe430）	ISO 630—1995	0.98
		SS490	JIS G 3101—2004	S275J2H	ISO 630-2—2000	P265GH	ISO 9328-2—2011	0.96
		FeE270	IS 1570-1—2004	SS490	JIS G 3101—2004	Cr5Гпс	ГОСТ 380—2005	0.94
		Ст.5сп-2	ГОСТ 380—1994	S275J2	BS EN 10025-2—2004	D32	GB 712—2011	0.90
		S275J0/1.0044	DIN EN 10025-2—2004	CT5ПIIC	ГОСТ 380—1994	A573 Grade 70	ASTM A573/A573M—2013	0.90

表2-3　优质碳素结构钢化学成分及力学性能（GB/T 699—2015）

序号	牌号	化学成分（质量分数）/%								力学性能				
		C	Mn	Si	S	P	Cr	Ni	Cu	屈服强度 R_{eL}/MPa	抗拉强度 R_m/MPa	断后伸长率 A/%	断面收缩率 Z/%	冲击吸收能量 A_{KU}/J
1	8	0.05~0.11	0.35~0.65	0.17~0.37	≤0.035	≤0.035	≤0.1	≤0.3	≤0.25	≥195	≥325	≥33	≥60	—
2	10	0.07~0.13	0.35~0.65	0.17~0.37	≤0.035	≤0.035	≤0.15	≤0.3	≤0.25	≥205	≥335	≥31	≥55	—
3	15	0.12~0.18	0.35~0.65	0.17~0.37	≤0.035	≤0.035	≤0.25	≤0.3	≤0.25	≥225	≥375	≥27	≥55	—
4	20	0.17~0.23	0.35~0.65	0.17~0.37	≤0.035	≤0.035	≤0.25	≤0.3	≤0.25	≥245	≥410	≥25	≥55	—
5	25	0.22~0.29	0.5~0.8	0.17~0.37	≤0.035	≤0.035	≤0.25	≤0.3	≤0.25	≥275	≥450	≥23	≥50	≥71
6	30	0.27~0.34	0.5~0.8	0.17~0.37	≤0.035	≤0.035	≤0.25	≤0.3	≤0.25	≥295	≥490	≥21	≥50	≥63
7	35	0.32~0.39	0.5~0.8	0.17~0.37	≤0.035	≤0.035	≤0.25	≤0.3	≤0.25	≥315	≥530	≥20	≥45	≥55
8	40	0.37~0.44	0.5~0.8	0.17~0.37	≤0.035	≤0.035	≤0.25	≤0.3	≤0.25	≥335	≥570	≥19	≥45	≥47
9	45	0.42~0.5	0.5~0.8	0.17~0.37	≤0.035	≤0.035	≤0.25	≤0.3	≤0.25	≥355	≥600	≥16	≥40	≥39
10	50	0.47~0.55	0.5~0.8	0.17~0.37	≤0.035	≤0.035	≤0.25	≤0.3	≤0.25	≥375	≥630	≥14	≥40	≥31
11	55	0.52~0.6	0.5~0.8	0.17~0.37	≤0.035	≤0.035	≤0.25	≤0.3	≤0.25	≥380	≥645	≥13	≥35	—
12	60	0.57~0.65	0.5~0.8	0.17~0.37	≤0.035	≤0.035	≤0.25	≤0.3	≤0.25	≥400	≥675	≥12	≥35	—
13	65	0.62~0.7	0.5~0.8	0.17~0.37	≤0.035	≤0.035	≤0.25	≤0.3	≤0.25	≥410	≥695	≥10	≥30	—
14	70	0.67~0.75	0.5~0.8	0.17~0.37	≤0.035	≤0.035	≤0.25	≤0.3	≤0.25	≥420	≥715	≥9	≥30	—
15	75	0.72~0.8	0.5~0.8	0.17~0.37	≤0.035	≤0.035	≤0.25	≤0.3	≤0.25	≥880	≥1080	≥7	≥30	—
16	80	0.77~0.85	0.5~0.8	0.17~0.37	≤0.035	≤0.035	≤0.25	≤0.3	≤0.25	≥930	≥1080	≥6	≥30	—
17	85	0.82~0.9	0.5~0.8	0.17~0.37	≤0.035	≤0.035	≤0.25	≤0.3	≤0.25	≥980	≥1130	≥6	≥30	—
18	15Mn	0.12~0.18	0.7~1	0.17~0.37	≤0.035	≤0.035	≤0.25	≤0.3	≤0.25	≥245	≥410	≥26	≥55	—

续表

序号	牌号	化学成分（质量分数）/%								力学性能				
		C	Mn	Si	S	P	Cr	Ni	Cu	屈服强度 R_{eL}/MPa	抗拉强度 R_m/MPa	断后伸长率 A/%	断面收缩率 Z/%	冲击吸收能量 A_{Ku}/J
19	20Mn	0.17~0.23	0.7~1	0.17~0.37	≤0.035	≤0.035	≤0.25	≤0.3	≤0.25	≥275	≥450	≥24	≥50	—
20	25Mn	0.22~0.29	0.7~1	0.17~0.37	≤0.035	≤0.035	≤0.25	≤0.3	≤0.25	≥295	≥490	≥22	≥50	≥71
21	30Mn	0.27~0.34	0.7~1	0.17~0.37	≤0.035	≤0.035	≤0.25	≤0.3	≤0.25	≥315	≥540	≥20	≥45	≥63
22	35Mn	0.32~0.39	0.7~1	0.17~0.37	≤0.035	≤0.035	≤0.25	≤0.3	≤0.25	≥335	≥560	≥18	≥45	≥55
23	40Mn	0.37~0.44	0.7~1	0.17~0.37	≤0.035	≤0.035	≤0.25	≤0.3	≤0.25	≥355	≥590	≥17	≥45	≥47
24	45Mn	0.42~0.5	0.7~1	0.17~0.37	≤0.035	≤0.035	≤0.25	≤0.3	≤0.25	≥375	≥620	≥15	≥40	≥39
25	50Mn	0.48~0.56	0.7~1	0.17~0.37	≤0.035	≤0.035	≤0.25	≤0.3	≤0.25	≥390	≥645	≥13	≥40	≥31
26	60Mn	0.57~0.65	0.7~1	0.17~0.37	≤0.035	≤0.035	≤0.25	≤0.3	≤0.25	≥410	≥690	≥11	≥35	—
27	65Mn	0.62~0.7	0.9~1.2	0.17~0.37	≤0.035	≤0.035	≤0.25	≤0.3	≤0.25	≥430	≥735	≥9	≥30	—
28	70Mn	0.67~0.75	0.9~1.2	0.17~0.37	≤0.035	≤0.035	≤0.25	≤0.3	≤0.25	≥450	≥785	≥8	≥30	—

表2-4 优质碳素结构钢（GB/T 699—2015）钢材匹配对照

序号	牌号	传统对照				AI对照		
		世界钢铁牌号对照速查手册		世界钢号对照手册				
		牌号	符合标准	牌号	符合标准	牌号	符合标准	匹配度
1	08	C10	ISO 683-18—1996	2CD8	ISO 4957-2—1989	08	ГОСТ 1050—2013	0.97
		S10C	JIS G 4051—2005	S10C	JIS G 4051—2005	C10	ISO 683-11—1987（E）	0.97
		8	ГОСТ1050—1988	S09CK	JIS G 4051—2005	C10E	DIN EN 10084—2008	0.97
		C10E/1.1121	DIN EN 10084—1999	08	ГОСТ1050—1988	S10C	JIS G 4051—2005	0.96
		1008/G10080	ASTM A29/A29M—2005	CTD	DIN EN 10016-2—1994	Grade 1008	ASTM A29/A29M—2005	0.94
		C10	ISO 683-18—1996	C101	ISO 683-11—1987	10	GB/T 3078—2019	0.99
		S10C	JIS G 4051—2005	S10C	JIS G 4051—2005	Grade 1010	ASTM A576—1990b（1995年复审）	0.99
2	10	10	ГОСТ1050—1988	S12C	JIS G 4051—2005	C10	ISO 683-11—1987（E）	0.98
		C10E/1.1121	DIN EN 10084—1998	10	ГОСТ1050—1988	SM 10C	HYUNORI-16—2016	0.97
		1010/G10100	ASTM A29/A29M—2005	C10D	DIN EN 10016-2—1994	10	YB/T 5348—2006	0.95
				1010	ASTM A29—2005	C10E	DIN EN 10084—2008	0.92
3	15	C15E4	ISO 683-18—1996	C15E4/C15M2	ISO 683-11—1987	15	GB/T 3078—2019	0.99
		S15C	JIS G 4051—2005	S15C	JIS G 4051—2005	15	ГОСТ 1050—2013	0.96
		15	ГОСТ1050—1988	S17C	JIS G 4051—2005	C15E4	ISO 683-18—2014	0.92
		C15E/1.1141	DIN EN 10084—1998	S15CK	JIS G 4051—2005	C15E	BS EN 10084—2008	0.91
		1015/G10150	ASTM A29/A29M—2005	15	ГОСТ1050—1988	S15C	JIS G 4051—2009	0.90
				C15D	DIN EN 100106-2—1994	Grade 1015	ASTM A29/A29M—2005	0.90
4	20	C20E4	ISO 683-18—1996	C20/C20E4/C20M2	ISO 683-18—1996	20	GB/T 3078—2019	0.99
		S20C	JIS G 4051—2005	S20C	JIS G 4051—2005	20	ГОСТ 1050—2013	0.95
		20	ГОСТ1050—1988	S22C	JIS G 4051—2005	C20E4	ISO 683-18—2014	0.92
		C22E/1.1151	DIN EN 10083-2—2006	S20CK	JIS G 4051—2005	S20C	JIS G 4051—2009	0.91
		1020/G10200	ASTM A29/A29M—2005	20	ГОСТ1050—1988	Grade 1020	ASTM A29/A29M—2005	0.90
				C22E/C22R	DIN EN 10083-2—2006	S22C	JIS G 4051—2009	0.89
5	25	C25E4	ISO 683-18—1996	C25/C25E4/C25M2	ISO 683-1—1987	25	GB/T 3078—2019	0.99
		S25C	JIS G 4051—2005	S25C	JIS G 4051—2005	25	ГОСТ 1050—2013	0.96

续表

序号	牌号	传统对照 世界钢铁牌号对照与速查手册 牌号	符合标准	传统对照 世界钢号对照手册 牌号	符合标准	AI对照 牌号	符合标准	匹配度
5	25	25	ГОСТ1050—1988	S28C	JIS G 4051—2005	C25E4	ISO 683-18—2014	0.93
		C25E/1.1158	DIN EN 10083-2—2006	25	ГОСТ1050—1988	S25C	JIS G 4051—2009	0.91
		1025/G10250	ASTM A29/A29M—2005	C25	DIN EN 10083-2—2006	Grade 1025	ASTM A29/A29M—2005	0.90
				1025	ASTM A29—2005	C25E	EN 10083-2—2006	0.89
6	30	C30E4	ISO 683-18—1996	C30/C30E4/C30M2	ISO 683-1—1987	30	GB/T 3078—2019	0.99
		S30C	JIS G 4051—2005	S30C	JIS G 4051—2005	30	ГОСТ 1050—2013	0.96
		30	ГОСТ1050—1988	S33C	JIS G 4051—2005	C30E4	ISO 683-18—2014	0.92
		C30E/1.1178	DIN EN 10083-2—2006	30	ГОСТ1050—1988	S30C	JIS G 4051—2009	0.90
		1030/G10300	ASTM A29/A29M—2005	C30	DIN EN 10083-2—2006	Grade 1030	ASTM A29/A29M—2005	0.90
						C30E	EN 10083-2—2006	0.88
7	35	C35E4	ISO 683-18—1996	C35/C35E4/C35M2	ISO 683-1—1987	35	GB/T 3078—2019	0.99
		S35C	JIS G 4051—2005	S35C	JIS G 4051—2005	35	ГОСТ 1050—2013	0.93
		35	ГОСТ1050—1988	S38C	JIS G 4051—2005	C35E4	ISO 683-18—2014	0.92
		C35E/1.1181	DIN EN 10083-2—2006	35	ГОСТ1050—1988	S35C	JIS G 4051—2009	0.91
		1035/G10350	ASTM A29/A29M—2005	C35/C35E/C35R	DIN EN 10083-2—2006	Grade 1035	ASTM A29/A29M—2005	0.91
				1035	ASTM A29—2005	C35E	EN 10083-2—2006	0.89
8	40	C40E4	ISO 683-18—1996	C40/C40E4/C40M2	ISO 683-1—1987	40	GB/T 3078—2019	0.99
		S40C	JIS G 4051—2005	S40C	JIS G 4051—2005	40	ГОСТ 1050—2013	0.92
		40	ГОСТ1050—1988	S43C	JIS G 4051—2005	C40E4	ISO 683-18—2014	0.91
		C40E/1.1186	DIN EN 10083-2—2006	40	ГОСТ1050—1988	S40C	JIS G 4051—2009	0.91
		1040/G10400	ASTM A29/A29M—2005	C40/C40E/C40R	DIN EN 10083-2—2006	Grade 1040	ASTM A29/A29M—2005	0.90
				1040	ASTM A29—2005	C40E	EN 10083-2—2006	0.89
9	45	C45E4	ISO 683-18—1996	C45/C45E4/C45M2	ISO 683-1—1987	45	GB/T 3078—2019	0.99
		S45C	JIS G 4051—2005	S45C	JIS G 4051—2005	45	ГОСТ 1050—2013	0.93
		45	ГОСТ1050—1988	S48C	JIS G 4051—2005	C45E4	ISO 683-18—2014	0.92
		C45E/1.1191	DIN EN 10083-2—2006	45	ГОСТ1050—1988	S45C	JIS G 4051—2009	0.91

续表

序号	牌号	传统对照·世界钢铁牌号对照与速查手册·牌号	传统对照·世界钢铁牌号对照与速查手册·符合标准	传统对照·世界钢号对照手册·牌号	传统对照·世界钢号对照手册·符合标准	AI对照·牌号	AI对照·符合标准	匹配度
9	45	1045/G10450	ASTM A29/A29M—2005	C45/C45E/C45R	DIN EN 10083-2—2006	Grade 1045	ASTM A29/A29M—2005	0.90
				1045	ASTM A29—2005	C45E	EN 10083-2—2006	0.89
10	50	C50E4	ISO 683-18—1996	C50/C50E4/C50M2	ISO683-1—1987	50	GB/T 3078—2019	0.99
		S50C	JIS G 4051—2005	S50C	JIS G 4051—2005	50	ГОСТ 1050—2013	0.92
		50	ГОСТ1050—1988	S53C	JIS G 4051—2005	C50E4	ISO 683-18—2014	0.91
		C50E/1.1206	DUB EB 10083-2—2001	50	ГОСТ1050—1988	S50C	JIS G 4051—2009	0.91
		1050/G10500	ASTM A29/A29M—2005	C50E/C50R	DIN EN 10083-2—2006	Grade 1050	ASTM A29/A29M—2005	0.90
				1050	ASTM A29—2005	C50E	EN 10083-2—2006	0.89
11	55	C55E4	ISO 683-18—1996	C55/C55E4/C55M2	ISO 683-1—1987	55	GB/T 3078—2019	0.99
		S55C	JIS G 4051—2005	S55C	JIS G 4051—2005	55	ГОСТ 1050—2013	0.94
		55	ГОСТ1050—1988	S58C	JIS G 4051—2005	C55E4	ISO 683-18—2014	0.92
		C55/1.1203	DIN EN 10083-2—2006	55	ГОСТ1050—1988	S55C	JIS G 4051—2009	0.90
		1050/G10550	ASTM A29/A29M—2005	C55/C55E/C55R	DIN EN 10083-2—2006	Grade 1055	ASTM A29/A29M—2005	0.90
				1055	ASTM A29—2005	C55E	EN 10083-2—2006	0.89
12	60	C60E4	ISO 683-18—1996	C60/C60E4/C60M2	ISO 683-1—1987	60	GB/T 3078—2019	0.99
		S58C	JIS G 4051—2005	S58C	JIS G 4051—2005	60	ГОСТ 1050—2013	0.92
		60	ГОСТ1050—1988	60	ГОСТ1050—1988	C60E4	ISO 683-18—2014	0.91
		C50E/1.2221	DIN EN 10083-2—2006	C60/C60E/C60R	DIN EN 10083-2—2006	Grade 1060	ASTM A29/A29M—2005	0.90
		1060/G10600	ASTM A29/A29M—2005	1060	ASTM A29—2005	C60E	EN 10083-2—2006	0.89
						S58C	JIS G 4051—2009	0.88
13	65	C60E4	ISO 683-18—1996	2CD65A/2CD65B	ISO 8457-2—1989	65	GB/T 3078—2019	0.99
		S65C-CSP	JIS G4801—2005	SWRH 67A	JIS G 3506—2004	65	ГОСТ 1050—2013	0.94
		65	ГОСТ1050—1988	SWRH 67B	JIS G 3506—2004	Grade 1060	ASTM A29/A29M—2005	0.91
		C67E/1.1231	DIN 17221—1988	65/65A	ГОСТ1050—1988	SWRH 67A	JIS G 3506—2004	0.90
		1065/G10650	ASTM A29/A29M—2005	A	DIN 17223-1—1990	SWRH 67B	JIS G 3506—2004	0.90
				C66D	DIN EN 10016-2—1994	C60E4	ISO 683-18—2014	0.89

续表

序号	牌号	世界钢铁牌号对照与速查手册 牌号	符合标准	世界钢号对照手册 牌号	符合标准	AI对照 牌号	符合标准	匹配度
14	70	DAB	ISO 8458-3—2002	2CD70A/2CD70B	ISO 8457-2—1989	70	ГОСТ 1050—2013	0.94
		S70C-SCP	JIS G 4802—2005	SWRH 72A	JIS G 3506—2004	C70D	DIN EN 10016-2—1994	0.93
		70	ГОСТ1050—1988	SWRH 72B	JIS G 3506—2004	Grade 1070	ASTM A29/A29M—2005	0.90
		C67S/1.1231	DIN 17221—1998	70/70A	ГОСТ1050—1988	SWRH 72A	JIS G 3506—2004	0.90
		1070/G10700	ASTM A29/A29M—2005	C70D	DIN EN 10016-2—1994	SWRH 72B	JIS G 3506—2004	0.90
15	75	DBA	ISO 8458-3—2002	2CD75A/2CD75B	ISO 8457-2—1989	75	ГОСТ 1050—2013	0.94
		S70C-CSP	JIS G 4802—2005	SWRH 77A	ASTM A29—2005	Grade 1075	ASTM A29/A29M—2005	0.90
		75	ГОСТ1050—1988	SWRH 77B	ASTM A29—2005	SWRH 77A	JIS G 3506—2004	0.90
		C76/1.0614	DIN EN 10016-2—1994	75/75A	ГОСТ 14959—1979	SWRH 77B	JIS G 3506—2004	0.90
		1075 G10750	ASTM A29/A29M—2005	C	ГОСТ 17223-1—1990	C70D	DIN EN 10016-2—1994	0.89
				1075	ASTM A29—2005	C	DIN 17223-1—1990	0.88
16	80	SC	ISO 8458-3—2002	SWRH 82A	JIS G 3506—2004	80	ГОСТ 1050—2013	0.94
		SK85-CSP	JIS G 4802—2005	SWRH 82B	JIS G 3506—2004	C80D	DIN EN 10016-2—1994	0.93
		80	ГОСТ1050—1988	80/80A	ГОСТ 14959—1979	Grade 1080	ASTM A29/A29M—2005	0.90
		C80D/1.0622	DIN EN 10016-2—1995	D	ГОСТ 17223-1—1990	SWRH 82A	JIS G 3506—2004	0.90
		1080/G10800	ASTM A29/A29M—2005	C80D	DIN EN 10016-2—1994	SWRH 82B	JIS G 3506—2004	0.90
				1080	ASTM A29—2005	D	DIN 17223-1—1990	0.88
17	85	3CD85A	IDO 8457-2—2002	2CD85A/2CD85B	ISO 8457-2—1989	85	ГОСТ 1050—2013	0.94
		SK85-CSP	JIS G 4802—2005	85/85A	ГОСТ 14959—1979	C85D	DIN EN 10016-2—1994	0.92
		85	ГОСТ1050—1988	C/D	DIN 17223-1—1990	Grade 1085	ASTM A29/A29M—2005	0.90
		C85C/1.10616	DIN EN 10016-2—1995	C86D	DIN EN 10016-2—1994	SK85-CSP	JIS G 4802—2005	0.89
		1085/G10850	ASTM A29/A29M—2005	1085	ASTM A29—2005	D	DIN 17223-1—1990	0.87
18	15Mn	CC15K	ISO 4954—1993	2CD18C	ISO 8457-2—1989	15Г	ГОСТ 4543—1971	0.96
		SERCH16K	JIS G 3507-1—2005	15Г	ГОСТ 4543—1979	15Г	ГОСТ 1050—2013	0.96
		15Г	ГОСТ 4543—1971	080A15	BS 970-3—1991	C16E	EN 10084—2008	0.92
		C16E/1.1148	DIN 10084—1998	1019	ASTM A29—2005	Grade 1016	ASTM A29/A29M—2005	0.92

续表

序号	牌号	传统对照 — 世界钢铁牌号对照与速查手册 牌号	符合标准	传统对照 — 世界钢号对照手册 牌号	符合标准	AI对照 牌号	符合标准	匹配度
18	15Mn	15Mn3/1.0467	DIN 177210—1986			080A15	BS 970-3—1991	0.91
19	20Mn	C20E4	ISO 683-18—1996	2CD23B	ISO 8457-2—1989	20Г	ГОСТ 4543—1971	0.96
		SWRCH22K	JIS G 3507-1—2005	20Г	ГОСТ 4543—1979	20Г	ГОСТ 1050—2013	0.96
		20Г	ГОСТ 4543—1971	1022	ASTM A29—2005	C22E	EN 10084—2008	0.92
		C22E/1.1151	DIN 10083-2—2006			Grade 1022	ASTM A29/A29M—2005	0.91
		1022/G10220	ASTM A29/A29M—2005			C20E4	ISO 683-18—1996	0.88
20	25Mn	C25E4	ISO 683-18—1996	2CD28B	ISO 8457-2—1989	25Г	ГОСТ 4543—1971	0.96
		SWRCH30K	JIS G 3507-1—2005	25Г	ГОСТ 4543—1979	25Г	ГОСТ 1050—2013	0.96
		25Г	ГОСТ 4543—1971	C26D	DIN EN 10016-2—1994	Grade 1026	ASTM A29/A29M—2005	0.92
		C25E	BS EN 10083-1—2006	C26D	BS EN 10016-2—1994	C25E4	ISO 683-18—1996	0.91
		1026/G10260	ASTM A29/A29M—2005	1525	ASTM A29—2005	C25E	BS EN 10083-1—2006	0.90
21	30Mn	C30E4	ISO 683-18—1996	2CD33B	ISO 6857-2—1989	30Г	ГОСТ 4543—1971	0.96
		SERCH30K	JIS G 3507-1—2005	30Г	ГОСТ 4543—1979	30Г	ГОСТ 1050—2013	0.96
		30Г	ГОСТ 4543—1971	C32D	DIN EN 10016-2—1994	Grade 1030	ASTM A29/A29M—2005	0.92
		C30E/1.1178	DIN 10083-2—2006	1030	ASTM A29—2005	C30E4	ISO 683-18—1996	0.91
		1033/G10330	SAE J403—2001			C30E	BS EN 10083-1—2006	0.90
22	35Mn	C35E4	ISO 683-18—1996	C35/C35E/C35R	DIN EN 10083-2—2006	35Г	ГОСТ 4543—1971	0.96
		SERCH33K	JIS G 3507-1—2005	C38D	DIN EN 10016-2—1994	35Г	ГОСТ 1050—2013	0.96
		35Г	ГОСТ 4543—1971	1037	ASTM A29—2005	Grade 1037	ASTM A29/A29M—2005	0.91
		C35E/1.1181	DIN EN 10083-2—2006			C35E4	ISO 683-18—1996	0.91
		1037/G10370	ASTM A29/A29M—2005			C35E	BS EN 10083-1—2006	0.90
23	40Mn	C40E4	ISO 683-18—1996	2CD43B	ISO 8457-2—1989	40Г	ГОСТ 4543—1971	0.96
		CWRCH40K	JIS G 3507-1—2005	SERH 42B	JIS G 3506—2004	40Г	ГОСТ 1050—2013	0.96
		40Г	ГОСТ 4543—1971	40Г	ГОСТ 4543—1979	Grade 1039	ASTM A29/A29M—2005	0.91
		C40E	BS EN 10083-1—2006	C40/C40E/C40R	DIN EN 10083-2—2006	C40E4	ISO 683-18—1996	0.91
		1039/G110390	ASTM A29/A29M—2005	1043	ASTM A29—2005	C40E	BS EN 10083-1—2006	0.90

续表

| 序号 | 牌号 | 传统对照 | | | | AI对照 | | 匹配度 |
| | | 世界钢铁牌号对照与速查手册 | | 世界钢号对照手册 | | | | |
		牌号	符合标准	牌号	符合标准	牌号	符合标准	
24	45Mn	C45E4	ISO 683-18—1996	2CD45B	ISP 8457-2—1989	45Г	ГОСТ 4543—1971	0.96
		SWRCH45K	JIS G 3507-1—2005	SERH 47B	JIS G 3506—2004	45Г	ГОСТ 1050—2013	0.96
		45Г	ГОСТ 4543—1971	45Г	ГОСТ 4543—1971	Grade 1046	ASTM A29/A29M—2005	0.91
		C45E/1.1191	DIN EN 10083-2—2006	C45	DIN EN 10083-2—2006	C45E4	ISO 683-18—1996	0.91
		1046/G10460	ASTM A29/A29M—2005	C48D	DIN EN 10010-2—1994	C45E	BS EN 10083-1—2006	0.90
25	50Mn	C50E4	ISO 683-18—1996	2CD50B	ISO 8457-2—1989	50Г	ГОСТ 4543—1971	0.96
		SERCH50K	JIS G 3507-1—2005	SWRH 52B	JIS G 3506—2004	50Г	ГОСТ 1050—2013	0.96
		50Г	ГОСТ 4543—1971	50Г	ГОСТ 4543—1971	Grade 1053	ASTM A29/A29M—2005	0.91
		C50E/1.1206	DIN EN 10083-2—2006	C50E/C50R	DIN EN 10083-2—2006	C50E4	ISO 683-18—1996	0.91
		1053/G10530	ASTM A29/A29M—2005	1053	ASTM A29—2005	C50E	BS EN 10083-1—2006	0.90
26	60Mn	S60C-CSP	JIS G 4802—2005	2CD60B	ISO 8457-2—1989	60Г	ГОСТ 4543—1971	0.96
		60Г	ГОСТ 4543—1971	SWRH 62B	JIS G 3506—2004	60Г	ГОСТ 1050—2013	0.96
		C60E/1.1221	DIN EN 10083-2—2006	S58C	JIS G 4051—1989	Grade 1561	ASTM A29/A29M—2005	0.91
		1561/G15610	ASTM A29/A29M—2005	C60/C60E/C60R	DIN EN 10083-2—2006	C60E4	ISO 683-18—1996	0.91
				C60D	DIN EN 10016-2—1994	C60E	BS EN 10083-1—2006	0.90
27	65Mn	C60E4	ISO 683-18—1996	2CD65B	ISO 8458-2—1989	65Г	ГОСТ 4543—1971	0.96
		S60C-CSP	JIS G 4802—2005	65ГA	ГОСТ1071—1981	65ГA	ГОСТ 1071—1981	0.94
		65Г	ГОСТ 4543—1971	C66D	DIN EN 10016-2—1994	Grade 1566	ASTM A29/A29M—2005	0.92
		Ck67/1.1231	DIN 17200—1987	1566	ASTM A29—2005	C66D	DIN EN 10016-2—1994	0.90
		1566/G15660	ASTM A29/A29M—2005			C60E4	ISO 683-18—1996	0.89
28	70Mn	DC	ISO 8485-3—2002	2CD770B	ISO 8457-2—1989	70Г	ГОСТ 4543—1971	0.96
		S70C-SCSP	JIS G 4802—2005	68ГA	ГОСТ1071—1981	68ГA	ГОСТ 1071—1981	0.94
		70Г	ГОСТ 4543—1971	B	DIN 17223-1—1990	Grade 1572	ASTM A29/A29M—2005	0.92
		Ck67/1.1231	DIN 17221—1988	C70D	DIN EN 10016—1994	1070M	ASTM A295/A295M—2014	0.91
		1572	ASTM A29/A29M—2005	1572	ASTM A29—2005	C70D	DIN EN 10016-2—1994	0.90

第三节　低合金高强度钢国内外牌号对照

一、低合金高强度结构钢

低合金高强度结构钢中除了含有 Mn、Si 等主要合金元素外，还会添加 Nb、V、Ti、Zr、Al、Cr、Ni、Mo、V、Cu、B等合金元素。少量添加 Nb 可提高钢的屈服强度，并较小程度地提高抗拉强度。在镇静钢中加入 B 可以提高淬透性，B 的加入量很少，通常小于0.004%。Cr 添加到钢中的主要作用是提高抗腐蚀性和抗氧化性，增加淬透性，提高高温强度，Cr 往往与 Ni 等元素一起使用，以获得优异的力学性能。Ni 是铁素体形成元素，不会形成碳化物，其可以增加铁素体相的强度和韧性，提高钢的冲击韧性和抗疲劳性能。Mo在调质钢回火过程中能引起二次硬化，并提高低合金钢的高温蠕变强度。Mo 含量为0.15%～0.3%的钢，回火脆化敏感性很低。Al 的作用是脱氧和细化晶粒，Ti、Zr、V 也有细化晶粒的作用。

由于添加了多种合金元素，钢的硬度增加，氢致冷裂纹倾向增大，可焊性降低。不同合金元素对可焊性的影响不同，需要通过计算碳当量或者裂纹敏感指数来确定钢的可焊性。碳当量（CEV）由熔炼分析成分按公式（2-1）计算，焊接裂纹敏感指数（P_{cm}）由熔炼分析成分按公式（2-2）计算，GB/T 1591—2018《低合金高强度结构钢》标准中，对每个型号钢的碳当量都做了明确的规定。当碳当量小于 0.45%时，不易产生焊接裂纹，不需热处理；当碳当量在 0.45%～0.60%范围内时，可能会产生焊接裂纹，推荐进行95～400℃的预热；当碳当量大于 0.60%时，焊接裂纹风险高，需要进行适当的预热和后热处理。

$$CEV(\%) = C + \frac{Mn}{6} + \frac{Cr+Mo+V}{5} + \frac{Ni+Cu}{15} \tag{2-1}$$

$$P_{cm}(\%) = C + \frac{Si}{30} + \frac{Mn}{20} + \frac{Cu}{20} + \frac{Ni}{60} + \frac{Cr}{20} + \frac{Mo}{15} + \frac{V}{10} + 5B \tag{2-2}$$

这类钢适用于较重要的钢结构，如压力容器、电站设备、海洋结构、工程机械、船舶、桥梁、管线和建筑结构等。为了满足上列产品的使用要求，对钢中 S 和 P 含量的上限、碳及碳当量的上限、最高硬度值以及夏比试样冲击吸收功的下限值均有严格规定。

低合金高强度钢的分类方法有多种，按合金含量分类，有低合金钢和微合金钢等；按强度等级分类，有 Q355、Q390、Q420、Q460 四个级别；按金相组织分类，有铁素体-珠光体钢、贝氏体钢、低碳马氏体钢等；按供货状态分类，主要有如下四种，即热轧钢、正火钢、调质钢和热机械轧制钢。

低合金高强度钢曾称为普通低合金钢或低合金结构钢，GB/T 1591—1994《低合金高强度结构钢》参照了 ISO 4950 和 ISO 4951 高屈服强度扁平钢材、高屈服强度棒材和型材标准，将其改名为低合金高强度结构钢。GB/T 1591—2008《低合金高强度结构钢》参照了 EN 10025—2004《结构钢热轧产品》。在 GB/T 1591—2018《低合金高强度结构钢》中，钢的牌号组成由三部分变更为四部分，即代表钢的屈服强度"屈"字的汉语拼音字母（Q）、最小上屈服强度数值、交货状态代号（新热轧状态代号可省略）和质量等级符号（B、C、D、E、F，表示不同温度下的冲击吸收能量）。例如：Q355NB，355 表示最小上屈服强度为 355MPa，N 表示交货状态为正火或正火轧制，B 表示+20℃冲击吸收能量，即+20℃下冲击吸收能量为纵向不低于34J，横向不低于27J。最初制定国家标准时屈服强度采用下屈服强度数值，2018 版国标改用上屈服强度数值，增加了对横向试样冲击吸收能量的要求。还可以附加表示厚度方向性能级别的符号，如 Z35，表示钢板厚度方向的断面收缩率在 35%以上，钢材具有优良的抗层状撕裂性能。

在 GB/T 1591—1988《低合金高强度结构钢》标准中，低合金高强度钢的牌号是用化学元素符号来表示，例如：09Mn2，09 表示碳的平均质量分数为 0.09%，Mn2 表示锰的平均质量分数约为 2%。由于这种表示方法能直观反映含碳量和合金元素及其含量，在目前的设计图样和工艺文件中，有的仍采用 1988 年标准中的低合金高强度钢牌号，特此列出了新旧标准中的牌号对照，见表 2-5。低合金高强度结构钢的化学成分及力学性能见表 2-6，钢材匹配对照见表 2-7。

表 2-5 低合金高强度钢新旧标准中的牌号对照

项目		GB/T 1591—2018	GB/T 1591—1988
牌号		Q355	12MnV,14MnNb,16Mn,16MnRE,18Nb
		Q390	15MnV,15MnTi,16MnNb
		Q420	15MnVN,14MnVTiRE
		Q460	—
热轧态（B、C）或正火态（B、C、D）交货的纵向冲击吸收能量	B	+20℃，$KV_2 \geqslant 34J$	12MnV，14MnNb，16Mn，16MnRE，18Nb 等	+20℃，$KV_2 \geqslant 34J$
	C	0℃，$KV_2 \geqslant 34J$		
	D	−20℃，$KV_2 \geqslant 34J$		
正火态交货的纵向冲击吸收能量	D	−20℃，$KV_2 \geqslant 40J$		
	E	−40℃，$KV_2 \geqslant 31J$		
	F	−60℃，$KV_2 \geqslant 27J$		

表2-6　低合金高强钢化学成分及力学性能（GB/T 1591—2018）

序号	牌号	化学成分（质量分数）/%														力学性能				
		C	Mn	Si	S	P	Cr	Ni	Mo	V	Ti	Cu	Nb	N	其他	屈服强度 R_{eH}/MPa	抗拉强度 R_m/MPa	断后伸长率 A/%	冲击温度/°C	冲击吸收能量 KV_2/J
1	Q355B	≤0.24	≤1.6	≤0.55	≤0.035	≤0.035	≤0.3	≤0.3	—	—	—	≤0.4	—	≤0.012	—	≥355	470~630	≥20	20	≥34
2	Q355C (≤40mm)	≤0.2	≤1.6	≤0.55	≤0.03	≤0.03	≤0.3	≤0.3	—	—	—	≤0.4	—	≤0.012	—	≥355	470~630	≥20	0	≥34
3	Q355C (>40mm)	≤0.22	≤1.6	≤0.55	≤0.03	≤0.03	≤0.3	≤0.3	—	—	—	≤0.4	—	≤0.012	—	≥335	470~630	≥18	0	≥34
4	Q355D (≤40mm)	≤0.2	≤1.6	≤0.55	≤0.025	≤0.025	≤0.3	≤0.3	—	—	—	≤0.4	—	—	—	≥355	470~630	≥20	-20	≥34
5	Q355D (>40mm)	≤0.22	≤1.6	≤0.55	≤0.025	≤0.025	≤0.3	≤0.3	—	—	—	≤0.4	—	—	—	≥335	470~630	≥18	-20	≥34
6	Q390B	≤0.2	≤1.7	≤0.55	≤0.035	≤0.035	≤0.3	≤0.5	≤0.1	≤0.13	≤0.05	≤0.4	≤0.05	≤0.015	—	≥390	490~650	≥20	20	≥34
7	Q390C	≤0.2	≤1.7	≤0.55	≤0.03	≤0.03	≤0.3	≤0.5	≤0.1	≤0.13	≤0.05	≤0.4	≤0.05	≤0.015	—	≥390	490~650	≥20	0	≥34
8	Q390D	≤0.2	≤1.7	≤0.55	≤0.025	≤0.025	≤0.3	≤0.5	≤0.1	≤0.13	≤0.05	≤0.4	≤0.05	≤0.015	—	≥390	490~650	≥20	-20	≥34
9	Q420B	≤0.2	≤1.7	≤0.55	≤0.035	≤0.035	≤0.3	≤0.8	≤0.2	≤0.13	≤0.05	≤0.4	≤0.05	≤0.015	—	≥420	520~680	≥20	20	≥34
10	Q420C	≤0.2	≤1.7	≤0.55	≤0.03	≤0.03	≤0.3	≤0.8	≤0.2	≤0.13	≤0.05	≤0.4	≤0.05	≤0.015	—	≥420	520~680	≥20	0	≥34
11	Q460C	≤0.2	≤1.8	≤0.55	≤0.03	≤0.03	≤0.3	≤0.8	≤0.2	≤0.13	≤0.05	≤0.4	≤0.05	≤0.015	B≤0.004	≥460	550~720	≥18	0	≥34
12	Q355NB	≤0.2	0.9~1.65	≤0.5	≤0.035	≤0.035	≤0.3	≤0.5	≤0.1	0.01~0.12	0.006~0.05	≤0.4	0.005~0.05	≤0.015	Als≥0.015	≥355	470~630	≥22	20	≥34
13	Q355NC	≤0.2	0.9~1.65	≤0.5	≤0.03	≤0.03	≤0.3	≤0.5	≤0.1	0.01~0.12	0.006~0.05	≤0.4	0.005~0.05	≤0.015	Als≥0.015	≥355	470~630	≥22	0	≥34
14	Q355ND	≤0.2	0.9~1.65	≤0.5	≤0.025	≤0.03	≤0.3	≤0.5	≤0.1	0.01~0.12	0.006~0.05	≤0.4	0.005~0.05	≤0.015	Als≥0.015	≥355	470~630	≥22	-20	≥40
15	Q355NE	≤0.18	0.9~1.65	≤0.5	≤0.02	≤0.025	≤0.3	≤0.5	≤0.1	0.01~0.12	0.006~0.05	≤0.4	0.005~0.05	≤0.015	Als≥0.015	≥355	470~630	≥22	-40	≥31
16	Q355NF	≤0.16	0.9~1.65	≤0.5	≤0.01	≤0.02	≤0.3	≤0.5	≤0.1	0.01~0.12	0.006~0.05	≤0.4	0.005~0.05	≤0.015	Als≥0.015	≥355	470~630	≥22	-60	≥27

续表

序号	牌号	化学成分（质量分数）/%													力学性能				
		C	Mn	Si	S	P	Cr	Ni	Mo	V	Ti	Cu	Nb	N	其他	屈服强度 R_{eH}/MPa	抗拉强度 R_m/MPa	断后伸长率 A/%	冲击温度 /°C	冲击吸收能量 KV_2/J
17	Q390NB	<0.2	0.9~1.7	<0.5	<0.035	<0.035	<0.3	<0.5	<0.1	0.01~0.2	0.006~0.05	<0.4	0.01~0.05	<0.015	Als>0.015	>390	490~650	>20	20	>34
18	Q390NC	<0.2	0.9~1.7	<0.5	<0.03	<0.03	<0.3	<0.5	<0.1	0.01~0.2	0.006~0.05	<0.4	0.01~0.05	<0.015	Als>0.015	>390	490~650	>20	0	>34
19	Q390ND	<0.2	0.9~1.7	<0.5	<0.025	<0.03	<0.3	<0.5	<0.1	0.01~0.2	0.006~0.05	<0.4	0.01~0.05	<0.015	Als>0.015	>390	490~650	>20	−20	>40
20	Q390NE	<0.2	0.9~1.7	<0.5	<0.02	<0.025	<0.3	<0.5	<0.1	0.01~0.2	0.006~0.05	<0.4	0.01~0.05	<0.015	Als>0.015	>390	490~650	>20	−40	>31
21	Q420NB	<0.2	1~1.7	<0.6	<0.035	<0.035	<0.3	<0.8	<0.1	0.01~0.2	0.006~0.05	<0.4	0.01~0.05	<0.015	Als>0.015	>420	520~680	>19	20	>34
22	Q420NC	<0.2	1~1.7	<0.6	<0.03	<0.03	<0.3	<0.8	<0.1	0.01~0.2	0.006~0.05	<0.4	0.01~0.05	<0.015	Als>0.015	>420	520~680	>19	0	>34
23	Q420ND	<0.2	1~1.7	<0.6	<0.025	<0.025	<0.3	<0.8	<0.1	0.01~0.2	0.006~0.05	<0.4	0.01~0.05	<0.025	Als>0.015	>420	520~680	>19	−20	>40
24	Q420NE	<0.2	1~1.7	<0.6	<0.02	<0.03	<0.3	<0.8	<0.1	0.01~0.2	0.006~0.05	<0.4	0.01~0.05	<0.025	Als>0.015	>420	520~680	>19	−40	>31
25	Q460NC	<0.2	1~1.7	<0.6	<0.03	<0.03	<0.3	<0.8	<0.1	0.01~0.2	0.006~0.05	<0.4	0.01~0.05	<0.015	Als>0.015	>460	540~720	>17	0	>34
26	Q460ND	<0.2	1~1.7	<0.6	<0.025	<0.03	<0.3	<0.8	<0.1	0.01~0.2	0.006~0.05	<0.4	0.01~0.05	<0.025	Als>0.015	>460	540~720	>17	−20	>40
27	Q460NE	<0.2	1~1.7	<0.6	<0.02	<0.025	<0.3	<0.8	<0.1	0.01~0.2	0.006~0.05	<0.4	0.01~0.05	<0.025	Als>0.015	>460	540~720	>17	−40	>31
28	Q355MB	<0.14	<1.6	<0.5	<0.035	<0.035	<0.3	<0.5	<0.1	0.01~0.1	0.006~0.05	<0.4	0.01~0.05	<0.015	Als>0.015	>355	470~630	>22	20	>34
29	Q355MC	<0.14	<1.6	<0.5	<0.03	<0.03	<0.3	<0.5	<0.1	0.01~0.1	0.006~0.05	<0.4	0.01~0.05	<0.015	Als>0.015	>355	470~630	>22	0	>34

续表

序号	牌号	化学成分（质量分数）/%													力学性能				
		C	Mn	Si	S	P	Cr	Ni	Mo	V	Ti	Cu	Nb	N	其他	屈服强度 R_{eH}/MPa	抗拉强度 R_m/MPa	断后伸长率 A/%	冲击温度/℃	冲击吸收能量 KV_2/J
30	Q355MD	≤0.14	≤1.6	≤0.5	≤0.025	≤0.03	≤0.3	≤0.5	≤0.1	0.01~0.1	0.006~0.05	≤0.4	0.01~0.05	≤0.015	Als≥0.015	≥355	470~630	≥22	−20	≥40
31	Q355ME	≤0.14	≤1.6	≤0.5	≤0.02	≤0.025	≤0.3	≤0.5	≤0.1	0.01~0.1	0.006~0.05	≤0.4	0.01~0.05	≤0.015	Als≥0.015	≥355	470~630	≥22	−40	≥31
32	Q355MF	≤0.14	≤1.6	≤0.5	≤0.01	≤0.02	≤0.3	≤0.5	≤0.1	0.01~0.1	0.006~0.05	≤0.4	0.01~0.05	≤0.015	Als≥0.015	≥355	470~630	≥22	−60	≥27
33	Q390MB	≤0.15	≤1.7	≤0.5	≤0.035	≤0.035	≤0.3	≤0.5	≤0.1	0.01~0.12	0.006~0.05	≤0.4	0.01~0.05	≤0.015	Als≥0.015	≥390	490~650	≥20	20	≥34
34	Q390MC	≤0.15	≤1.7	≤0.5	≤0.03	≤0.03	≤0.3	≤0.5	≤0.1	0.01~0.12	0.006~0.05	≤0.4	0.01~0.05	≤0.015	Als≥0.015	≥390	490~650	≥20	0	≥34
35	Q390MD	≤0.15	≤1.7	≤0.5	≤0.025	≤0.03	≤0.3	≤0.5	≤0.1	0.01~0.12	0.006~0.05	≤0.4	0.01~0.05	≤0.015	Als≥0.015	≥390	490~650	≥20	−20	≥40
36	Q390ME	≤0.15	≤1.7	≤0.5	≤0.02	≤0.025	≤0.3	≤0.5	≤0.1	0.01~0.12	0.006~0.05	≤0.4	0.01~0.05	≤0.015	Als≥0.015	≥390	490~650	≥20	−40	≥31
37	Q420MB	≤0.16	≤1.7	≤0.5	≤0.035	≤0.035	≤0.3	≤0.8	≤0.2	0.01~0.12	0.006~0.05	≤0.4	0.01~0.05	≤0.015	Als≥0.015	≥420	520~680	≥19	20	≥34
38	Q420MC	≤0.16	≤1.7	≤0.5	≤0.03	≤0.03	≤0.3	≤0.8	≤0.2	0.01~0.12	0.006~0.05	≤0.4	0.01~0.05	≤0.015	Als≥0.015	≥420	520~680	≥19	0	≥34
39	Q420MD	≤0.16	≤1.7	≤0.5	≤0.025	≤0.03	≤0.3	≤0.8	≤0.2	0.01~0.12	0.006~0.05	≤0.4	0.01~0.05	≤0.025	Als≥0.015	≥420	520~680	≥19	−20	≥40
40	Q420ME	≤0.16	≤1.7	≤0.5	≤0.02	≤0.025	≤0.3	≤0.8	≤0.2	0.01~0.12	0.006~0.05	≤0.4	0.01~0.05	≤0.025	Als≥0.015	≥420	520~680	≥19	−40	≥31
41	Q460MC	≤0.16	≤1.7	≤0.6	≤0.03	≤0.03	≤0.3	≤0.8	≤0.2	0.01~0.12	0.006~0.05	≤0.4	0.01~0.05	≤0.015	Als≥0.015	≥460	540~720	≥17	0	≥34
42	Q460MD	≤0.16	≤1.7	≤0.6	≤0.025	≤0.03	≤0.3	≤0.8	≤0.2	0.01~0.12	0.006~0.05	≤0.4	0.01~0.05	≤0.025	Als≥0.015	≥460	540~720	≥17	−20	≥40

续表

序号	牌号	化学成分（质量分数）/%														力学性能				
		C	Mn	Si	S	P	Cr	Ni	Mo	V	Ti	Cu	Nb	N	其他	屈服强度 R_{eH}/MPa	抗拉强度 R_m/MPa	断后伸长率 A/%	冲击温度/℃	冲击吸收能量 KV_2/J
43	Q460ME	<0.16	<1.7	<0.6	<0.02	<0.025	<0.3	<0.8	<0.2	0.01~0.12	0.006~0.05	<0.4	0.01~0.05	<0.025	Als≥0.015	≥460	540~720	≥17	-40	≥31
44	Q500MC	<0.18	<1.8	<0.6	<0.03	<0.03	<0.6	<0.8	<0.2	0.01~0.12	0.006~0.05	<0.55	0.01~0.11	<0.015	B<0.004 Als≥0.015	≥500	610~770	≥17	0	≥55
45	Q500MD	<0.18	<1.8	<0.6	<0.025	<0.03	<0.6	<0.8	<0.2	0.01~0.12	0.006~0.05	<0.55	0.01~0.11	<0.025	B<0.004 Als≥0.015	≥500	610~770	≥17	-20	≥47
46	Q500ME	<0.18	<1.8	<0.6	<0.02	<0.025	<0.6	<0.8	<0.2	0.01~0.12	0.006~0.05	<0.55	0.01~0.11	<0.025	B<0.004 Als≥0.015	≥500	610~770	≥17	-40	≥31
47	Q550MC	<0.18	<2	<0.6	<0.03	<0.03	<0.8	<0.8	<0.3	0.01~0.12	0.006~0.05	<0.8	0.01~0.11	<0.015	B<0.004 Als≥0.015	≥550	670~830	≥16	0	≥55
48	Q550MD	<0.18	<2	<0.6	<0.025	<0.03	<0.8	<0.8	<0.3	0.01~0.12	0.006~0.05	<0.8	0.01~0.11	<0.025	B<0.004 Als≥0.015	≥550	670~830	≥16	-20	≥47
49	Q550ME	<0.18	<2	<0.6	<0.02	<0.025	<0.8	<0.8	<0.3	0.01~0.12	0.006~0.05	<0.8	0.01~0.11	<0.025	B<0.004 Als≥0.015	≥550	670~830	≥16	-40	≥31
50	Q620MC	<0.18	<2.6	<0.6	<0.03	<0.03	<1	<0.8	<0.3	0.01~0.12	0.006~0.05	<0.8	0.01~0.11	<0.015	B<0.004 Als≥0.015	≥620	710~880	≥15	0	≥55
51	Q620MD	<0.18	<2.6	<0.6	<0.025	<0.03	<1	<0.8	<0.3	0.01~0.12	0.006~0.05	<0.8	0.01~0.11	<0.025	B<0.004 Als≥0.015	≥620	710~880	≥15	-20	≥47
52	Q620ME	<0.18	<2.6	<0.6	<0.02	<0.025	<1	<0.8	<0.3	0.01~0.12	0.006~0.05	<0.8	0.01~0.11	<0.025	B<0.004 Als≥0.015	≥620	710~880	≥15	-40	≥31
53	Q690MC	<0.18	<2	<0.6	<0.03	<0.03	<1	<0.8	<0.3	0.01~0.12	0.006~0.05	<0.8	0.01~0.11	<0.015	B<0.004 Als≥0.015	≥690	770~940	≥14	0	≥55
54	Q690MD	<0.18	<2	<0.6	<0.025	<0.03	<1	<0.8	<0.3	0.01~0.12	0.006~0.05	<0.8	0.01~0.11	<0.025	B<0.004 Als≥0.015	≥690	770~940	≥14	-20	≥47
55	Q690ME	<0.18	<2	<0.6	<0.02	<0.025	<1	<0.8	<0.3	0.01~0.12	0.006~0.05	<0.8	0.01~0.11	<0.025	B<0.004 Als≥0.015	≥690	770~940	≥14	-40	≥31

表 2-7　低合金高强度结构钢（GB/T 1591—2018）钢材匹配对照

序号	牌号	AI 对照		
		牌号	符合标准	匹配度
1	Q355B	Q355B	GB/T 3274—2017	1.00
		S355JR	DIN/BS EN 10025-2—2019	0.95
		HS355	ISO 4996—2014	0.91
		17ГС	ГОСТ 19281—2014	0.90
		Grade D	ASTM A633/A633M—18	0.88
2	Q355C（≤40mm）	17Г1С	ГОСТ 19281—2014	0.96
		S355J0	Q/BQB 610—2018	0.95
		E355CC	ISO 4951-2—2001	0.94
		SEV245	JIS G3124—2004	0.93
		E355M	ISO 4951-3—2001	0.92
3	Q355C（>40mm）	Q345R	GB 713—2014	0.96
		17Г1С	ГОСТ 19281—2014	0.96
		E355CC	ISO 4951-2—2001	0.94
		SEV245	JIS G3124—2004	0.93
		E355M	ISO 4951-3—2001	0.92
4	Q355D（≤40mm）	17Г1С	ГОСТ 19281—2014	0.95
		E355DD	ISO 4951-2—2001	0.95
		E355J2/1.0577	DIN EN 10025-2—2019	0.95
		E355ML	ISO 4951-3—2001	0.93
		S355MC	DIN/NF/BS EN 10149-2—2013	0.91
5	Q355D（>40mm）	17Г1С	ГОСТ 19281—2014	0.95
		E355DD	ISO 4951-2—2001	0.95
		E355J2/1.0577	DIN EN 10025-2—2019	0.95
		E355ML	ISO 4951-3—2001	0.93
		S355MC	DIN/NF/BS EN 10149-2—2013	0.91
6	Q390B	HS390	ISO 4996—2014	0.89
		SEV295	JIS G3124—2004	0.87
		15Г2СФ	ГОСТ 19281—2014	0.87
7	Q390C	PT550M	ISO 9328-5—2018	0.93
		P460NH	ISO 9328-3—2018、DIN/BS/NF EN 10028-3—2017	0.92
		P460QH	DIN/BS/NF EN 10273—2000	0.91
		390	ГОСТ 19281—2014	0.90
		SYW390	JIS A5523—2000	0.89
8	Q390D	D40	ГОСТ R 52927—2008	0.96

序号	牌号	AI 对照		
		牌号	符合标准	匹配度
8	Q390D	PT550M	ISO 9328-5—2018	0.95
		P460NH	ISO 9328-3—2018、DIN/BS/NF EN 10028-3—2017	0.92
		P460QH	DIN/BS/NF EN 10273—2000	0.91
		E460K2/1.891	DIN EN 10297—2003	0.90
9	Q420B	S420ML	DIN/BS/NF EN 10025-4—2019	0.96
		S420NL	DIN/BS/NF EN 10025-3—2019	0.94
		18Г2АФД	ГОСТ 19281—2014	0.93
		E420CC	ISO 4951-2—2001	0.92
		E420M	ISO 4951-3—2001	0.90
10	Q420C	S420ML	DIN/BS/NF EN 10025-4—2019	0.97
		S420ML	DIN/BS/NF EN 10025-4—2019	0.96
		E420M	ISO 4951-3—2001	0.95
		E420CC	ISO 4951-2—2001	0.95
		SEV 345	JIS G3124—2004	0.93
11	Q460C	E460CC	ISO 4951-2—2001	0.94
		E460M	ISO 4951-3—2001	0.94
		SM570	JIS G3106—2004	0.90
		S460NH	ISO 630-2—2000	0.90
		SMA570W	JIS G3114—2004	0.89
12	Q355NB	Grade D	ASTM A633/A633M—2013	0.93
		Grade C	ASTM A633/A633M—2013	0.92
		E355CC	ISO 4951-2—2001	0.92
		S355JR	DIN/BS EN 10025-2—2019	0.91
13	Q355NC	E355CC	ISO 4951-2—2001	0.95
		E355M	ISO 4951-3—2002	0.94
		SEV245	JIS G3124—2004	0.94
		S355J0	DIN/BS EN 10025-2—2019	0.93
		S355NH	ISO 630-2—2021/ISO 10799-1—2011	0.90
14	Q355ND	P355NH	EN 10028-3—2017	0.97
		S355NH	ISO 630-2—2021/ISO 10799-1—2011	0.97
		E355DD	ISO 4951-2—2001	0.95
		D36	GB 712—2011	0.93
		Grade D	ASTM A633/A633M—2013	0.92
15	Q355NE	S355NL	NF/BS EN 10025-3—2019	0.99
		P355NL2	EN 10028-3—2017	0.97

续表

序号	牌号	AI 对照		
		牌号	符合标准	匹配度
15	Q355NE	EH36	GB 712—2011	0.96
		Grade D	ASTM A633/A633M—2013	0.92
16	Q355NF	FH36	LR 2016 3—3	0.96
		P355NL2	EN 10028-3—2017	0.95
		S355NL	NF/BS EN 10025-3—2019	0.94
		FH36	ASTM A131/A131M—2019	0.94
		Grade D	ASTM A633/A633M—2013	0.90
17	Q390NB	HS390	ISO 4996—2014	0.89
		SEV295	JIS G3124—2004	0.87
		15Г2СФ	ГОСТ 19281—2014	0.87
18	Q390NC	P460NH	ISO 9328-3—2018/DIN/BS/NF EN 10028-3—2017	0.95
		PT550M	ISO 9328-5—2018	0.92
		SEV295	JIS G3124—2004	0.91
		P460QH	DIN/BS/NF EN 10273—2000	0.91
		15Г2СФ	ГОСТ 19281—2014	0.86
19	Q390ND	P460NH	DIN/BS/NF EN 10028-3—2017	0.98
		E460K2/1.891	DIN EN 10297—2003	0.97
		D40	ГОСТ R 52927—2008	0.96
		P460QH	DIN/BS/NF EN 10273—2000	0.90
		PT550M	ISO 9328-5—2018	0.90
20	Q390NE	EH40	Q/ASB 141.1—2018	0.94
		P420ML1	DIN EN 10028-5—2017	0.89
		PT550M	ISO 9328-5—2018	0.89
21	Q420NB	S420NL	DIN/BS/NF EN 10025-3—2019	0.99
		S420ML	DIN/BS/NF EN 10025-4—2019	0.93
		E420CC	ISO 4951-2—2001	0.89
		SEV 345	JIS G3124—2004	0.89
22	Q420NC	S420NL	DIN/BS/NF EN 10025-3—2019	0.98
		E420CC	ISO 4951-2—2001	0.96
		SEV 345	JIS G3124—2004	0.93
		S420ML	DIN/BS/NF EN 10025-4—2019	0.91
		E420M	ISO 4951-3—2001	0.90
23	Q420ND	S420NL	DIN/BS/NF EN 10025-3—2019	0.99
		E420DD	ISO 4951-2—2001	0.97
		S420ML	DIN/BS/NF EN 10025-4—2019	0.91

序号	牌号	AI 对照		
		牌号	符合标准	匹配度
23	Q420ND	E420ML	ISO 4951-3—2001	0.90
		440	ГOCT 19281—2014	0.86
24	Q420NE	S420NL	DIN/BS/NF EN 10025-3—2019	0.99
		P420ML1	DIN EN 10028-5—2017	0.90
		S420ML	DIN/BS/NF EN 10025-4—2019	0.89
25	Q460NC	S460NH	ISO 630-2—2021	0.98
		E460CC	ISO 4951-2—2001	0.96
		S460NL	DIN/NF/BS EN 10025-3—2019	0.95
		SMA570W	JIS G3114—2004	0.90
		Fe590B	IS 8500—2000	0.89
26	Q460ND	S460NH	ISO 630-2—2021	0.97
		E460DD	ISO 4951-2—2001	0.97
		S460NL	DIN/NF/BS EN 10025-3—2019	0.96
		E460ML	ISO 4951-3—2001	0.90
		Fe590B	IS 8500—2000	0.89
27	Q460NE	P460NL1	EN 10028-3—2017	0.99
		S460NL	DIN/NF/BS EN 10025-3—2019	0.96
		S460MC	DIN/NF/BS EN 10149-2—2013	0.91
		P460ML1	EN 10028-5—2017	0.89
28	Q355MB	S355JR	DIN/BS EN 10025-2—2019	0.91
		SMA490AW	JIS G3114—2004	0.91
29	Q355MC	E355M	ISO 4951-3—2001	0.95
		E355CC	ISO 4951-2—2001	0.94
		SEV245	JIS G3124—2004	91.00
		17Г1С	ГOCT 19281—2014	0.90
30	Q355MD	S355M	PN EN 10025-4—2005	0.99
		E355ML	ISO 4951-3—2001	0.96
		E355DD	JIS G3128—1999	0.94
		D36	GB 712—2011	0.92
		E355J2/1.0577	DIN EN 10025-2—2019	0.90
31	Q355ME	Q345GJZ35E	YB 4104—2000	0.94
		S355MC/1.0976	DIN/NF/BS EN 10149-2—2013	0.93
		S355G10+M	UNE EN 10225—2019	0.91
		17Г1С	ГOCT 19281—2014	0.91
		Grade D	ASTM A633/A633M—2013	0.85

续表

序号	牌号	AI 对照		
		牌号	符合标准	匹配度
32	Q355MF	FH36	LR 2016 3—3	0.94
		FH36	ASTM A131/A131M—2019	0.94
		P355NL2	EN 10028-3—2017	0.91
		S355NL	NF/BS EN 10025-3—2019	0.90
		Gr.LF6 Cl.1	ASME SA—350/SA—350M—2020	0.86
33	Q390MB	HS390	ISO 4996—2014	0.87
		SEV295	JIS G3124—2004	0.87
		15Г2СΦ	ГОСТ 19281—2014	0.84
34	Q390MC	PT550M	ISO 9328-5—2018	0.97
		15Г2СΦ	ГОСТ 19281—2014	0.91
		SEV295	JIS G3124—2004	0.91
35	Q390MD	PT550M	ISO 9328-5—2018	0.96
		D40	ГОСТ R 52927—2008	0.95
		15Г2СΦ	ГОСТ 19281—2014	0.91
36	Q390ME	PT550M	ISO 9328-5—2018	0.96
		EH40	Q/ASB 141.1—2018	0.94
37	Q420MB	S420ML	DIN/BS/NF EN 10025-4—2019	0.96
		E420M	ISO 4951-3—2001	0.91
		S420NL	DIN/BS/NF EN 10025-3—2019	0.91
		Fe410WB	IS 2062—2006	0.89
38	Q420MC	S420ML	DIN/BS/NF EN 10025-4—2019	0.95
		E420M	ISO 4951-3—2001	0.95
		E420CC	ISO 4951-2—2001	0.93
		SEV345	JIS G3124—2004	0.93
		440	ГОСТ 19281—2014	0.90
39	Q420MD	S420ML	DIN/BS/NF EN 10025-4—2019	0.96
		E420ML	ISO 4951-3—2001	0.95
		E420DD	ISO 4951-2—2001	0.94
		S420MC	DIN/NF/BS EN 10149-2—2013	0.91
		440	ГОСТ 19281—2014	0.90
40	Q420ME	P420ML1	DIN EN 10028-5—2017	0.97
		S420ML	DIN/BS/NF EN 10025-4—2019	0.94
		S420MC	DIN/NF/BS EN 10149-2—2013	0.92
		440	ГОСТ 19281—2014	0.90
		HS420	ISO 4996—2014	0.87

序号	牌号	AI 对照		
		牌号	符合标准	匹配度
41	Q460MC	E460M	ISO 4951-3—2001	0.95
		E460CC	ISO 4951-2—2001	0.93
		S460NH	ISO 630-2—2021	0.90
		SM570	JIS G3106—2004	0.90
		SMA570W	JIS G3114—2004	0.89
42	Q460MD	S460M	DIN/BS/NF EN 10025-4—2019	0.99
		E460ML	ISO 4951-3—2001	0.96
		E460DD	ISO 4951-2—2001	0.95
		S460MC	DIN/NF/BS EN 10149-2—2013	0.91
		Fe590B	IS 8500—2000	0.88
43	Q460ME	P460ML1	PN EN 10028-5—2017	0.96
		S460MC	DIN/NF/BS EN 10149-2—2013	0.92
		S460NL	DIN/NF/BS EN 10025-3—2019	0.86
44	Q500MC	HS490	ISO 4996—2014	0.89
		S500MC	DIN/NF/BS EN 10149-2—2013	0.86
		S500Q	DIN/NF/BS EN 10025-6—2019	0.86
45	Q500MD	S500MC	DIN/NF/BS EN 10149-2—2013	0.92
		S500Q	DIN/NF/BS EN 10025-6—2019	0.91
		HS490	ISO 4996—2014	0.89
46	Q500ME	S500MC	DIN/NF/BS EN 10149-2—2013	0.92
		S500QL	DIN/NF/BS EN 10025-6—2019	0.91
		HS490	ISO 4996—2014	0.89
47	Q550MC	ZJ500MC	YB/T 4568—2016	0.96
		Grade 80 Type 3	ASTM A656/A656M—18	0.86
		Grade 80 Type 7	ASTM A656/A656M—18	0.86
48	Q550MD	Q555PF	GB/T 30060—2013	0.96
		Q550qD	GB/T 714—2015	0.90
		S550Q	DIN/NF/BS EN 10025-6—2019	0.90
		E550-DD	ISO 4950-3—2003	0.88
49	Q550ME	Q550NH-LW E	GB/T 33162—2016	0.94
		S550QL	DIN/NF/BS EN 10025-6—2019	0.90
		E550-E	ISO 4950-3—2003	0.87
50	Q620MC	FeE650	ISO 6930-1—2001	0.86
		S620Q	DIN/NF/BS EN 10025-6—2019	0.85
51	Q620MD	S620Q	DIN/NF/BS EN 10025-6—2019	0.90
		FeE650	ISO 6930-1—2001	0.86

续表

序号	牌号	AI 对照		
		牌号	符合标准	匹配度
52	Q620ME	S620QL	DIN/NF/BS EN 10025-6—2019	0.86
		Grade 100	ASTM A709/A709M—2004A	0.80
		FeE650	ISO 6930-1—2001	0.80
53	Q690MC	AH690	GB 712—2011	0.92
		S700MC	DIN/NF/BS EN 10149-2—2013	0.87
54	Q690MD	S700MC	DIN/NF/BS EN 10149-2—2013	0.92
		S690Q	DIN/NF/BS EN 10025-6—2019	0.91
		SHY685N	JIS G3128—1999	0.88
		E690-DD	ISO 4950-3—2003	0.87
55	Q690ME	S700MC	DIN/NF/BS EN 10149-2—2013	0.92
		S690QL	DIN/NF/BS EN 10025-6—2019	0.90
		E690-E	ISO 4950-3—2003	0.88

二、微合金管线钢

微合金控轧高强度钢是在低碳钢或低合金高强度钢中加入能形成碳化物或氮化物的微量合金元素（如 Nb、V、Ti），且这些微合金元素的含量（质量分数）一般低于 0.2%。微合金元素的加入可以细化钢的晶粒，提高钢的强度并获得较好的韧性。钢的良好性能不仅依靠添加微合金元素，更主要的是通过控轧和控冷工艺的热变形导入的物理冶金因素的变化细化钢的晶粒。因此，在和一般热轧钢强度相同的情况下，这种钢的碳当量低，焊接性优良。

这类钢的组织以针状铁素体为主，其晶粒尺寸在 $10\sim20\mu m$，先共析铁素体和渗碳体都很少。微合金钢多用微量 Ti 处理，Ti 含量为 0.01%～0.02%，由于钢中形成的 TiN 颗粒熔解温度很高（约 1000℃以上），所以在焊接热影响区邻近焊缝的高温区域内 TiN 颗粒很难熔解，因而阻止了奥氏体晶粒长大，使该区域的韧性下降不多。因此，这种钢适用于大热输入焊接。

微合金控轧高强度钢，包括微合金控轧钢和微合金控轧、控冷钢。

（1）微合金控轧钢（TMCP）

在微合金钢热轧过程中，通过对金属加热温度、轧制温度、变形量、变形速率、终轧温度和轧后冷却工艺等参数的合理控制，使轧件的塑性变形与固态相变相结合，以获得良好的组织，提高钢材的强韧性，使其成为具有优异综合性能的钢。通常可分为奥氏体再结晶区（≥950℃）、奥氏体未再结晶区（950～A_{r3} 点）和奥氏体与铁素体两相区（A_{r3} 以下）三种不同的终轧温度下生产的微合金钢。

（2）微合金控轧、控冷钢（TMCP+ACC）

在轧制过程中，通过冷却装置在轧制线上对热轧后轧件的温度和冷却速度进行控制，利用轧件轧后的余热进行在线热处理生产的钢，具有更好的性能，特别是强度。在生产过程中，又省去了再加热、淬火等热处理工艺。用较少的合金含量可生产出强度和韧性更高、焊接性好的钢。在控制冷却中，主要控制轧件的轧制开始和终了温度、冷却速度和冷却的均匀程度。

微合金钢与普通低合金高强度钢的主要区别，在于微合金元素的存在将明显改变其轧制热形变行为，通过控制微合金钢的轧制及轧后冷却过程，使得微合金元素的作用充分发挥，钢材的性能显著提高，进而发展成新型的高强度高韧性钢。它是 20 世纪世界钢铁业的重大技术进展之一。

微合金钢广泛用于石油天然气管线、桥梁的建设，船舶、锅炉、压力容器等设备的制造等。在建筑领域使用的微合金钢有微合金化钢筋钢、微合金化高强度钢、微合金化耐火钢、微合金化 H 型钢和其他高性能建筑用钢。在桥梁结构上采用的微合金钢有 12MnVq、14MnNbq、15MnVq、15MnVNq 等，绝大多数的桥梁用钢均为微合金钢。汽车用微合金钢中，用量最大的是汽车框架和汽车壳体，是采用含 Nb 和（或）V 的微合金钢。在民用船舶建造上，微合金元素以 Ti 为主，微合金钢在船舶建造上也将得到更加广泛的应用。

在石油和天然气输送管线方面，2000 年之前，我国管线钢级别基本在 X65 以下，管径在 660mm 以下，压力在 6.4MPa 以下。例如陕京管道（X52）、鄯乌管道（X52）、涩宁兰管道（X60），板材采用 TMCP 技术，以保证材料良好的焊接性和强韧匹配，组织为铁素体加少量珠光体。从西气东输开始，采用了 1016mm 大口径钢管，设计压力为 10MPa，钢的级别提高至 X70。国产 X70 大口径钢管解决了显微组织控制、断裂控制及管材技术标准方面的难题，产品性能达到国际同类产品的先进水平。X70 为针状铁素体钢，组织细小均匀，强韧匹配良好。在西气东输二线，成功地应用了 X80 大口径钢管，直径达 1219mm，设计压力 12MPa。2017 年，中俄东线天然气管道工程（黑河—长岭），使用了管径 1422mm、壁厚 21.4mm/25.7mm/30.8mm、设计压力 12MPa 的 X80 级钢管，这是 X80 级 ϕ1422mm 管线钢首次在我国天然气管道的大规模使用。X80 钢的微观组织为针状铁素体、粒状贝氏体和 M-A 组元。X80 管线钢还成功应用于中亚天然气管道、中俄原油管道、中哈原油管道、中缅原油管道、新疆天然气管道等工程建设中。X90 钢是在（超）低碳和 Mn-Nb-Ti 合金的基础上，添加 Cu-Ni-V-Mo 等微合金元素、并结合控轧控冷技术获得以针状铁素体+板条贝氏体为主的微观组织。目前，X90 尚处于试验阶段，并无规模化应用。截至 2017 年底，我国长距离输送石油天然气管道总里程达到 7.7 万公里。长距离石油天然气管线工程的建设，大大促进了我国管线钢品种的开发及推广应用。

在深海海底管线领域，主要使用 X65、X70 厚壁深海管线钢等品种。墨西哥湾深达 2412m、长 222km 的管道，采用 X65 级管线钢；俄罗斯穿越波罗的海的输气管道，采用 X70 级管线钢。国外建设的海底管道设计水深已达 3500m，多采用 X70、大直径、大壁厚钢管，最大管径达到 1219mm，最大壁厚达 44.0mm。我国南海荔枝湾 3#深水气田的海底管线工程，最大水深 1500m，是我国首个深水气田。

石油天然气输送管用热轧宽钢带化学成分及力学性能见表 2-8，钢材匹配对照见表 2-9。

表2-8 石油天然气输送管用热轧宽钢带化学成分及力学性能（GB/T 14164—2013）

序号	牌号	化学成分（质量分数）/%											力学性能		
		C	Mn	Si	S	P	Cr	Ni	Mo	V	Ti	Cu	Nb	规定总延伸强度 $R_{t0.5}$/MPa	抗拉强度 R_m/MPa	断后伸长率 A/%
1	L175/A25	<0.21	<0.6	<0.35	<0.03	<0.03	<0.5	<0.5	<0.15	—	—	<0.5	—	>175	>310	>27
2	L175P/A25P	<0.21	<0.6	<0.35	<0.03	0.045~0.08	<0.5	<0.5	<0.15	—	—	<0.5	—	>175	>310	>27
3	L210/A	<0.22	<0.9	<0.35	<0.03	<0.03	<0.5	<0.5	<0.15	—	—	<0.5	—	>210	>335	>25
4	L245/B	<0.26	<1.2	<0.35	<0.03	<0.03	<0.5	<0.5	<0.15	—	—	<0.5	—	>245	>415	>21
5	L290/X42	<0.26	<1.3	<0.35	<0.03	<0.03	<0.5	<0.5	<0.15	—	—	<0.5	—	>290	>415	>21
6	L320/X46	<0.26	<1.4	<0.35	<0.03	<0.03	<0.5	<0.5	<0.15	—	—	<0.5	—	>320	>435	>20
7	L360/X52	<0.26	<1.4	<0.35	<0.03	<0.03	<0.5	<0.5	<0.15	—	—	<0.5	—	>360	>460	>19
8	L390/X56	<0.26	<1.4	<0.4	<0.03	<0.03	<0.5	<0.5	<0.15	—	—	<0.5	—	>390	>490	>18
9	L415/X60	<0.26	<1.4	<0.4	<0.03	<0.03	<0.5	<0.5	<0.15	—	—	<0.5	—	>415	>520	>17
10	L450/X65	<0.26	<1.45	<0.4	<0.03	<0.03	<0.5	<0.5	<0.15	—	—	<0.5	—	>450	>535	>17
11	L485/X70	<0.26	<1.65	<0.4	<0.03	<0.03	<0.5	<0.5	<0.15	—	—	<0.5	—	>485	>570	>16
12	L245R/BR	<0.24	<1.2	<0.4	<0.015	<0.025	<0.3	<0.3	<0.15	—	<0.04	<0.5	—	245~450	415~760	>21
13	L290R/X42R	<0.24	<1.2	<0.4	<0.015	<0.025	<0.3	<0.3	<0.15	<0.06	<0.04	<0.5	<0.05	290~495	415~760	>21
14	L245N/BN	<0.24	<1.2	<0.4	<0.015	<0.025	<0.3	<0.3	<0.15	—	<0.04	<0.5	—	245~450	415~760	>21
15	L290N/X42N	<0.24	<1.2	<0.4	<0.015	<0.025	<0.3	<0.3	<0.15	<0.06	<0.04	<0.5	<0.05	290~495	415~760	>21
16	L320N/X46N	<0.24	<1.4	<0.4	<0.015	<0.025	<0.3	<0.3	<0.15	<0.07	<0.04	<0.5	<0.05	320~525	435~760	>20
17	L360N/X52N	<0.24	<1.4	<0.45	<0.015	<0.025	<0.3	<0.3	<0.15	<0.1	<0.04	<0.5	<0.05	360~530	460~760	>19
18	L390N/X56N	<0.24	<1.4	<0.45	<0.015	<0.025	<0.3	<0.3	<0.15	<0.1	<0.04	<0.5	<0.05	390~545	490~760	>18
19	L415N/X60N	<0.24	<1.4	<0.45	<0.015	<0.025	<0.5	<1	<0.5	<0.1	<0.04	<0.5	<0.05	415~565	520~760	>17
20	L245M/BM	<0.22	<1.2	<0.45	<0.015	<0.025	<0.3	<0.3	<0.15	<0.05	<0.04	<0.5	<0.05	245~450	415~760	>21
21	L290M/X42M	<0.22	<1.3	<0.45	<0.015	<0.025	<0.3	<0.3	<0.15	<0.05	<0.04	<0.5	<0.05	290~495	415~760	>21

续表

序号	牌号	化学成分（质量分数）/%												力学性能		
		C	Mn	Si	S	P	Cr	Ni	Mo	V	Ti	Cu	Nb	规定总延伸强度 $Rt_{0.5}$/MPa	抗拉强度 R_m/MPa	断后伸长率 A/%
22	L320M/X46M	≤0.22	≤1.3	≤0.45	≤0.015	≤0.025	≤0.3	≤0.3	≤0.15	≤0.05	≤0.04	≤0.5	≤0.05	320~525	435~760	≥20
23	L360M/X52M	≤0.22	≤1.4	≤0.45	≤0.015	≤0.025	≤0.3	≤0.3	≤0.15	—	—	≤0.5	—	360~530	460~760	≥19
24	L390M/X56M	≤0.22	≤1.4	≤0.45	≤0.015	≤0.025	≤0.3	≤0.3	≤0.15	—	—	≤0.5	—	390~545	490~760	≥18
25	L415M/X60M	≤0.12	≤1.6	≤0.45	≤0.015	≤0.025	≤0.5	≤0.5	≤0.5	—	—	≤0.5	—	415~565	520~760	≥17
26	L450M/X65M	≤0.12	≤1.6	≤0.45	≤0.015	≤0.025	≤0.5	≤0.5	≤0.5	—	—	≤0.5	—	450~600	535~760	≥17
27	L485M/X70M	≤0.12	≤1.7	≤0.45	≤0.015	≤0.025	≤0.5	≤0.5	≤0.5	—	—	≤0.5	—	485~635	570~760	≥16
28	L555M/X80M	≤0.12	≤1.85	≤0.45	≤0.015	≤0.025	≤0.5	<1	≤0.5	—	—	≤0.5	—	555~705	625~825	≥15
29	L625M/X90M	≤0.1	≤2.1	≤0.55	≤0.01	≤0.02	≤0.5	<1	≤0.5	—	—	≤0.5	—	625~775	695~915	—
30	L690M/X100M	≤0.1	≤2.1	≤0.55	≤0.01	≤0.02	≤0.5	<1	≤0.5	—	—	≤0.5	—	690~840	760~990	—
31	L830M/X120M	≤0.1	≤2.1	≤0.55	≤0.01	≤0.02	≤0.5	<1	≤0.5	—	—	≤0.5	—	830~1050	915~1145	—

表 2-9 石油天然气输送管用热轧宽钢带（GB/T 14164—2013）钢材匹配对照

序号	牌号	AI 对照		
		牌号	符合标准	匹配度
1	L175/A25	L175/A25	API SPEC 5L—2012	0.98
		L175/A25	ISO 3183—2012	0.98
2	L175P/A25P	L175P/A25P	API SPEC 5L—2012	0.98
		L175P/A25P	ISO 3183—2012	0.98
3	L210/A	L210/A	API SPEC 5L—2012	0.98
		L210/A	ISO 3183—2012	0.98
		L210（A）	Q/BQB API SPEC 5L	0.98
		L210GA	EN 10028-1—2009	0.95
4	L245/B	L245/B	API SPEC 5L—2012	0.98
		L245/B	ISO 3183—2012	0.98
		L245（B）	Q/BQB API SPEC 5L	0.98
		L245GA	EN 10028-1—2009	0.95
		L245/B	Q/ASB 148—2014	0.94
5	L290/X42	L290/X42	API SPEC 5L—2012	0.98
		L290/X42	ISO 3183—2012	0.98
		L290（X42）	Q/BQB API SPEC 5L	0.98
		L290GA	EN 10028-1—2009	0.95
		L290/X42	Q/ASB 148—2014	0.94
6	L320/X46	L320/X46	API SPEC 5L—2012	0.98
		L320/X46	ISO 3183—2012	0.98
		L320（X46）	Q/BQB API SPEC 5L	0.98
		L320/X46	Q/ASB 148—2014	0.94
7	L360/X52	L360/X52	API SPEC 5L—2012	0.98
		L360/X52	ISO 3183—2012	0.98
		L360（X52）	Q/BQB API SPEC 5L	0.98
		L360GA	EN 10028-1—2009	0.95
		L360/X52	Q/ASB 148—2014	0.94
8	L390/X56	L390/X56	API SPEC 5L—2012	0.98
		L390/X56	ISO 3183—2012	0.98
		L390（X56）	Q/BQB API SPEC 5L	0.98
		L390/X56	Q/ASB 148—2014	0.94
9	L415/X60	L415/X60	API SPEC 5L—2012	0.98
		L415/X60	ISO 3183—2012	0.96
		L415（X60）	Q/BQB API SPEC 5L	0.95
		L415/X60	Q/ASB 148—2014	0.94

序号	牌号	AI 对照		
		牌号	符合标准	匹配度
10	L450/X65	L450/X65	API SPEC 5L—2012	0.98
		L450/X65	ISO 3183—2012	0.96
		L450（X65）	Q/BQB API SPEC 5L	0.95
		L450/X65	Q/ASB 148—2014	0.94
11	L485/X70	L450/X65	API SPEC 5L—2012	0.98
		L450/X65	ISO 3183—2012	0.96
		L450（X65）	Q/BQB API SPEC 5L	0.95
		L450/X65	Q/ASB 148—2014	0.94
12	L245R/BR	L245R/BR	API SPEC 5L—2012	0.97
		L245R/BR	ISO 3183—2012	0.97
13	L290R/X42R	L290R/X42R	API SPEC 5L—2012	0.97
		L290R/X42R	ISO 3183—2012	0.97
14	L245N/BN	L245N/BN	API SPEC 5L—2012	0.97
		L245N/BN	ISO 3183—2012	0.97
		L245N（BN）	Q/BQB API SPEC 5L	0.97
15	L290N/X42N	L290N/X42N	API SPEC 5L—2012	0.97
		L290N/X42N	ISO 3183—2012	0.97
		L290N（X42N）	Q/BQB API SPEC 5L	0.97
16	L320N/X46N	L320N/X46N	API SPEC 5L—2012	0.98
		L320N/X46N	ISO 3183—2012	0.97
		L320N（X46N）	Q/BQB API SPEC 5L	0.97
17	L360N/X52N	L360N/X52N	API SPEC 5L—2012	0.98
		L360N/X52N	ISO 3183—2012	0.98
		L360N（X52N）	Q/BQB API SPEC 5L	0.98
18	L390N/X56N	L390N/X56N	API SPEC 5L—2012	0.98
		L390N/X56N	ISO 3183—2012	0.98
		L390N（X56N）	Q/BQB API SPEC 5L	0.98
19	L415N/X60N	L415N/X60N	API SPEC 5L—2012	0.98
		L415N/X60N	ISO 3183—2012	0.98
		L415N（X60N）	Q/BQB API SPEC 5L	0.98
20	L245M/BM	L245M/BM	API SPEC 5L—2012	0.97
		L245M/BM	ISO 3183—2012	0.97
		L245M（BM）	Q/BQB API SPEC 5L	0.97
21	L290M/X42M	L290M/X42M	API SPEC 5L—2012	0.97
		L290M/X42M	ISO 3183—2012	0.97
		L290M（X42M）	Q/BQB API SPEC 5L	0.97

续表

序号	牌号	AI 对照		
		牌号	符合标准	匹配度
22	L320M/X46M	L320M/X46M	API SPEC 5L—2012	0.98
		L320M/X46M	ISO 3183—2012	0.97
		L320M（X46M）	Q/BQB API SPEC 5L	0.97
23	L360M/X52M	L360M/X52M	API SPEC 5L—2012	0.98
		L360M/X52M	ISO 3183—2012	0.98
		L360M（X52M）	Q/BQB API SPEC 5L	0.98
24	L390M/X56M	L390M/X56M	API SPEC 5L—2012	0.98
		L390M/X56M	ISO 3183—2012	0.98
		L390M（X56M）	Q/BQB API SPEC 5L	0.98
25	L415M/X60M	L415M/X60M	API SPEC 5L—2012	0.98
		L415M/X60M	ISO 3183—2012	0.98
		L415M（X60M）	Q/BQB API SPEC 5L	0.98
26	L450M/X65M	L450M/X65M	API SPEC 5L—2012	0.98
		L450M/X65M	ISO 3183—2012	0.98
		L450M（X65M）	Q/BQB API SPEC 5L	0.98
27	L485M/X70M	L485M/X70M	API SPEC 5L—2012	0.98
		L485M/X70M	ISO 3183—2012	0.98
		L485M（X70M）	Q/BQB API SPEC 5L	0.98
28	L555M/X80M	L555M/X80M	API SPEC 5L—2012	0.98
		L555M/X80M	ISO 3183—2012	0.98
		L555M（X80M）	Q/BQB API SPEC 5L	0.98
29	L625M/X90M	L625M/X90M	API SPEC 5L—2012	0.98
		L625M/X90M	ISO 3183—2012	0.98
		L625M（X90M）	Q/BQB API SPEC 5L	0.98
30	L690M/X100M	L690M/X100M	API SPEC 5L—2012	0.98
		L690M/X100M	ISO 3183—2012	0.98
		L690M（X100M）	Q/BQB API SPEC 5L	0.98
31	L830M/X120M	L830M/X120M	API SPEC 5L—2012	0.98
		L830M/X120M	ISO 3183—2012	0.98
		L830M（X120M）	Q/BQB API SPEC 5L	0.98

三、船舶及海洋工程用钢

进入 21 世纪，我国的船舶、海洋工程行业迎来了高速发展的时期。2001 年，我国船舶及海洋工程用钢的数量仅为 168 万吨，2010 年，我国船舶及海洋工程用钢的数量超过了

2200 万吨。然而，受到全球经济的影响，中国船舶及海洋工程行业在"十二五"期间开始步入了下行通道，2017 年我国造船行业的完工量约为 4200 万吨，仅为 2011 年峰值水平的 56%。相应地，我国船舶及海洋工程用钢的生产应用也不断下滑，2017 年我国船舶及海洋工程用钢的数量约 800 万吨，产能处于严重过剩状态。虽然近年来我国在生产应用方面受到较大影响，但在船舶及海洋工程用钢品种的开发方面却取得很大突破，并实现了实船应用。

1986 年，在原冶金部和中船总公司组织下，国内开展了"海洋平台用抗层状撕裂钢的研制"，成功开发出海洋平台用强度为 335MPa 级的抗层状撕裂钢 E36-Z35。近年来，为了满足我国海洋工程装备发展的需要，国内相关钢铁企业开发了强度级别涵盖 315～690MPa 的高强度高韧性海洋工程用钢，其最高质量等级达到 FH 级，钢板最大厚度达到 150mm，成功应用于"荔湾"深海平台、自升式钻井平台、第七代半潜平台等重大海洋石油平台工程的建造。

目前，我国石油平台用钢已基本形成高强度系列，国产化程度达到 90%。但是，在超高强度级（≥690MPa）钢板研发、特厚板齿条钢的研发等方面还存在一定差距，特别是自升式平台关键部位使用的 550～785MPa 级易焊接、高韧性、耐海水腐蚀的平台用钢还依赖进口。

在舰艇用钢领域，研究开发了强度级别在 355～980MPa 的高韧性、易焊接系列舰船用钢品种，建立了我国独立自主的海军舰艇用钢体系，完全实现了海军舰船装备用钢的国产化，成功用于国产航母、大型驱逐舰、护卫舰、核潜艇等海军舰艇装备的建造，为国防装备的现代化做出了重大贡献。

船舶用钢包括一般强度的碳素造船用钢和高强度低合金造船用钢，碳素造船用钢板的屈服强度通常为 235MPa，按船舶航区将冲击韧性的要求划分为 A、B、D、E 级，分别对 +20℃、0℃、-20℃、-40℃的冲击韧性规定下限值；高强度低合金造船用钢板的屈服强度分为 315MPa、355MPa 和 415MPa 三个级别，将冲击韧性的要求划分为 AH、DH、EH、FH 级，分别对 0℃、-20℃、-40℃、-60℃的冲击韧性规定下限值。在船舶用钢的冶炼过程中，允许添加 V、Nb、Ti 等微合金化元素的一种或多种；船舶用钢允许在热轧、正火或热机械处理状态下交货。

中国船级社对用于海洋结构工程、可焊接高强度结构钢的强度和韧性也有明确规定。按照钢的最小屈服强度共分为 8 个等级，即 420MPa、460MPa、500MPa、550MPa、620MPa、690MPa、890MPa 和 960MPa，除了屈服强度 890MPa 和 960MPa 的钢不设 F 级韧性外，其他强度级别的钢均将其冲击试验温度分为 A、D、E 和 F 四个韧性级别。但是，在国家标准 GB/T 16270—2009 中，对于屈服强度 890MPa 和 960MPa 的钢则设有 F 级韧性的要求，冲击吸收能量的规定值也与船级社的规定不完全相同。因此，这个标准不适合于船舶及海洋工程，故而海洋结构工程用高强度钢只能采用船级社的规定。此外，中国船级社对海洋结构工程用高强度钢的碳当量的要求颇具新意，除了常用的 Ceq 外，还采用 CET 这个碳当量指数，但是，它仅适用于 H460 及更高强度级别的钢。

船舶及海洋工程用结构钢化学成分及力学性能见表 2-10，钢材匹配对照见表 2-11。

表2-10　船舶及海洋工程用结构钢化学成分及力学性能（GB/T 712—2011）

序号	牌号	化学成分（质量分数）/%													力学性能				
		C	Mn	Si	S	P	Cr	Ni	Mo	V	Ti	Cu	Nb	其他	上屈服强度 R_{eH}/MPa	抗拉强度 R_m/MPa	断后伸长率 A/%	冲击温度/℃	冲击吸收能量 KV_2/J
1	A	≤0.21	>0.5	≤0.5	≤0.035	≤0.035	≤0.3	≤0.3	—	—	—	≤0.35	—	—	>235	400~520	>22	20	>34
2	B	≤0.21	>0.8	≤0.35	≤0.035	≤0.035	≤0.3	≤0.3	—	—	—	≤0.35	—	Als>0.015	>235	400~520	>22	0	>27
3	D	≤0.21	>0.6	≤0.35	≤0.03	≤0.03	≤0.3	≤0.3	—	—	—	≤0.35	—	Als>0.015	>235	400~520	>22	−20	>27
4	E	≤0.18	>0.7	≤0.35	≤0.025	≤0.025	≤0.3	≤0.3	—	—	—	≤0.35	—	Als>0.015	>235	400~520	>22	−40	>27
5	AH32	≤0.18	0.9~1.6	≤0.5	≤0.030	≤0.030	≤0.2	≤0.4	≤0.08	0.05~0.1	≤0.02	≤0.35	0.02~0.05	Als>0.015	>315	450~570	>22	0	>31
6	AH36	≤0.18	0.9~1.6	≤0.5	≤0.030	≤0.030	≤0.2	≤0.4	≤0.08	0.05~0.1	≤0.02	≤0.35	0.02~0.05	Als>0.015	>355	490~630	>21	0	>34
7	AH40	≤0.18	0.9~1.6	≤0.5	≤0.030	≤0.030	≤0.2	≤0.4	≤0.08	0.05~0.1	≤0.02	≤0.35	0.02~0.05	Als>0.015	>390	510~660	>20	−40	>41
8	DH32	≤0.18	0.9~1.6	≤0.5	≤0.025	≤0.025	≤0.2	≤0.4	≤0.08	0.05~0.1	≤0.02	≤0.35	0.02~0.05	Als>0.015	>315	450~570	>22	−20	>31
9	DH36	≤0.18	0.9~1.6	≤0.5	≤0.025	≤0.025	≤0.2	≤0.4	≤0.08	0.05~0.1	≤0.02	≤0.35	0.02~0.05	Als>0.015	>355	490~630	>21	−20	>34
10	DH40	≤0.18	0.9~1.6	≤0.5	≤0.025	≤0.025	≤0.2	≤0.4	≤0.08	0.05~0.1	≤0.02	≤0.35	0.02~0.05	Als>0.015	>390	510~660	>20	−40	>41
11	EH32	≤0.18	0.9~1.6	≤0.5	≤0.025	≤0.025	≤0.2	≤0.4	≤0.08	0.05~0.1	≤0.02	≤0.35	0.02~0.05	Als>0.015	>315	450~570	>22	−40	>31
12	EH36	≤0.18	0.9~1.6	≤0.5	≤0.025	≤0.025	≤0.2	≤0.4	≤0.08	0.05~0.1	≤0.02	≤0.35	0.02~0.05	Als>0.015	>355	490~630	>21	−40	>34
13	EH40	≤0.18	0.9~1.6	≤0.5	≤0.025	≤0.025	≤0.2	≤0.4	≤0.08	0.05~0.1	≤0.02	≤0.35	0.02~0.05	Als>0.015	>390	510~660	>20	−40	>41
14	FH32	≤0.16	0.9~1.6	≤0.5	≤0.02	≤0.02	≤0.2	≤0.8	≤0.08	0.05~0.1	≤0.02	≤0.35	0.02~0.05	Als>0.015 N<0.009	>315	450~570	>22	−60	>31
15	FH36	≤0.16	0.9~1.6	≤0.5	≤0.02	≤0.02	≤0.2	≤0.8	≤0.08	0.05~0.1	≤0.02	≤0.35	0.02~0.05	Als>0.015 N<0.009	>355	490~630	>21	−60	>34
16	FH40	≤0.16	0.9~1.6	≤0.5	≤0.02	≤0.02	≤0.2	≤0.8	≤0.08	0.05~0.1	≤0.02	≤0.35	0.02~0.05	Als>0.015 N<0.009	>390	510~660	>20	−60	>41

续表

| 序号 | 牌号 | 化学成分（质量分数）/% | | | | | | | | | | | | 力学性能 | | | | |
		C	Mn	Si	S	P	Cr	Ni	Mo	V	Ti	Cu	Nb	其他	上屈服强度 R_{eH}/MPa	抗拉强度 R_m/MPa	断后伸长率 A/%	冲击温度/℃	冲击吸收能量 KV_2/J
17	AH420	<0.21	<1.7	<0.55	<0.03	<0.03	—	—	—	—	—	—	—	N<0.02	≥420	530~680	≥18	0	≥42
18	AH460	<0.21	<1.7	<0.55	<0.03	<0.03	—	—	—	—	—	—	—	N<0.02	≥460	570~720	≥17	0	≥46
19	AH500	<0.21	<1.7	<0.55	<0.03	<0.03	—	—	—	—	—	—	—	N<0.02	≥500	610~770	≥16	0	≥50
20	AH550	<0.21	<1.7	<0.55	<0.03	<0.03	—	—	—	—	—	—	—	N<0.02	≥550	670~830	≥16	0	≥55
21	AH620	<0.21	<1.7	<0.55	<0.03	<0.03	—	—	—	—	—	—	—	N<0.02	≥620	720~890	≥15	0	≥62
22	AH690	<0.21	<1.7	<0.55	<0.03	<0.03	—	—	—	—	—	—	—	N<0.02	≥690	770~940	≥14	0	≥69
23	DH420	<0.2	<1.7	<0.55	<0.025	<0.025	—	—	—	—	—	—	—	N<0.02	≥420	530~680	≥18	-20	≥42
24	DH460	<0.2	<1.7	<0.55	<0.025	<0.025	—	—	—	—	—	—	—	N<0.02	≥460	570~720	≥17	-20	≥46
25	DH500	<0.2	<1.7	<0.55	<0.025	<0.025	—	—	—	—	—	—	—	N<0.02	≥500	610~770	≥16	20	≥50
26	DH550	<0.2	<1.7	<0.55	<0.025	<0.025	—	—	—	—	—	—	—	N<0.02	≥550	670~830	≥16	-20	≥55
27	DH620	<0.2	<1.7	<0.55	<0.025	<0.025	—	—	—	—	—	—	—	N<0.02	≥620	720~890	≥15	-20	≥62
28	DH690	<0.2	<1.7	<0.55	<0.025	<0.025	—	—	—	—	—	—	—	N<0.02	≥690	770~940	≥14	-20	≥69
29	EH420	<0.2	<1.7	<0.55	<0.025	<0.025	—	—	—	—	—	—	—	N<0.02	≥420	530~680	≥18	-40	≥42
30	EH460	<0.2	<1.7	<0.55	<0.025	<0.025	—	—	—	—	—	—	—	N<0.02	≥460	570~720	≥17	-40	≥46
31	EH500	<0.2	<1.7	<0.55	<0.025	<0.025	—	—	—	—	—	—	—	N<0.02	≥500	610~770	≥16	-40	≥50
32	EH550	<0.2	<1.7	<0.55	<0.025	<0.025	—	—	—	—	—	—	—	N<0.02	≥550	670~830	≥16	-40	≥55
33	EH620	<0.2	<1.7	<0.55	<0.025	<0.025	—	—	—	—	—	—	—	N<0.02	≥620	720~890	≥15	-40	≥62
34	EH690	<0.2	<1.7	<0.55	<0.025	<0.025	—	—	—	—	—	—	—	N<0.02	≥690	770~940	≥14	-40	≥69
35	FH420	<0.18	<1.6	<0.55	<0.02	<0.02	—	—	—	—	—	—	—	N<0.02	≥420	530~680	≥18	-60	≥42
36	FH460	<0.18	<1.6	<0.55	<0.02	<0.02	—	—	—	—	—	—	—	N<0.02	≥460	570~720	≥17	-60	≥46
37	FH500	<0.18	<1.6	<0.55	<0.02	<0.02	—	—	—	—	—	—	—	N<0.02	≥500	610~770	≥16	-60	≥50
38	FH550	<0.18	<1.6	<0.55	<0.02	<0.02	—	—	—	—	—	—	—	N<0.02	≥550	670~830	≥16	-60	≥55
39	FH620	<0.18	<1.6	<0.55	<0.02	<0.02	—	—	—	—	—	—	—	N<0.02	≥620	720~890	≥15	-60	≥62
40	FH690	<0.18	<1.6	<0.55	<0.02	<0.02	—	—	—	—	—	—	—	N<0.02	≥690	770~940	≥14	-60	≥69

表 2-11　船舶及海洋工程用结构钢（GB 712—2011）钢材匹配对照

序号	牌号	传统对照		AI 对照		
		世界钢铁牌号对照与速查手册				
		牌号	符合标准	牌号	符合标准	匹配度
1	A	SM400A	JIS G3106—2004	KA	NK K（日本船级社）	0.98
		Grade 2(a)	IS 3039—2001	A	ГOCT R 52927—2008	0.96
		A	ГOCT 5521—1993	VL A27S	DNV GL（挪威船级社）	0.98
		Grade A	ASTM A131/131M—2004	Q235B	GB/T 3274—2007	0.92
				Q235GJB	GB/T 19879—2015	0.92
2	B	SM400B	JIS G3106—2004	KB	NK K（日本船级社）	0.98
		Grade 2(b)	IS 3039—2001	B	ГOCT R 52927—2008	0.96
		B	ГOCT 5521—1993	VL B27S	DNV GL（挪威船级社）	0.98
		Grade B	ASTM A131/131M—2004	Q235C	GB/T 3274—2007	0.92
				Q235GJC	GB/T 19879—2015	0.92
3	D	SM400B	JIS G3106—2004	KD	NK K（日本船级社）	0.98
		Grade 3	IS 3039—2001	VL D27S	DNV GL（挪威船级社）	0.98
		Ц	ГOCT 5521—1993	DH27S	LR（英国劳氏船级社）	0.98
		Grade D	ASTM A131/131M—2004	D27SW	ГOCT R 52927—2008	0.96
				Q235D	GB/T 3274—2007	0.92
				Q235GJD	GB/T 19879—2015	0.92
4	E	SM400C	JIS G3106—2004	EH27S	LR（英国劳氏船级社）	0.98
		Grade 3	IS 3039—2001	VL E27S	DNV GL（挪威船级社）	0.98
		E	ГOCT 5521—1993	E27SW	ГOCT R 52927—2008	0.96
		Grade E	ASTM A131/131M—2004	KE	NK K（日本船级社）	0.98
				Q235GJE	GB/T 19879—2015	0.92
5	AH32	SM490B	JIS G3106—2004	AH32	LR（英国劳氏船级社）	0.98
		Fe490	IS 8500—2000	VL A32	DNV GL（挪威船级社）	0.98
		A32	ГOCT 5521—1993	A32W	ГOCT R 52927—2008	0.96
		GL-A32(S315GLS)/1.0513	非现行标准	AH32	CCS（中国船级社）	0.98
		AH32	ASTM A131/131M—2004	Q355MC	GB/T 1591—2018	0.88
				Q345GJC	GB/T 19879—2015	0.92
6	AH36	SM490YA	JIS G3106—2004	AH36	LR（英国劳氏船级社）	0.98
		Fe490	JIS G3106—2004	VL A36	DNV GL（挪威船级社）	0.98
		A36	ГOCT 5521—1993	A36W	ГOCT R 52927—2008	0.96
		GL-A36(S355GLS)/1.0583	非现行标准	AH36	CCS（中国船级社）	0.98
		AH36/K11852	ASTM A131/131M—2004	Q355MC	GB/T 1591—2018	0.91
				Q345GJC	GB/T 19879—2015	0.92

续表

序号	牌号	传统对照 世界钢铁牌号对照与速查手册		AI对照		
		牌号	符合标准	牌号	符合标准	匹配度
7	AH40	PI 550M	ISO 9328-5—2004	AH40	LR（英国劳氏船级社）	0.98
		A40	ГОСТ 5521—1993	VL A40	DNV GL（挪威船级社）	0.98
		GL-A40(S390G1S)/1.0532	非现行标准	A40	ГОСТ R 52927—2008	0.96
		AH40	ASTM A131/A131M—2004	Q390MC	GB/T 1591—2018	0.91
				Q390GJC	GB/T 19879—2015	0.92
				VL A420	DNV GL（挪威船级社）	0.92
8	DH32	SM490C	JIS G3106—2004	DH32	LR（英国劳氏船级社）	0.98
		Fe490B	IS 8500—2000	VL D32	DNV GL AS 2-2-2-4—2016	0.98
		Ц32	ГОСТ 5521—1993	D32W	ГОСТ R 52927—2008	0.96
		GL-D32(S315G2S)/1.0514	非现行标准	KD32	NK K（日本船级社）	0.98
		DH32	ASTM A131/A131M—2004	Q355MD	GB/T 1591—2018	0.88
9	DH36	SM490YB	JIS G3106—2004	FH36	LR（英国劳氏船级社）	0.98
		Ц36	ГОСТ 5521—1993	VL F36	DNV GL（挪威船级社）	0.98
		GL-D36(S355GLS)/1.0584	非现行标准	F36W	ГОСТ R 52927—2008	0.96
		DH36/K11852	ASTM A131/A131M—2004	Q345D	GB/T 3274—2007	0.92
				Q355MD	GB/T 1591—2018	0.91
				Q355GJD	GB/T 19879—2015	0.92
10	DH40	Ц40	ГОСТ 5521—1993	DH40	LR（英国劳氏船级社）	0.98
				VL D40	DNV GL（挪威船级社）	0.98
		GL-D40(S390G2S)/1.0534	非现行标准	D40	ГОСТ R 52927—2008	0.96
		DH40	ASTM A131/A131M—2004	Q390D	GB/T 1591—2018	0.91
				Q390GJD	GB/T 19879—2005	0.92
				VL D420	DNV GL（挪威船级社）	0.92
11	EH32	SM490B AM490C	JIS G3106—2004	EH32	LR（英国劳氏船级社）	0.98
		P1520QH	ISO 9238-6—2004	VL E32	DNV GL（挪威船级社）	0.98
		E32	ГОСТ 5521—1993	E32W	ГОСТ R 52927—2008	0.96
		GL-D32(S315G2S)/1.0515	非现行标准	Q355ME	GB/T 1591—2018	0.88
		EH32	ASTM A131/A131M—2004	Grade 50	API SPEC 2W—2006	0.92
				Q345GJE	GB/T 19879—2015	0.92
12	EH36	SM490YB	JIS G3106—2004	FH36	LR（英国劳氏船级社）	0.98
		SM490YB	JIS G3106—2004	VL F36	DNV GL（挪威船级社）	0.98
		E36	ГОСТ 5521—1993	F36W	ГОСТ R 52927—2008	0.96

续表

| 序号 | 牌号 | 传统对照 | | AI对照 | | |
| | | 世界钢铁牌号对照与速查手册 | | | | |
		牌号	符合标准	牌号	符合标准	匹配度
12	EH36	GL-E36(S355G3S)/1.0589	非现行标准	Q355GJE	GB/T 19879—2015	0.92
		EH36	ASTM A131/A131M—2004	Grade 50	API SPEC 2W—2006	0.96
13	EH40	E40	ГOCT 5521—1993	EH40	LR（英国劳氏船级社）	0.98
				VL E40	DNV GL（挪威船级社）	0.98
		GL-E40(S390G3S)/1.0560	非现行标准	E40	ГOCT R 52927—2008	0.96
		EH40	ASTM A131/A131M—2004	S420G1+M	EN 10225—2009	0.96
				Grade 60	API SPEC 2Y—2000	0.92
				Q390NE	GB/T 1591—2018	0.91
				Grade 65	ASTM A945/A945M—2006	0.91
14	FH32	SLA-325A	JIS G3126—2004	FH32	LR（英国劳氏船级社）	0.98
		FeE315	ISO 6930-2—2004	VL F32	DNV GL（挪威船级社）	0.98
		P355Q/1.8866	DIN EN 10028—2003	F32W	ГOCT R 52927—2008	0.96
		FH32	ASTM A131/A131M—2004	KF32	NK K（日本船级社）	0.98
				Q355MF	GB/T 1591—2018	0.88
15	FH36	FeE315	ISO 6930-1—2001	FH36	LR（英国劳氏船级社）	0.98
		S355MC 1.0980	DIN EN 10149—2005	VL F36	DNV GL（挪威船级社）	0.98
		EH36	ASTM A131/A131M—2004	F36W	ГOCT R 52927—2008	0.96
				KF36	NK K（日本船级社）	0.98
				Q355MF	GB/T 1591—2018	0.91
16	FH40	P420M	ISO 9328-5—2004	FH40	LR（英国劳氏船级社）	0.98
		P420M/1.8824	DIN EN 10028-5—2003	VL F40	DNV GL（挪威船级社）	0.98
		FH40	ASTM A131/A131M—2004	F40SW	ГOCT R 52927—2008	0.96
				KF40	NK K（日本船级社）	0.98
				FH40	CCS（中国船级社）	0.98
				VL F420	DNV GL（挪威船级社）	0.98
17	AH420			AH42	LR（英国劳氏船级社）	0.98
				VL A420	DNV GL（挪威船级社）	0.98
				AH420TM	CCS（中国船级社）	0.98
				Q420MB	GB/T 1591—2018	0.91
				Q420GJB	GB/T 19879—2015	0.92
18	AH460			AH46	LR（英国劳氏船级社）	0.98
				VL A460	DNV GL（挪威船级社）	0.98
				AH46TM	CCS（中国船级社）	0.98

续表

序号	牌号	传统对照		AI 对照		
		世界钢铁牌号对照与速查手册				
		牌号	符合标准	牌号	符合标准	匹配度
18	AH460			Q460MB	GB/T 1591—2018	0.91
				Q460GJB	GB/T 19879—2015	0.92
19	AH500			AH50	LR（英国劳氏船级社）	0.98
				VL A500	DNV GL（挪威船级社）	0.98
				AH500TM	CCS（中国船级社）	0.98
				AH550	CCS（中国船级社）	0.92
				AH460	CCS（中国船级社）	0.90
20	AH550			AH55	LR（英国劳氏船级社）	0.98
				VL A550	DNV GL（挪威船级社）	0.98
				AH550TM	CCS（中国船级社）	0.98
				Q550MB	GB/T 1591—2018	0.91
				Q550GJB	GB/T 19879—2015	0.92
				Q550QB	GB/T 34560.4—2017	0.91
21	AH620			AH62	LR（英国劳氏船级社）	0.98
				VL A620	DNV GL（挪威船级社）	0.98
				AH620TM	CCS（中国船级社）	0.98
				AH690	CCS（中国船级社）	0.92
				AH550	CCS（中国船级社）	0.90
22	AH690			AH69	LR（英国劳氏船级社）	0.98
				VL A690	DNV GL AS 2-2-2-5—2016	0.98
				AH690TM	CCS（中国船级社）	0.98
				Q690MB	GB/T 1591—2018	0.91
				Q69GJB	GB/T 19879—2015	0.92
23	DH420			DH42	LR（英国劳氏船级社）	0.98
				VL D420	DNV GL（挪威船级社）	0.98
				D420W	ГОСТ R 52927—2008	0.96
				DH420TM	CCS（中国船级社）	0.98
				Q420D	GB/T 3274—2007	0.92
				Q420MD	GB/T 1591—2018	0.91
24	DH460			DH46	LR（英国劳氏船级社）	0.98
				VL D460	DNV GL（挪威船级社）	0.98
				D460W	ГОСТ R 52927—2008	0.96

续表

序号	牌号	传统对照		AI 对照		
		世界钢铁牌号对照与速查手册				
		牌号	符合标准	牌号	符合标准	匹配度
24	DH460			DH460TM	CCS（中国船级社）	0.98
				Q460MD	GB/T 1591—2018	0.91
25	DH500			DH50	LR（英国劳氏船级社）	0.98
				VL D500	DNV GL（挪威船级社）	0.98
				D500W	ГOCT R 52927—2008	0.96
				DH500TM	CCS（中国船级社）	0.98
				Q500MD	GB/T 1591—2018	0.91
26	DH550			DH55	LR（英国劳氏船级社）	0.98
				VL D550	DNV GL（挪威船级社）	0.98
				DH550TM	CCS（中国船级社）	0.98
				Q550HYD	YB/T 4283—2012	0.96
				Q550MD	GB/T 1591—2018	0.91
				Q550GJD	GB/T 19879—2015	0.92
27	DH620			DH62	LR（英国劳氏船级社）	0.98
				VL D620	DNV GL（挪威船级社）	0.98
				DH620TM	CCS（中国船级社）	0.98
				Q620HYD	YB/T 4283—2012	0.96
				Q620QD	GB/T 34560.4—2017	0.91
28	DH690			DH69	LR（英国劳氏船级社）	0.98
				VL D690	DNV GL（挪威船级社）	0.98
				DH690TM	CCS（中国船级社）	0.98
				Q690HYD	YB/T 4283—2012	0.96
				Q690QD	GB/T 34560.4—2017	0.91
29	EH420			EH42	LR（英国劳氏船级社）	0.98
				VL E420	DNV GL（挪威船级社）	0.98
				E420W	ГOCT R 52927—2008	0.96
				EH420TM	CCS（中国船级社）	0.98
				Q420HYE	YB/T 4283—2012	0.96
				Q420E	GB/T 3274—2007	0.92
30	EH460			EH46	LR（英国劳氏船级社）	0.98
				VL E460	DNV GL（挪威船级社）	0.98
				E460W	ГOCT R 52927—2008	0.96

序号	牌号	传统对照		AI 对照		
		世界钢铁牌号对照与速查手册				
		牌号	符合标准	牌号	符合标准	匹配度
30	EH460			EH460TM	CCS（中国船级社）	0.98
				Q460QE	GB/T 34560.4—2017	0.91
31	EH500			EH50	LR（英国劳氏船级社）	0.98
				VL E500	DNV GL（挪威船级社）	0.98
				EH500TM	CCS（中国船级社）	0.98
				Q500ME	GB/T 1591—2018	0.91
				Q500GJE	GB/T 19879—2015	0.92
32	EH550			EH55	LR（英国劳氏船级社）	0.98
				VL E550	DNV GL（挪威船级社）	0.98
				EH550TM	CCS（中国船级社）	0.98
				Q550ME	GB/T 1591—2018	0.91
				Gr.80	API SPEC 2W—2019	0.94
33	EH620			EH62	LR（英国劳氏船级社）	0.98
				VL E620	DNV GL（挪威船级社）	0.98
				EH620TM	CCS（中国船级社）	0.98
				Q620HYE	YB/T 4283—2012	0.96
				Q620QE	GB/T 34560.4—2017	0.91
34	EH690			EH69	LR（英国劳氏船级社）	0.98
				VL E690	DNV GL（挪威船级社）	0.98
				EH690TM	CCS（中国船级社）	0.98
				Q690HYE	YB/T 4283—2012	0.96
				Q690QE	GB/T 34560.4—2017	0.91
35	FH420			FH42	LR（英国劳氏船级社）	0.98
				VL F420	DNV GL（挪威船级社）	0.98
				FH420TM	CCS（中国船级社）	0.98
				Q420HYF	YB/T 4283—2012	0.96
				Q420QF	GB/T 34560.4—2017	0.91
36	FH460			FH46	LR（英国劳氏船级社）	0.98
				VL F460	DNV GL（挪威船级社）	0.98
				F460W	ГOCT R 52927—2008	0.96
				FH460TM	CCS（中国船级社）	0.98
				Q460QF	GB/T 34560.4—2017	0.91

续表

序号	牌号	传统对照		AI对照		
		世界钢铁牌号对照与速查手册				
		牌号	符合标准	牌号	符合标准	匹配度
37	FH500			FH50	LR（英国劳氏船级社）	0.98
				VL F500	DNV GL（挪威船级社）	0.98
				FH500TM	CCS（中国船级社）	0.98
				Q500HYF	YB/T 4283—2012	0.96
				Q500QF	GB/T 1591—2018	0.91
38	FH550			FH55	LR（英国劳氏船级社）	0.98
				VL F550	DNV GL（挪威船级社）	0.98
				FH550TM	CCS（中国船级社）	0.98
				Q550HYF	YB/T 4283—2012	0.96
				Q550MF	GB/T 1591—2018	0.91
				Q550GJF	GB/T 19879—2015	0.92
39	FH620			FH62	LR（英国劳氏船级社）	0.98
				VL F620	DNV GL（挪威船级社）	0.98
				FH620TM	CCS（中国船级社）	0.98
				Q620HYF	YB/T 4283—2012	0.99
				Q620QF	GB/T 34560.4—2017	0.91
40	FH690			FH69	LR（英国劳氏船级社）	0.98
				VL F690	DNV GL（挪威船级社）	0.98
				FH690TM	CCS（中国船级社）	0.98
				Q690HYF	YB/T 4283—2012	0.96
				Q690QF	GB/T 34560.4—2017	0.91

四、锅炉和压力容器用钢

锅炉用钢主要用来制造过热器、主蒸汽管道和锅炉燃烧室。压力容器用钢常用于石油化工、气体分离和气体储运等设备的压力容器或其他类似的设备。这些产品都要求钢材具有足够的强度和一定的韧性，良好的冷热变形能力，优良的焊接性能。在中温工作的压力容器用钢，要求具有低的时效敏感性，以及承受交变载荷的能力或具有足够的疲劳强度。

压力容器用钢有：铁素体-珠光体钢，如 16Mn、15MnV、15MnVNb 等，屈服强度为300～450MPa 级；低碳贝氏体钢，如 14MnMoVB、14CrMnMoVB 等，屈服强度为490～685MPa 级；回火马氏体钢，如 18MnMoNb、14MnmMoNbB 等。

锅炉和压力容器用钢化学成分及力学性能见表 2-12，钢材匹配对照见表 2-13。

表 2-12 锅炉和压力容器用钢化学成分及力学性能（GB/T 713—2014）

序号	牌号	化学成分（质量分数）/%												力学性能				
		C	Mn	Si	S	P	Cr	Ni	Mo	V	Ti	Cu	Nb	其他	屈服强度 R_{eL}/MPa	抗拉强度 R_m/MPa	断后伸长率 A/%	冲击温度/°C	冲击吸收能量 KV_2/J
1	Q245R	≤0.2	0.5~1.1	≤0.35	≤0.01	≤0.025	≤0.3	≤0.3	≤0.08	≤0.05	≤0.03	≤0.3	≤0.05	Alt≥0.02 Cu+Ni+Cr +Mo≤0.7	≥245	400~520	≥25	0	≥34
2	Q345R	≤0.2	1.2~1.7	≤0.55	≤0.01	≤0.025	≤0.3	≤0.3	≤0.08	≤0.05	≤0.03	≤0.3	≤0.05	Alt≥0.02 Cu+Ni+Cr +Mo≤0.7	≥345	510~640	≥21	0	≥41
3	Q370R	≤0.18	1.2~1.7	≤0.55	≤0.01	≤0.02	≤0.3	≤0.3	≤0.08	≤0.05	≤0.03	≤0.3	0.015~0.05	Cu+Ni+Cr +Mo≤0.7	≥370	530~630	≥20	-20	≥47
4	Q420R	≤0.2	1.3~1.7	≤0.55	≤0.01	≤0.02	≤0.3	0.2~0.5	≤0.08	≤0.1	≤0.03	≤0.3	0.015~0.05	—	≥420	590~720	≥18	-20	≥60
5	18MnMoNbR	≤0.21	1.2~1.6	0.15~0.5	≤0.01	≤0.02	≤0.3	≤0.3	0.45~0.65	—	—	≤0.3	0.025~0.05	—	≥400	570~720	≥18	0	≥47
6	13MnNiMoR	≤0.15	1.2~1.6	0.15~0.5	≤0.01	≤0.02	0.2~0.4	0.6~1	0.2~0.4	—	—	≤0.3	0.005~0.02	—	≥390	570~720	≥18	0	≥47
7	15CrMoR	0.08~0.18	0.4~0.7	0.15~0.4	≤0.01	≤0.025	0.8~1.2	≤0.3	0.45~0.6	—	—	≤0.3	—	—	≥295	450~590	≥19	20	≥47
8	14Cr1MoR	≤0.17	0.4~0.65	0.5~0.8	≤0.01	≤0.02	1.15~1.5	≤0.3	0.45~0.65	—	—	≤0.3	—	—	≥310	520~680	≥19	20	≥47
9	12Cr2Mo1R	0.08~0.15	0.3~0.6	≤0.5	≤0.01	≤0.02	2~2.5	≤0.3	0.9~1.1	—	—	≤0.2	—	—	≥310	520~680	≥19	20	≥47
10	12Cr1MoVR	0.08~0.15	0.4~0.7	0.15~0.4	≤0.01	≤0.025	0.9~1.2	≤0.3	0.25~0.35	0.15~0.3	—	≤0.3	—	—	≥245	440~590	≥19	20	≥47
11	12Cr2Mo1VR	0.11~0.15	0.3~0.6	≤0.1	≤0.005	≤0.01	2~2.5	≤0.25	0.9~1.1	0.25~0.35	≤0.03	≤0.2	≤0.07	B≤0.002 Ca≤0.015	≥415	590~760	≥17	-20	≥60
12	07Cr2AlMoR	≤0.09	0.4~0.9	0.2~0.5	≤0.01	≤0.02	2~2.4	≤0.3	0.3~0.5	—	—	≤0.3	—	Alt:0.3~0.5	≥260	420~580	≥21	20	≥47

表 2-13　锅炉和压力容器用钢（GB/T 713—2014）钢材匹配对照

序号	牌号	AI 对照		
		牌号	符合标准	匹配度
1	Q245R	SM400C	JIS G 3106—2008	0.96
		Q245LK	YB/T 4281—2012	0.94
		WH400	Q/WG（ZB）05—2004	0.94
		410B	CCS 2015 3-5	0.92
		VL 410S-1FN	DNV GL AS	0.90
		SPV235	JIS G3115—2010	0.89
2	13MnNiMoR	13MnNiMoR	Q/SGZGS 0355—2014	0.99
		E460CC	TCVN 11229-2—2015	0.94
		Q420GJC	GB/T 19879—2015	0.92
3	18MnMoNbR	Q420FRC	GB/T 28415—2012	0.91
		Q420JGC	GB/T 19879—2015	0.90
		Q390JGC	GB/T 19879—2015	0.90
		AH420N/NR	CCS 2018 3-4	0.89
		Gr.A VL A420	DNV GL AS 2-2-2-5—2016	0.89
4	Q370R	Q370R	Q/WKYG 014—2018	0.98
		Q390D	GB/T 1591—2018	0.93
		VL D40	DNV GL AS 2-2-2-4—2016	0.91
		PT490 T L20	AS 1548—2008	0.91
		S420N	EN 10025-3—2004	0.87
5	Q420R	Gr.A VL D420	DNV GL AS 2-2-2-5—2016	0.92
		DH420N/NR	CCS 2018 3-4	0.91
		S460N	EN 10025-3—2004	0.90
		P460NH	EN 10028-3—2009	0.89
		Q420ND	GB/T 1591—2018	0.87
6	14Cr1MoR	1Cr0.5Mo	CCS 2015 3-5	0.87
		15CrMoR	GB/T 713—2014	0.87
		13CrMo4-5	EN 10028-2—2017	0.84
7	Q345R	VL A36	DNV GL AS 2-2-2-4—2016	0.94
		SM520C	JIS G 3106—2008	0.92
		Q355C	GB/T 1591—2018	0.92
		20MnHR-A	EJ/T 1103—1999	0.90
		Q345qC	GB/T 714—2015	0.89

续表

序号	牌号	AI对照		
		牌号	符合标准	匹配度
8	07Cr2AlMoR	10CrMo9-10	EN 10028-2—2017	0.87
		12CrMoV12-10	EN 10028-2—2017	0.85
9	12Cr1MoVR	12Cr1MoVg	WJX（RZ）142—2003	0.98
		12Х1МФ	ГОСТ 5520—1979	0.89
		SCMV2 Cl.2	CNS 10716 G3213—1995	0.87
10	15CrMoR	13CrMo4-5	EN 10028-2—2017	0.92
		14CrMo4-5	ISO 9328-2—2004	0.89
		12XM	ГОСТ 5520—1979	0.88
		14Cr1MoR	GB/T 713—2014	0.88
		SCMV2 Cl.2	CNS 10716 G3213—1995	0.87
11	12Cr2Mo1R	10CrMo9-10	EN 10028-2—2017	0.92
		2.25Cr1Mo	CCS 2018 3-5	0.90
		14Cr1MoR（H）	GB/T 35012—2018	0.87
12	12Cr2Mo1VR	12Cr2Mo1VR	Q/ASB 444—2014	0.99
		12CrMoV12-10	EN 10028-2—2017	0.92
		13CrMoV9-10	ISO 9328-2—2004	0.89

五、桥梁用结构钢

铁道桥梁承受着列车运行时带来的动载荷或冲击等力的作用，为了长期安全地运行，要求桥梁用钢具有足够的强度和韧性，以承受机车车辆的载荷及冲击力。此外，还要求钢材具有良好的抗疲劳性能、一定的低温韧性和抗时效敏感性，以防止在长期使用中由于气候条件等的变化而引起突然脆断。选择钢种时，需针对构件应力状态、制造方法、桥位环境条件、防腐蚀措施等条件，选择合适的钢材。应用于低温地区时，应进行抗脆断性评定。对于地震地区，钢材的屈服强度与抗拉强度的比值应低于 0.8。因焊接受到拘束的主构件，在厚度方向承受拉力作用时，必须考虑钢材板厚方向的特性，通常用 Z 向拉伸试验的断面收缩率，来评定其抗层状撕裂的性能。

为了节约钢材、减轻自重、防止大气腐蚀等，目前多采用下列低合金钢。牌号及钢板厚度如下：12Mnq（≤16mm，17～26mm），12MnVq（≤16mm，17～50mm），15Mnq（≤16mm，17～50mm），12MnVNq（10～50mm）。桥梁用钢的交货状态有三个类型，包括热轧或正火钢、热机械轧制钢及调质钢。

桥梁用结构钢化学成分及力学性能见表 2-14，钢材匹配对照见表 2-15。

表2-14 桥梁用结构钢化学成分及力学性能（GB/T 714—2015）

序号	牌号	化学成分（质量分数）/%													力学性能					备注
		C	Mn	Si	S	P	Cr	Ni	Mo	V	Ti	Cu	Nb	N	其他	屈服强度 R_{eL}/MPa	抗拉强度 R_m/MPa	断后伸长率 A/%	冲击温度/℃	冲击吸收能量 KV_2/J	
1	Q345qC	≤0.18	0.9~1.6	≤0.55	≤0.025	≤0.03	≤0.3	≤0.3	—	0.01~0.08	0.006~0.03	≤0.3	0.005~0.06	≤0.008	B≤0.0005 Als: 0.01~0.045 Alt: 0.015~0.05	≥345	≥490	≥20	0	≥120	热轧或热轧正火钢
2	Q345qD	≤0.18	0.9~1.6	≤0.55	≤0.02	≤0.025	≤0.3	≤0.3	—	0.01~0.08	0.006~0.03	≤0.3	0.005~0.06	≤0.008	B≤0.0005 Als: 0.01~0.045 Alt: 0.015~0.05	≥345	≥490	≥20	-20	≥120	热轧或热轧正火钢
3	Q345qE	≤0.18	0.9~1.6	≤0.55	≤0.01	≤0.02	≤0.3	≤0.3	—	0.01~0.08	0.006~0.03	≤0.3	0.005~0.06	≤0.008	B≤0.0005 Als: 0.01~0.045 Alt: 0.015~0.05	≥345	≥490	≥20	-40	≥120	热轧或热轧正火钢
4	Q370qC	≤0.18	1~1.6	≤0.55	≤0.025	≤0.03	≤0.3	≤0.3	—	0.01~0.08	0.006~0.03	≤0.3	0.005~0.06	≤0.008	B≤0.0005 Als: 0.01~0.045 Alt: 0.015~0.05	≥370	≥510	≥20	0	≥120	热轧或热轧正火钢
5	Q370qD	≤0.18	1~1.6	≤0.55	≤0.02	≤0.025	≤0.3	≤0.3	—	0.01~0.08	0.006~0.03	≤0.3	0.005~0.06	≤0.008	B≤0.0005 Als: 0.01~0.045 Alt: 0.015~0.05	≥370	≥510	≥20	-20	≥120	热轧或热轧正火钢
6	Q370qE	≤0.18	1~1.6	≤0.55	≤0.01	≤0.02	≤0.3	≤0.3	—	0.01~0.08	0.006~0.03	≤0.3	0.005~0.06	≤0.008	B≤0.0005 Als: 0.01~0.045 Alt: 0.015~0.05	≥370	≥510	≥20	-40	≥120	热轧或热轧正火钢

续表

序号	牌号	C	Mn	Si	S	P	Cr	Ni	Mo	V	Ti	Cu	Nb	N	其他	屈服强度 R_{eL}/MPa	抗拉强度 R_m/MPa	断后伸长率 A/%	冲击温度/°C	冲击吸收能量 KV_2/J	备注
		化学成分（质量分数）/%														力学性能					
7	Q345qC	<0.14	0.9~1.6	≤0.55	≤0.025	≤0.03	≤0.3	≤0.3	—	0.01~0.08	0.006~0.03	≤0.3	0.01~0.09	<0.008	B≤0.0005 Als: 0.01~0.045 Alt: 0.015~0.05	≥345	≥490	≥20	0	≥120	热机械轧制钢
8	Q345qD	<0.14	0.9~1.6	≤0.55	≤0.02	≤0.025	≤0.3	≤0.3	—	0.01~0.08	0.006~0.03	≤0.3	0.01~0.09	<0.008	B≤0.0005 Als: 0.01~0.045 Alt: 0.015~0.05	≥345	≥490	≥20	−20	≥120	热机械轧制钢
9	Q345qE	<0.14	0.9~1.6	≤0.55	≤0.01	≤0.02	≤0.3	≤0.3	—	0.01~0.08	0.006~0.03	≤0.3	0.01~0.09	<0.008	B≤0.0005 Als: 0.01~0.045 Alt: 0.015~0.05	≥345	≥490	≥20	−40	≥120	热机械轧制钢
10	Q370qD	<0.14	1~1.6	≤0.55	≤0.02	≤0.025	≤0.3	≤0.3	—	0.01~0.08	0.006~0.03	≤0.3	0.01~0.09	<0.008	B≤0.0005 Als: 0.01~0.045 Alt: 0.015~0.05	≥370	≥510	≥20	−20	≥120	热机械轧制钢
11	Q370qE	<0.14	1~1.6	≤0.55	≤0.01	≤0.02	≤0.3	≤0.3	—	0.01~0.08	0.006~0.03	≤0.3	0.01~0.09	<0.008	B≤0.0005 Als: 0.01~0.045 Alt: 0.015~0.05	≥370	≥510	≥20	−40	≥120	热机械轧制钢
12	Q420qD	<0.11	1~1.7	≤0.55	≤0.02	≤0.025	≤0.5	≤0.3	≤0.2	0.01~0.08	0.006~0.03	≤0.3	0.01~0.09	<0.008	B≤0.0005 Als: 0.01~0.045 Alt: 0.015~0.05	≥420	≥540	≥19	−20	≥120	热机械轧制钢
13	Q420qE	<0.11	1~1.7	≤0.55	≤0.01	≤0.02	≤0.5	≤0.3	≤0.2	0.01~0.08	0.006~0.03	≤0.3	0.01~0.09	<0.008	B≤0.0005 Als: 0.01~0.045 Alt: 0.015~0.05	≥420	≥540	≥19	−40	≥120	热机械轧制钢
14	Q420qF	<0.11	1~1.7	≤0.55	≤0.006	≤0.015	≤0.5	≤0.3	≤0.2	0.01~0.08	0.006~0.03	≤0.3	0.01~0.09	<0.008	B≤0.0005 Als: 0.01~0.045 Alt: 0.015~0.05	≥420	≥540	≥19	−60	≥47	热机械轧制钢

续表

序号	牌号	化学成分（质量分数）/%													力学性能					备注
		C	Mn	Si	S	P	Cr	Ni	Mo	V	Ti	Cu	Nb	N	其他	屈服强度 R_{eL}/MPa	抗拉强度 R_m/MPa	断后伸长率 A/%	冲击温度/℃	冲击吸收能量 KV_2/J	
15	Q460qD	≤0.11	1~1.7	≤0.55	≤0.02	≤0.025	≤0.5	≤0.3	≤0.25	0.01~0.08	0.006~0.03	≤0.3	0.01~0.09	≤0.008	B≤0.0005 Als: 0.01~0.045 Alt: 0.015~0.05	≥460	≥570	≥18	−20	≥120	热机械轧制钢
16	Q460qE	≤0.11	1~1.7	≤0.55	≤0.01	≤0.02	≤0.5	≤0.3	≤0.25	0.01~0.08	0.006~0.03	≤0.3	0.01~0.09	≤0.008	B≤0.0005 Als: 0.01~0.045 Alt: 0.015~0.05	≥460	≥570	≥18	−40	>120	热机械轧制钢
17	Q460qF	≤0.11	1~1.7	≤0.55	≤0.006	≤0.015	≤0.5	≤0.3	≤0.25	0.01~0.08	0.006~0.03	≤0.3	0.01~0.09	≤0.008	B≤0.0005 Als: 0.01~0.045 Alt: 0.015~0.05	≥460	≥570	≥18	−60	≥47	热机械轧制钢
18	Q500qD	≤0.11	1~1.7	≤0.55	≤0.02	≤0.025	≤0.8	≤0.7	≤0.3	0.01~0.08	0.006~0.03	≤0.3	0.01~0.09	≤0.008	B≤0.0005 Als: 0.01~0.045 Alt: 0.015~0.05	≥500	≥630	≥18	−20	≥120	热机械轧制钢
19	Q500qE	≤0.11	1~1.7	≤0.55	≤0.01	≤0.02	≤0.8	≤0.7	≤0.3	0.01~0.08	0.006~0.03	≤0.3	0.01~0.09	≤0.008	B≤0.0005 Als: 0.01~0.045 Alt: 0.015~0.05	≥500	≥630	≥18	−40	>120	热机械轧制钢
20	Q500qF	≤0.11	1~1.7	≤0.55	≤0.006	≤0.015	≤0.8	≤0.7	≤0.3	0.01~0.08	0.006~0.03	≤0.3	0.01~0.09	≤0.008	B≤0.0005 Als: 0.01~0.045 Alt: 0.015~0.05	≥500	≥630	≥18	−60	≥47	热机械轧制钢
21	Q500qD	≤0.11	0.8~1.7	≤0.55	≤0.02	≤0.025	≤0.8	≤0.7	≤0.3	0.01~0.08	0.006~0.03	≤0.3	0.005~0.06	≤0.008	B: 0.0005~0.003 Als: 0.01~0.045 Alt: 0.015~0.05	≥500	≥630	≥18	−20	≥120	调质钢
22	Q500qE	≤0.11	0.8~1.7	≤0.55	≤0.01	≤0.02	≤0.8	≤0.7	≤0.3	0.01~0.08	0.006~0.03	≤0.3	0.005~0.06	≤0.008	B: 0.0005~0.003 Als: 0.01~0.045 Alt: 0.015~0.05	≥500	≥630	≥18	−40	>120	调质钢

续表

序号	牌号	化学成分（质量分数）/%														力学性能					备注
		C	Mn	Si	S	P	Cr	Ni	Mo	V	Ti	Cu	Nb	N	其他	屈服强度 R_{eL}/MPa	抗拉强度 R_m/MPa	断后伸长率 A/%	冲击温度/°C	冲击吸收能量 KV_2/J	
23	Q500qF	≤0.11	0.8~1.7	≤0.55	≤0.006	≤0.015	≤0.8	≤0.7	≤0.3	0.01~0.08	0.006~0.03	≤0.3	0.005~0.06	≤0.008	B：0.0005~0.003 Als：0.01~0.045 Alt：0.015~0.05	≥500	≥630	≥18	-60	≥47	调质钢
24	Q550qD	≤0.12	0.8~1.7	≤0.55	≤0.02	≤0.025	≤0.8	≤0.7	≤0.3	0.01~0.08	0.006~0.03	≤0.3	0.005~0.06	≤0.008	B：0.0005~0.003 Als：0.01~0.045 Alt：0.015~0.05	≥500	≥630	≥16	-20	≥120	调质钢
25	Q550qE	≤0.12	0.8~1.7	≤0.55	≤0.01	≤0.02	≤0.8	≤0.7	≤0.3	0.01~0.08	0.006~0.03	≤0.3	0.005~0.06	≤0.008	B：0.0005~0.003 Als：0.01~0.045 Alt：0.015~0.05	≥550	≥660	≥16	-40	≥120	调质钢
26	Q550qF	≤0.12	0.8~1.7	≤0.55	≤0.006	≤0.015	≤0.8	≤0.7	≤0.3	0.01~0.08	0.006~0.03	≤0.3	0.005~0.06	≤0.008	B：0.0005~0.003 Als：0.01~0.045 Alt：0.015~0.05	≥550	≥660	≥16	-60	≥47	调质钢
27	Q620qD	≤0.14	0.8~1.7	≤0.55	≤0.02	≤0.025	0.4~0.8	0.25~1	0.2~0.5	0.01~0.08	0.006~0.03	0.15~0.55	0.005~0.09	≤0.008	B：0.0005~0.003 Als：0.01~0.045 Alt：0.015~0.05	≥620	≥720	≥15	-20	≥120	调质钢
28	Q620qE	≤0.14	0.8~1.7	≤0.55	≤0.01	≤0.02	0.4~0.8	0.25~1	0.2~0.5	0.01~0.08	0.006~0.03	0.15~0.55	0.005~0.09	≤0.008	B：0.0005~0.003 Als：0.01~0.045 Alt：0.015~0.05	≥620	≥720	≥15	-40	≥120	调质钢
29	Q620qF	≤0.14	0.8~1.7	≤0.55	≤0.006	≤0.015	0.4~0.8	0.25~1	0.2~0.5	0.01~0.08	0.006~0.03	0.15~0.55	0.005~0.09	≤0.008	B：0.0005~0.003 Als：0.01~0.045 Alt：0.015~0.05	≥620	≥720	≥15	-60	≥47	调质钢
30	Q690qD	≤0.15	0.8~1.7	≤0.55	≤0.02	≤0.025	0.4~1	0.25~1.2	0.2~0.6	0.01~0.08	0.006~0.03	0.15~0.55	0.005~0.09	≤0.008	B：0.0005~0.003 Als：0.01~0.045 Alt：0.015~0.05	≥690	≥770	≥14	-20	≥120	调质钢

续表

序号	牌号	化学成分（质量分数）%														力学性能					备注
		C	Mn	Si	S	P	Cr	Ni	Mo	V	Ti	Cu	Nb	N	其他	屈服强度 R_{eL}/MPa	抗拉强度 R_m/MPa	断后伸长率 A/%	冲击温度/℃	冲击吸收能量 KV_2/J	
31	Q690qE	≤0.15	0.8~1.7	≤0.55	≤0.01	≤0.02	0.4~1	0.25~1.2	0.2~0.6	0.01~0.08	0.006~0.03	0.15~0.55	0.005~0.09	≤0.008	B: 0.0005~0.003 Als: 0.01~0.045 Alt: 0.015~0.05	≥690	≥770	≥14	-40	≥120	调质钢
32	Q690qF	≤0.15	0.8~1.7	≤0.55	≤0.006	≤0.015	0.4~1	0.25~1.2	0.2~0.6	0.01~0.08	0.006~0.03	0.15~0.55	0.005~0.09	≤0.008	B: 0.0005~0.003 Als: 0.01~0.045 Alt: 0.015~0.05	≥690	≥770	≥14	-60	≥47	调质钢
33	Q345qNHD	≤0.11	1.1~1.5	0.15~0.5	≤0.02	≤0.025	0.4~0.7	0.3~0.4	≤0.1	0.01~0.1	0.006~0.03	0.25~0.5	0.01~0.1	≤0.008	B≤0.0005 Als: 0.015~0.05 Alt: 0.02~0.055	—	—	—	—	—	耐大气腐蚀钢
34	Q345qNHE	≤0.11	1.1~1.5	0.15~0.5	≤0.01	≤0.02	0.4~0.7	0.3~0.4	≤0.1	0.01~0.1	0.006~0.03	0.25~0.5	0.01~0.1	≤0.008	B≤0.0005 Als: 0.015~0.05 Alt: 0.02~0.055	—	—	—	—	—	耐大气腐蚀钢
35	Q345qNHF	≤0.11	1.1~1.5	0.15~0.5	≤0.006	≤0.015	0.4~0.7	0.3~0.4	≤0.1	0.01~0.1	0.006~0.03	0.25~0.5	0.01~0.1	≤0.008	B≤0.0005 Als: 0.015~0.05 Alt: 0.02~0.055	—	—	—	—	—	耐大气腐蚀钢
36	Q370qNHD	≤0.11	1.1~1.5	0.15~0.5	≤0.02	≤0.025	0.4~0.7	0.3~0.4	≤0.15	0.01~0.1	0.006~0.03	0.25~0.5	0.01~0.1	≤0.008	B≤0.0005 Als: 0.015~0.05 Alt: 0.02~0.055	—	—	—	—	—	耐大气腐蚀钢
37	Q370qNHE	≤0.11	1.1~1.5	0.15~0.5	≤0.01	≤0.02	0.4~0.7	0.3~0.4	≤0.15	0.01~0.1	0.006~0.03	0.25~0.5	0.01~0.1	≤0.008	B≤0.0005 Als: 0.015~0.05 Alt: 0.02~0.055	—	—	—	—	—	耐大气腐蚀钢
38	Q370qNHF	≤0.11	1.1~1.5	0.15~0.5	≤0.006	≤0.015	0.4~0.7	0.3~0.4	≤0.15	0.01~0.1	0.006~0.03	0.25~0.5	0.01~0.1	≤0.008	B≤0.0005 Als: 0.015~0.05 Alt: 0.02~0.055	—	—	—	—	—	耐大气腐蚀钢

续表

序号	牌号	化学成分（质量分数）/%														力学性能					备注
		C	Mn	Si	S	P	Cr	Ni	Mo	V	Ti	Cu	Nb	N	其他	屈服强度 R_{eL}/MPa	抗拉强度 R_m/MPa	断后伸长率 A/%	冲击温度/℃	冲击吸收能量 KV_2/J	
39	Q420 qNHD	≤0.11	1.1~1.5	0.15~0.5	≤0.02	≤0.025	0.4~0.7	0.3~0.4	≤0.2	0.01~0.1	0.006~0.03	0.25~0.5	0.01~0.1	≤0.008	B≤0.0005 Als: 0.015~0.05 Alt: 0.02~0.055	—	—	—	—	—	耐大气腐蚀钢
40	Q420 qNHE	≤0.11	1.1~1.5	0.15~0.5	≤0.01	≤0.02	0.4~0.7	0.3~0.4	≤0.2	0.01~0.1	0.006~0.03	0.25~0.5	0.01~0.1	≤0.008	B≤0.0005 Als: 0.015~0.05 Alt: 0.02~0.055	—	—	—	—	—	耐大气腐蚀钢
41	Q420 qNHF	≤0.11	1.1~1.5	0.15~0.5	≤0.006	≤0.015	0.4~0.7	0.3~0.4	≤0.2	0.01~0.1	0.006~0.03	0.25~0.5	0.01~0.1	≤0.008	B≤0.0005 Als: 0.015~0.05 Alt: 0.02~0.055	—	—	—	—	—	耐大气腐蚀钢
42	Q460 qNHD	≤0.11	1.1~1.5	0.15~0.5	≤0.02	≤0.025	0.4~0.7	0.3~0.4	≤0.2	0.01~0.1	0.006~0.03	0.25~0.5	0.01~0.1	≤0.008	B≤0.0005 Als: 0.015~0.05 Alt: 0.02~0.055	—	—	—	—	—	耐大气腐蚀钢
43	Q460 qNHE	≤0.11	1.1~1.5	0.15~0.5	≤0.01	≤0.02	0.4~0.7	0.3~0.4	≤0.2	0.01~0.1	0.006~0.03	0.25~0.5	0.01~0.1	≤0.008	B≤0.0005 Als: 0.015~0.05 Alt: 0.02~0.055	—	—	—	—	—	耐大气腐蚀钢
44	Q460 qNHF	≤0.11	1.1~1.5	0.15~0.5	≤0.006	≤0.015	0.4~0.7	0.3~0.4	≤0.2	0.01~0.1	0.006~0.03	0.25~0.5	0.01~0.1	≤0.008	B≤0.0005 Als: 0.015~0.05 Alt: 0.02~0.055	—	—	—	—	—	耐大气腐蚀钢
45	Q500 qNHD	≤0.11	1.1~1.5	0.15~0.5	≤0.02	≤0.025	0.45~0.7	0.3~0.45	≤0.25	0.01~0.1	0.006~0.03	0.25~0.55	0.01~0.1	≤0.008	B≤0.0005 Als: 0.015~0.05 Alt: 0.02~0.055	—	—	—	—	—	耐大气腐蚀钢
46	Q500 qNHE	≤0.11	1.1~1.5	0.15~0.5	≤0.01	≤0.02	0.45~0.7	0.3~0.45	≤0.25	0.01~0.1	0.006~0.03	0.25~0.55	0.01~0.1	≤0.008	B≤0.0005 Als: 0.015~0.05 Alt: 0.02~0.055	—	—	—	—	—	耐大气腐蚀钢

续表

序号	牌号	化学成分（质量分数）/%														力学性能					备注
		C	Mn	Si	S	P	Cr	Ni	Mo	V	Ti	Cu	Nb	N	其他	屈服强度 R_{eL}/MPa	抗拉强度 R_m/MPa	断后伸长率 A/%	冲击温度/℃	冲击吸收能量 KV_2/J	
47	Q500 qNHF	≤0.11	1.1~1.5	0.15~0.5	≤0.006	≤0.015	0.45~0.7	0.3~0.45	≤0.25	0.01~0.1	0.006~0.03	0.25~0.55	0.01~0.1	≤0.008	B≤0.0005 Als：0.015~0.05 Alt：0.02~0.055	—	—	—	—	—	耐大气腐蚀钢
48	Q550 qNHD	≤0.11	1.1~1.5	0.15~0.5	≤0.02	≤0.025	0.45~0.7	0.3~0.45	≤0.25	0.01~0.1	0.006~0.03	0.25~0.55	0.01~0.1	≤0.008	B≤0.0005 Als：0.015~0.05 Alt：0.02~0.055	—	—	—	—	—	耐大气腐蚀钢
49	Q550 qNHE	≤0.11	1.1~1.5	0.15~0.5	≤0.01	≤0.02	0.45~0.7	0.3~0.45	≤0.25	0.01~0.1	0.006~0.03	0.25~0.55	0.01~0.1	≤0.008	B≤0.0005 Als：0.015~0.05 Alt：0.02~0.055	—	—	—	—	—	耐大气腐蚀钢
50	Q550 qNHF	≤0.11	1.1~1.5	0.15~0.5	≤0.006	≤0.015	0.45~0.7	0.3~0.45	≤0.25	0.01~0.1	0.006~0.03	0.25~0.55	0.01~0.1	≤0.008	B≤0.0005 Als：0.015~0.05 Alt：0.02~0.055	—	—	—	—	—	耐大气腐蚀钢

表 2-15 桥梁用结构钢（GB/T 714—2015）钢材匹配对照

序号	牌号	AI 对照		
		牌号	符合标准	匹配度
1	Q345qC	S355N	DIN/BS/NF EN 10025-3—2019	0.96
		S355M	DIN/BS/NF EN 10025-4—2019	0.95
		St52-3U	DIN 17100—1980	0.91
		SM490YB	JIS G3106—2004	0.89
		HS355	ISO 4996—2014	0.88
2	Q345qD	S355M	DIN/BS/NF EN 10025-4—2019	0.94
		S355ML	DIN/BS/NF EN 10025-4—2019	0.93
		S355N	DIN/BS/NF EN 10025-3—2019	0.92
		St52-3U	DIN 17100—1980	0.91
		HS355	ISO 4996—2014	0.88
3	Q345qE	S355NL/1.0546	DIN/BS/NF EN 10025-3—2019	0.94
		C345	ГОСТ 27772—1988	0.93
		S355ML	DIN/BS/NF EN 10025-4—2019	0.92
		HS355	ISO 4996—2014	0.88
4	Q345qNHD	S355M	DIN/BS/NF EN 10025-4—2019	0.92
		S355ML	DIN/BS/NF EN 10025-4—2019	0.91
		S355N	DIN/BS/NF EN 10025-3—2019	0.91
		St52-3U	DIN 17100—1980	0.88
		HS355	ISO 4996—2014	0.86
5	Q345qNHE	S355ML	DIN/BS/NF EN 10025-4—2019	0.94
		S355NL/1.0546	DIN/BS/NF EN 10025-3—2019	0.93
		C345	ГОСТ 27772—1988	0.91
6	Q370qC	15Г2СФ	ГОСТ 19281—2014	0.93
		SEV295	JIS G3124—2017/KS D3610—2018	0.92
		SYW390	JIS A5523—2000	0.91
		Fe540	IS 8500—2000	0.89
		HS390	ISO 4996—2014	0.88
7	Q370qD	15Г2СФ	ГОСТ 19281—2014	0.92
		Fe540	IS 8500—2000	0.89
		HS390	ISO 4996—2014	0.87

序号	牌号	AI 对照		
		牌号	符合标准	匹配度
7	Q370qD	STKM 18C	KS D3517—2003	0.84
8	Q370qE	C375	ГОСТ 27772—1988	0.93
		15Г2СФ	ГОСТ 19281—2014	0.92
		HS390	ISO 4996—2014	0.87
		STKM 18C	KS D3517—2003	0.85
9	Q370qNHD	15Г2СФ	ГОСТ 19281—2014	0.88
		Fe540	IS 8500—2000	0.87
		HS390	ISO 4996—2014	0.87
		STKM 18C	KS D3517—2003	0.82
10	Q370qNHE	C375	ГОСТ 27772—1988	0.88
		15Г2СФ	ГОСТ 19281—2014	0.87
		HS390	ISO 4996—2014	0.85
		STKM 18C	KS D3517—2003	0.82
11	Q420qD	S420M	DIN EN 10025-4—2019	0.96
		S420N	BS（NF）EN 10025-3—2019	0.94
		HS420	ISO 4996—2014	0.81
12	Q420qE	S420ML	DIN/BS/NF EN 10025-4—2019	0.93
		S420NL	DIN/BS/NF EN 10025-3—2019	0.88
		18Г2АФД	ГОСТ 19281—1989	0.84
13	Q420qF	S420ML	DIN/BS/NF EN 10025-4—2019	0.91
		C440	ГОТС 27772—1988	0.89
		S420NL	DIN/BS/NF EN 10025-3—2019	0.87
14	Q420qNHD	S420M	DIN EN 10025-4—2019	0.95
		S420N	BS/NF EN 10025-3—2019	0.87
		HS420	ISO 4996—2014	0.78
15	Q420qNHE	S420ML	DIN/BS/NF EN 10025-4—2019	0.92
		S420NL	DIN/BS/NF EN 10025-3—2019	0.86
		18Г2АФД	ГОСТ 19281—1989	0.84
16	Q420qNHF	S420ML	DIN/BS/NF EN 10025-4—2019	0.92
		C440	ГОТС 27772—1988	0.87
		S420NL	DIN/BS/NF EN 10025-3—2019	0.86

序号	牌号	AI 对照		
		牌号	符合标准	匹配度
17	Q460qD	L450MS/X65MS	GB/T 37599—2019	0.97
		S460MC	BS EN 10149-2—2013	0.92
		S460M	DIN EN 10025-4—2019	0.91
		Fe590B	IS 8500—2000	0.87
		S460N	DIN EN 10025-3—2019	0.86
18	Q460qE	S460 ML	DIN EN 10025-4—2019	0.91
		S460MC	BS EN 10149-2—2013	0.90
		07MnNiVDR	GB 19189—2011	0.88
		S460NL	DIN EN 10025-3—2019	0.84
19	Q460qF	FH460	GB 712—2011	0.90
		PT540T L50	AS 1548—2008	0.89
		S460 ML	DIN EN 10025-4—2019	0.89
		S460NL	DIN EN 10025-3—2019	0.82
20	Q460qNHD	S460MC	BS EN 10149-2—2013	0.92
		S460M	DIN EN 10025-4—2019	0.86
		Fe590B	IS 8500—2000	0.86
		S460N	DIN EN 10025-3—2019	0.84
		HS460	ISO 4996—2007	0.84
21	Q460qNHE	S460MC	BS EN 10149-2—2013	0.91
		S460 ML	DIN EN 10025-4—2019	0.90
		S460NL	DIN EN 10025-3—2019	0.84
22	Q460qNHF	FH460	GB 712—2011	0.90
		PT540T L50	AS 1548—2008	0.89
		S460 ML	DIN EN 10025-4—2019	0.89
		S460NL	DIN EN 10025-3—2019	0.82
23	Q500qD	S500Q	DIN/BS/NF EN 10025-6— 2019	0.94
		S500QL	DIN/BS/NF EN 10025-6—2019	0.94
		S500MC	BS EN 10149-2—2013	0.92
		HS490	ISO 4996—2007	0.88
24	Q500qE	S500QL	DIN/BS/NF EN 10025-6—2019	0.94
		S500QL1	DIN/BS/NF EN 10025-6—2019	0.94

续表

序号	牌号	AI 对照		
		牌号	符合标准	匹配度
24	Q500qE	HS490	ISO 4996—2014	0.91
		S500MC	BS EN 10149-2—2013	0.90
		07MnNiVDR	GB 19189—2011	0.89
25	Q500qF	S500QL1	DIN/BS/NF EN 10025-6—2019	0.90
26	Q500qNHD	S500Q	DIN/BS/NF EN 10025-6—2019	0.94
		S500QL	DIN/BS/NF EN 10025-6—2019	0.94
		S500MC	BS EN 10149-2—2013	0.92
		HS490	ISO 4996—2007	0.88
27	Q500qNHE	S500QL	DIN/BS/NF EN 10025-6—2019	0.94
		S500QL1	DIN/BS/NF EN 10025-6—2019	0.94
		HS490	ISO 4996—2014	0.91
		S500MC	BS EN 10149-2—2013	0.90
		07MnNiVDR	GB 19189—2011	0.89
28	Q500qNHF	S500QL1	DIN/BS/NF EN 10025-6—2019	0.90
29	Q550qD	S550Q	DIN/BS/NF EN 10025-6—2019	0.94
		S550QL	DIN/BS/NF EN 10025-6—2019	0.93
		E550-DD	ISO 4950-3—2003	0.91
		S550MC	BS EN 10149-2—2013	0.88
30	Q550qE	S550QL	DIN/BS/NF EN 10025-6—2019	0.92
		S550QL1	DIN/BS/NF EN 10025-6—2019	0.91
		E550E	JIS G3128—2009	0.91
		C590	ГOCT 27772—1988	0.87
		S550MC	BS EN 10149-2—2013	0.86
31	Q550qF	S550QL1	DIN/BS/NF EN 10025-6—2019	0.92
		E550E	JIS G3128—2009	0.90
32	Q550qNHD	S550Q	DIN/BS/NF EN 10025-6—2019	0.94
		S550QL	DIN/BS/NF EN 10025-6—2019	0.93
		E550-DD	ISO 4950-3—2003	0.91
		S500MC	BS EN 10149-2—2013	0.88
33	Q550qNHE	S550QL	DIN/BS/NF EN 10025-6—2019	0.92
		S550QL1	DIN/BS/NF EN 10025-6—2019	0.91

序号	牌号	AI 对照		
		牌号	符合标准	匹配度
33	Q550qNHE	E550E	JIS G3128—2009	0.91
		C590	ГОСТ 27772—1988	0.87
		S550MC	BS EN 10149-2—2013	0.86
34	Q550qNHF	S550QL1	DIN/BS/NF EN 10025-6—2019	0.92
		E550E	JIS G3128—2009	0.90
35	Q620qD	S620Q	DIN/BS/NF EN 10025-6—2019	0.93
		S620QL	DIN/BS/NF EN 10025-6—2019	0.93
36	Q620qE	S620QL	DIN/BS/NF EN 10025-6—2019	0.92
		S620QL1	DIN/BS/NF EN 10025-6—2019	0.92
37	Q620qF	S620QL1	DIN/BS/NF EN 10025-6—2019	0.93
38	Q690qD	S690Q	DIN/BS/NF EN 10025-6—2019	0.93
		S690QL	DIN/BS/NF EN 10025-6—2019	0.93
		SHY685N	JIS G3128—2009	0.93
		E690-DD	ISO 4950-3—2003	0.91
		FeE700	ISO6930-1—2001	0.87
39	Q690qE	S690QL	DIN/BS/NF EN 10025-6—2019	0.93
		S690QL1	DIN/BS/NF EN 10025-6—2019	0.93
		E690-E	ISO 4950-3—2003	0.91
		S700MC	BS EN 10149-2—2013	0.90
40	Q690qF	S690QL1	DIN/BS/NF EN 10025-6—2019	0.92
		E690-E	ISO 4950-3—2003	0.90

第四节　低合金及中合金铬钼耐热钢国内外牌号对照

普通低合金钢使用温度一般在 450℃以下，高于 450℃则推荐使用铬钼耐热钢，高于 800℃，常用高温合金。耐热钢通常应具备两种基本性能：一种是能在高温下长期工作而不因介质的侵蚀发生破坏，这种性能称为高温化学稳定性（或称为钢的抗高温氧化性能）；另一种是在高温下仍具有较高的强度，在长期受载情况下不会产生大的变形或破断的性能，称为热强性。所以，耐热钢应具备抗高温氧化性和抗高温断裂性能。主要应用范围包括：热电站、核动力装置、石油精炼设备、加氢裂化装置、合成化工容器、煤化工装置、宇航器械以及其他高温加工设备。按通行的国际惯例，耐热钢分为铁素体型耐热钢和奥氏体型耐热钢。

铁素体型耐热钢又细分为铁素体耐热钢、珠光体耐热钢和马氏体耐热钢，本书仅介绍这一类铁素体型耐热钢。

2006 年，我国的 600℃蒸汽参数达百万千瓦级超超临界火电机组投入运行，标志着我国电站设备设计、制造、安装和火电单机容量、蒸汽参数、环保技术等均进入世界先进水平，是我国电力工业发展的里程碑。为进一步提高我国燃煤电站技术水平，形成从材料研发到电站成套技术的自主知识产权，国家能源局 2010 年 7 月 23 日组织成立了"国家 700℃超超临界燃煤发电技术创新联盟"，中国电力顾问集团公司、中国钢研科技集团有限公司（钢铁研究总院）、东北特钢等 17 家单位参加。该联盟的宗旨就是通过对 700℃超超临界燃煤发电技术的研究，有效整合各方资源，共同攻克技术难题，提高我国超超临界机组的技术水平，实现 700℃超超临界燃煤发电技术的自主化，带动国内相关产业的发展。这就要求有高质量的超超临界火电燃煤机组用高端锅炉管、叶片和转子等，我国超超临界火电机组建设急需的锅炉钢管主要采用 P91、P92 等耐热钢。目前，钢铁研究总院创新研发的应用于 650℃蒸汽参数的 G115 铁素体耐热钢已在宝钢完成三轮次工业试制，可用于 650℃大口径锅炉管。如采用 G115 替代目前用于 600～620℃温度区间的 P92 钢管，可大幅度减薄锅炉管的壁厚，大幅度降低焊接难度，同时可减重 50%左右。

1.耐热钢的强化机理

关于耐热钢的高温强化机制，在合金化原理上主要归纳为三个方面，即固溶强化（或称基体强化），沉淀强化（亦称析出强化或弥散强化）和晶界强化。

（1）固溶强化

铁素体耐热钢一般以铁素体为基体，通过加入一些合金元素，形成单相过饱和固溶体来达到强化的目的，在固溶强化的过程中，通过原子间结合力的提高和晶格畸变，使固溶体中的滑移变形更加困难，从而使基体得到强化。同时，合金元素的加入不仅是单个合金元素本身的作用，还有溶入的合金元素之间的交互作用。因此，在耐热钢中加入少量的多元合金元素，往往比加入多量的单一合金元素更能提高抗高温断裂性能。

（2）沉淀强化

固溶强化的效果是有限的，也不够稳定，而沉淀强化则是提高钢的热强性的最有效方法之一。沉淀析出相有高度的稳定性，能更有效地阻止高温下的位错运动，所以沉淀强化的作用更加显著。耐热钢的沉淀强化主要是通过在钢中加入碳化物形成元素（如 V、Nb、Ti 及 W 等）来实现。而多元合金化则可以得到稳定性好的结构复杂的碳化物，增强沉淀强化的效果。

（3）晶界强化

晶界在高温形变时是薄弱环节，晶界强度随温度的升高而迅速下降。因此，耐热钢中应避免含有使晶界弱化的杂质元素，而应加入能有效强化晶界的微量元素。通常，加入微量硼、碱土金属或稀土元素，可显著地消除有害气体和杂质元素带来的不利影响，提高晶界在高温下的强度，改善钢的高温性能。

铁素体耐热钢中的合金元素主要是铬和钼，为了改善高温下的相关性能，又加入 V、Nb、W、B 等合金元素。各个元素的作用在此不再介绍。

2. 耐热钢的研究与开发

铁素体型耐热钢的发展可分为两条主线，一是纵向的，主要是增加合金元素 Cr 的含量，从 2.25%Cr 到 12%Cr；二是横向的，通过添加 V、Nb、Mo、W、Co 等合金元素，使 600℃下 105h 的蠕变断裂强度由 35MPa 级，向 60MPa、100MPa、140MPa 及 180MPa 级发展。

铁素体型耐热钢按照主要合金元素 Cr 的含量，可分为 2%~3%Cr、9%Cr 及 12%Cr 三大系列。低合金耐热钢以 2%~3%Cr 系铁素体钢为主要研发方向，以 2.25Cr-1Mo（即 T/P22）为代表，逐步发展到 2.25Cr-1.6WVNb（T/P23）、2.25Cr-1MoVTi（T/P24）及 3Cr-3WV、3Cr-WVTa 等。

美国于 1974 年开发了 9Cr 系 T/P91 耐热钢，通过 V、Nb 等合金元素的优化，已在世界各国得到公认和广泛应用；1986 年又在 P91 的基础上通过以 W 取代 Mo，开发出了性能更好的 P92 和 P122 钢，这是超（超）临界机组锅炉厚截面部件和蒸汽管的主选钢种之一。T/P91 耐热钢已在我国得到广泛的应用，T/P92 也已开始逐步推广使用。

T/P122 是成功的改良型 12%Cr 钢种之一，它具有较高的持久强度，而且比奥氏体钢导热性高，热胀系数小，可以减轻热疲劳损伤，且焊接性与加工性能都较好。

T/P23、T/P24、T/P91 及 T/P122 等新型铁素体耐热钢与相应含 Cr 量的传统耐热钢相比，具有明显高的常温和高温强度，同时具有高的韧性和塑性。这类钢有以下共同点。

（1）低的含碳量

以前所有的耐热钢主要通过弥散分布的合金碳化物来获得高温强度，因此，总是把碳保持在 0.1%以上的较高水平。而新型铁素体耐热钢冲破了这一界限，使碳控制在 0.1%以下，该类钢的常温及高温强度都不是依赖于弥散分布的合金碳化物而获得的。

（2）高的纯净度

除了较低的 S、P 含量外，还对 Cu、Sb、Sn、As 等有害元素进行严格控制，提高了钢的纯净度。这不仅有助于提高钢材的韧性，也极有利于提高其高温蠕变强度。

（3）钢的微合金化处理

钢中含有微量的 Nb、Al、N、B 和较低的含 V 量，使钢具有较高的常温屈服强度和显著高的冲击韧性，实现了钢的强韧化。

一、高压锅炉用无缝钢管

高压锅炉用无缝钢管化学成分及力学性能见表 2-16，钢材对照见表 2-17。

二、石油裂化用无缝钢管

石油裂化用无缝钢管化学成分及力学性能见表 2-18，钢材匹配对照见表 2-19。

表2-16 高压锅炉用无缝钢管化学成分及力学性能（GB/T 5310—2017）

序号	牌号	化学成分（质量分数）/%													力学性能			
		C	Mn	Si	S	P	Cr	Ni	Mo	V	Ti	Cu	Nb	N	其他	屈服强度 R_{eL}/MPa	抗拉强度 R_m/MPa	断后伸长率 A/%	冲击吸收能量 KV_2/J
1	20G	0.17~0.23	0.35~0.65	0.17~0.37	≤0.015	≤0.025	≤0.25	≤0.25	≤0.15	≤0.08	—	≤0.2	—	—	—	≥245	410~550	≥22	≥40
2	20MnG	0.17~0.23	0.7~1	0.17~0.37	≤0.015	≤0.025	≤0.25	≤0.25	≤0.15	≤0.08	—	≤0.2	—	—	—	≥240	415~665	≥20	≥40
3	25MnG	0.22~0.27	0.7~1	0.17~0.37	≤0.015	≤0.025	≤0.25	≤0.25	≤0.15	≤0.08	—	≤0.2	—	—	—	≥275	485~640	≥18	≥40
4	15MoG	0.12~0.2	0.4~0.8	0.17~0.37	≤0.015	≤0.025	≤0.3	≤0.3	0.25~0.35	≤0.08	—	≤0.2	—	—	—	≥270	450~600	≥20	≥40
5	20MoG	0.15~0.22	0.4~0.8	0.17~0.37	≤0.015	≤0.025	≤0.3	≤0.25	0.44~0.65	≤0.08	—	≤0.2	—	—	—	≥220	415~665	≥20	≥40
6	12CrMoG	0.08~0.15	0.4~0.7	0.17~0.37	≤0.015	≤0.025	0.4~0.7	≤0.3	0.4~0.55	≤0.08	—	≤0.2	—	—	—	≥205	410~560	≥19	≥40
7	15CrMoG	0.12~0.18	0.4~0.7	0.17~0.37	≤0.015	≤0.025	0.8~1.1	≤0.3	0.4~0.55	≤0.08	—	≤0.2	—	—	—	≥295	440~640	≥19	≥40
8	12Cr2MoG	0.08~0.15	0.4~0.6	≤0.5	≤0.015	≤0.025	2~2.5	≤0.3	0.9~1.13	≤0.08	—	≤0.2	—	—	—	≥280	450~600	≥20	≥40
9	12Cr1MoVG	0.08~0.15	0.4~0.7	0.17~0.37	≤0.01	≤0.025	0.9~1.2	≤0.3	0.25~0.35	0.15~0.3	—	≤0.2	—	—	—	≥255	470~640	≥19	≥40
10	12Cr2MoWVTiB	0.08~0.15	0.45~0.65	0.45~0.75	≤0.015	≤0.025	1.6~2.1	≤0.3	0.5~0.65	0.28~0.42	0.08~0.18	≤0.2	—	—	W: 0.3~0.55 B: 0.002~0.008	≥345	540~735	≥18	≥40
11	07Cr2MoW2VNbB	0.04~0.1	0.1~0.6	≤0.5	≤0.01	≤0.025	1.9~2.6	≤0.3	0.05~0.3	0.2~0.3	—	≤0.2	0.02~0.08	≤0.03	W: 1.45~1.75 B: 0.0005~0.006	≥400	≥510	≥18	≥40
12	12Cr3MoVSiTiB	0.09~0.15	0.5~0.8	0.6~0.9	≤0.015	≤0.025	2.5~3	≤0.3	1~1.2	0.25~0.35	0.22~0.38	≤0.2	—	—	B: 0.005~0.011	≥440	610~805	≥16	≥40
13	15Ni1MnMoNbCu	0.1~0.17	0.8~1.2	0.25~0.5	≤0.015	≤0.025	≤0.3	1~1.3	0.25~0.5	≤0.02	—	0.5~0.8	0.015~0.045	≤0.02	—	≥440	620~780	≥17	≥40

续表

序号	牌号	化学成分（质量分数）/%														力学性能			
		C	Mn	Si	S	P	Cr	Ni	Mo	V	Ti	Cu	Nb	N	其他	屈服强度 R_{eL}/MPa	抗拉强度 R_m/MPa	断后伸长率 A/%	冲击吸收能量 KV_2/J
14	10Cr9Mo1VNbN	0.08~0.12	0.3~0.6	0.2~0.5	≤0.01	≤0.02	8~9.5	≤0.4	0.85~1.05	0.18~0.25	≤0.01	≤0.2	0.06~0.1	0.03~0.07	Zr≤0.01	≥415	≥585	≥16	≥40
15	10Cr9MoW2VNbBN	0.07~0.13	0.3~0.6	≤0.5	≤0.01	≤0.02	8.5~9.5	≤0.4	0.3~0.6	0.15~0.25	≤0.01	≤0.2	0.04~0.09	0.03~0.07	W: 1.5~2; B: 0.001~0.006; Zr≤0.01	≥440	≥620	≥16	≥40
16	10Cr11MoW2VNbCu1BN	0.07~0.14	≤0.7	≤0.5	≤0.01	≤0.02	10~11.5	≤0.5	0.25~0.6	0.15~0.3	≤0.01	0.3~1.7	0.04~0.1	0.04~0.1	W: 1.5~2.5; B: 0.0005~0.005; Zr≤0.01	≥400	≥620	≥16	≥40
17	11Cr9Mo1W1VNbBN	0.09~0.13	0.3~0.6	0.1~0.5	≤0.01	≤0.02	8.5~9.5	≤0.4	0.9~1.1	0.18~0.25	≤0.01	≤0.2	0.06~0.1	0.04~0.09	W: 0.9~1.1; B: 0.003~0.006; Zr≤0.01	≥440	≥620	≥16	≥40
18	07Cr19Ni10	0.04~0.1	≤2	≤0.75	≤0.015	≤0.03	18~20	8~11	—	—	—	≤0.25	—	—	—	≥205	≥515	≥35	—
19	10Cr18Ni9NbCu3BN	0.07~0.13	≤1	≤0.3	≤0.01	≤0.03	17~19	7.5~10.5	—	—	—	2.5~3.5	0.3~0.6	0.05~0.12	B: 0.001~0.01; Alt: 0.003~0.03	≥235	≥590	≥35	—
20	07Cr25Ni21	0.04~0.1	≤2	≤0.75	≤0.015	≤0.03	24~26	19~22	—	—	—	≤0.25	—	—	—	≥205	≥515	—	—
21	07Cr25Ni21NbN	0.04~0.1	≤2	≤0.75	≤0.015	≤0.03	24~26	19~22	—	—	—	≤0.25	0.2~0.6	0.15~0.35	—	≥295	≥655	—	—
22	07Cr19Ni11Ti	0.04~0.1	≤2	≤0.75	≤0.015	≤0.03	17~20	9~13	—	—	4C~0.6	≤0.25	—	—	—	≥205	≥515	—	—
23	07Cr18Ni11Nb	0.04~0.1	≤2	≤0.75	≤0.015	≤0.03	17~19	9~13	—	—	—	≤0.25	8C~1.1	—	—	≥205	≥520	—	—
24	08Cr18Ni11NbFG	0.06~0.1	≤2	≤0.75	≤0.015	≤0.03	17~19	10~12	—	—	—	≤0.25	8C~1.1	—	—	≥205	≥550	—	—

表2-17　高压锅炉用无缝钢管（GB/T 5310—2017）钢材匹配对照

序号	牌号	传统对照				AI对照		
		世界钢铁牌号对照与速查手册		世界钢号对照手册		牌号	符合标准	匹配度
		牌号	符合标准	牌号	符合标准			
1	20G	TS360	ISO 9329-1—1989	PH23	ISO 9329-2—1997	0.3Mo	BV 2016 1-6	0.98
		STB340（STB35）	JIS G3461—2005	STB 340	JIS G 3461—1988	PH26	ISO 9329-2—1997（E）	0.94
		12C7H	IS 1570-7—2004	St 35.8	DIN 17175—1979	P235GH	EN 10216-2	0.93
		20K	ГОСТ 5520—1979	P265GH	DIN EN 10216-2—2002	20MnG	YB/T 4173—2008	0.92
		C15E/1.1141	DIN EN 10297-1—2003	—	—	HD245	GB 24512.1: 2009	0.92
		A192	ASTM A192/A192M—2002	—	—	STB410	JIS G 3461—2005	0.90
						16Mo3	GGJX 078—2016	0.84
2	20MnG	TS410	ISO 9329-1—1989	PH26	ISO 9329-2—1997	25MnG	GB/T 5310—2017	0.94
		STB510（STB52）	JIS G3461—2005	17Mn4	DIN 17175—1979	20	GB 6479—2013	0.92
		12C7H	IS 1570-2—2004	A-1	ASTM A210—2002	P275NL1	NF EN 10216-3—2004	0.85
		20Г	ГОСТ 4543—1971	—	—	TU42C	RCC-M 1141—2007	0.84
		P265RT1/1.0258	DIN EN10216-1—2004	—	—	P275NL2	BS EN 10216-3—2004	0.82
3	25MnG	TS500	ISO 9329-1—1989	PH29	ISO 9329-2—1997	20MnG	YB/T 4173—2008	0.88
		STB510	JIS G3461—2005	STB 510	JIS G 3461—1988	A1026 Gr.345	ASTM A1026—2003	0.85
		25C8	IS 1570-2—2004	19Mn5	DIN 17175—1979	P275NL2	BS EN 10216-3—2004	0.84
		25Г	ГОСТ 4543—1971	C	ASTM A210—2002	25C8	IS 1570-2—2004	0.83
		1026/G10260	ASTM A519/A519M—2003	—	—	P275NL1	NF EN 10216-3—2004	0.82
4	15MoG	16Mo3	ISO 9329-2—1997	—	—	16Mo3	PN EN 10273—2008	0.95
		STBA12	JIS G3462—2004	—	—	HP235	GB 6653—2008	0.94
		16Mo3H	IS 1570-7—2004	—	—	0.3Mo	BV 2016 1-6	0.92

续表

序号	牌号	传统对照 世界钢铁牌号对照与速查手册 牌号	符合标准	传统对照 世界钢号对照手册 牌号	符合标准	AI对照 牌号	符合标准	匹配度
4	15MoG	16Mo30	IS 6630—2002	—	—	HP295	Q/ASB 235—2013	0.88
		16Mn3（15Mo3）/1.5415	DIN EN 10216-2—2004	—	—	20MnG	YB/T 4173—2008	0.85
		Grade T1a/K11522	ASTM A209/A209M—2003	—	—	SAE 1022	SAE J403—2009	0.84
		—	—	—	—	TU42C	RCC-M 1141—2007	0.82
		—	—	—	—	PH29	ISO 9329-2—1997（E）	0.81
5	20MoG	F29	ISO 2604-1—1975	—	—	0.3Mo	BV 2016 1-6	0.94
		STBA13	JIS G3462—2004	—	—	HP235	GB 6653—2008	0.94
		Grade 4	IS 4899—2002	—	—	HP295	Q/ASB 235—2013	0.92
		22Mo4/1.5429	DIN EN 10213—1996	—	—	16Mo3	PN EN 10273—2008	0.91
		K12020	UNS—2004	—	—	SAE 1022	SAE J403—2009	0.90
6	12CrMoG	14CrMo4-5	ISO 2604-2—2004	12MoCr6-2	ISO 9329-2—1997	12MoCr6-2	ISO 9329-2—1997	0.93
		STBA20	JIS G3462—2004	STBA20	JIS G 3462—2004	12CrMo	GB/T 32970—2016	0.91
		07Cr4Mo6	IS 1570-4—2001	T2	ASTM A213—2003	14CrMo4-5	ISO 2604-2—2004	0.91
		12XM	ГОСТ 5520—1979	—	—	13CrMo4-5/1.7335	DIN EN 10028-2—2003	0.91
		13CrMo4-5/1.7335	DIN EN 10028-2—2003	—	—	T2	ASTM A213/A213M—2003	0.80
7	15CrMoG	13CrMo4-5	ISO 9329-2—1997	13CrMo4-5	ISO 9329-2—1997	15CrMoR	GB 713—2014	0.85
		STBA22	JIS G3462—2004	STBA22	JIS G 3462—2004	1Cr0.5Mo	CCS 2018 3-5	0.83
		12Cr4Mo5H	IS 1570-7—2004	13CrMo44	DIN 17175—1979	0.3Mo	BV 2016 1-6	0.82

续表

序号	牌号	传统对照				AI 对照		
		世界钢铁牌号对照与速查手册		世界钢号对照手册				
		牌号	符合标准	牌号	符合标准	牌号	符合标准	匹配度
7	15CrMoG	15XM	ГОСТ 4543-1971	13CrMo44	DIN EN 10216-2—2002	12XM	ГОСТ 5520—1979	0.81
		13CrMo4-5/1.7335	DIN EN 10216-2—2004	—	—	HP295	Q/ASB 235—2013	0.80
		13CrMo4-4	DIN EN 17175—1979	—	—	B440HP	Q/BQB 329—2012（2014）	0.80
		11CrMo9—10TA	ISO 2604-2 2004	11CrMo9-10TA	ISO 9329-2—1997	10CrMo9-10	EN 10216-2-2004	0.86
8	12Cr2MoG	STBA24	JIS G3462 2004	STBA24	JIS G 3462—2004	T22	ASTM A213/A213M—2003	0.85
		12Cr9Mo10H	IS 1570-7—2004	10CrMo9-10	DIN 17175—1979	STBA24	JIS G3462—2004	0.85
		10X2M	ГОСТ 5520 1979	10CrMo9-10	DIN EN 10216-2—2002	12Cr9Mo10H	IS 1570-7—2004	0.83
		11CrMo9-10/1.7383	DIN EN 10216-2—2004	T22	ASTM A213-2003	20MoG	GB 5310—2008	0.80
		14CrMo4-5	ISO 2604-2 2004	—	—	14CrMo4-5	ISO 9328-2—2004	0.92
9	12Cr1MoVG	10X1MΦ	ГОСТ 5520 1979	—	—	12X1MΦ	ГОСТ 20072—1974	0.91
		P12	ASTM A335/A335M—2003	—	—	15MoG	GB 5310—2008	0.85
		Grade 12	ASTM A387/A387M—2003	—	—	07MnMoVR（BT610CF）	Q/BG 572—2013	0.83
10	12Cr2MoWVTiB	10CrMo5-5/1.7338	DIN EN 10216-2—2004	—	—	10CrMo5-5	PN EN 10216-2—2004	0.93
		Grade E	ASTM A514/A514M—2000	—	—	15MoG	GB/T 5310—2017	0.92
		—	—	—	—	07Cr2MoW2VNbB	GB/T 5310—2017	0.92

续表

序号	牌号	传统对照				AI对照		
		世界钢铁牌号对照与速查手册		世界钢号对照手册				
		牌号	符合标准	牌号	符合标准	牌号	符合标准	匹配度
11	07Cr2MoW2VNbB	—	—	—	—	10CrMo5-5	PN EN 10216-2—2004	0.94
		—	—	—	—	10Cr9MoW2VNbBN	GB/T 5310—2017	0.92
		—	—	—	—	12Cr2MoWVTiB	GB 5310—2008	0.91
12	12Cr3MoVSiTiB	13CrMoV9-10/1.7380	DIN EN 10028-2—2003	10CrMoVNb9-1	ISO 9329-2—1997	X10CrMoVNb9-1	BS EN 10028-2—2003	0.93
		T24	ASTM A213/A213M—2003	T91	ASTM A213/A213M—2003	13CrMoV9-10	EN 10028-2—2003	0.90
		—	—	—	—	T24	ASTM A213/A213M—2003	0.82
13	15Ni1MnMoNbCu	—	—	—	—	12Cr2MoWVTiB	GB 5310—2008	0.82
		—	—	—	—	15NiCuMoNb5-6-4	ISO 9328-2—2004	0.87
		—	—	P265GH	DIN EN 10216-2—2002	S460M	Q/SGZGS 0318.3—2014	0.85
		—	—	—	—	SA738 Gr.D	SJXD 064—2012	0.83
		—	—	—	—	A350 Gr.LF6 Cl.2	ASTM A350/A350M—2015	0.80
		—	—	—	—	Q415HB	GB/T 34105—2017	0.80
14	10Cr9Mo1VNbN	X9CrMoVNb9-1	ISO 9329-2—1997	T91	ASTM A213—2003	10CrMoVNb9-1	ISO 9329-2—1997	0.94
		T91	ASTM A213/A213M—2003	10CrMoVNb9-1	ISO 9329-2—1997	11Cr9Mo1W1VNbBN	GB 5310—2008	0.93
		—	—	STBA26	JIS G 3462—2004	T91	ASTM A213/A213M—2003	0.91
		—	—	—	—	STBA26	JIS G 3462—2004	0.87
		—	—	—	—	X10CrMoVNb9-1	DIN EN 10216-2—2004	0.82
15	10Cr9MoW2VNbBN	—	—	—	—	10CrMo5-5	PN EN 10216-2—2004	0.93
		—	—	—	—	10Cr18Ni9NbCu3BN	GB/T 5310—2017	0.92

续表

序号	牌号	传统对照				AI 对照		
		世界钢铁牌号对照与速查手册		世界钢号对照手册				
		牌号	符合标准	牌号	符合标准	牌号	符合标准	匹配度
16	10Cr11MoW2VNbCu1BN	—	—	—	—	10CrMo5-5	PN EN 10216-2—2004	0.94
		—	—	—	—	10Cr18Ni9NbCu3BN	GB/T 5310—2017	0.94
17	11Cr9Mo1W1VNbBN	—	—	—	—	10Cr9MoW2VNbBN	GB/T 5310—2017	0.92
		—	—	—	—	10Cr9Mo1VNbN	YB/T 4173—2008	0.94
		—	—	—	—	10Cr9MoW2VNbBN	GB/T 5310—2017	0.92
18	07Cr19Ni10	—	—	7CrNi8-9	ISO 9329-4—1997	A943 Gr.TP348H	ASTM A943/A943M—2001	0.98
		—	—	SUS304TB	JIS G 3463—1994	SUS321HTB	JIS G 3463—2006	0.98
		—	—	5CrNi18-10	DIN 17456—1980	06Cr19Ni10	GB 13296—2013	0.96
		—	—	6CrNi18-10	DIN EN 10216-5—2006	347 TF	CNS 13639 G3261—1996	0.95
		—	—	S30400（TP304）	ISO 9329-4—1997	06Cr18Ni11Ti	GB 13296—2013	0.95
		—	—	—	—	RSTS 347TP	KR 2015 4-403	0.95
		—	—	—	—	X6CrNiNb18-10	BS EN 10297-2—2005	0.95
		—	—	—	—	A213 UNS-S30432	ASTM A213/A213M—2013	1.00
19	10Cr18Ni9NbCu3BN	—	—	—	—	10Cr11MoW2VNbCu1BN	GB/T 5310—2017	0.95
		—	—	—	—	A1026 Gr.345	ASTM A1026—2003	0.91
20	07Cr25Ni21	—	—	—	—	06Cr25Ni20	JB/T 6398—2018	0.96
		—	—	—	—	0Cr25Ni20	JB/T 6398—2006	0.93
21	07Cr25Ni21NbN	—	—	—	—	A213 Gr.TP310MoCbN	ASTM A213/A213M—2015a	0.88
		—	—	—	—	A213 Gr.TP310MoCbN	ASTM A213/A213M—2015a	0.88
		—	—	—	—	RSTS 304N2	KR 2015 3-305	0.82
		—	—	—	—	X1CrNiMoN25-22-2	PN EN 10216-5—2005	0.82

续表

序号	牌号	传统对照 世界钢铁牌号对照与速查手册 牌号	符合标准	世界钢号对照手册 牌号	符合标准	AI对照 牌号	符合标准	匹配度
22	07Cr19Ni11Ti	—	—	—	—	SUS321HTB	JIS G 3463—2006	0.99
		—	—	—	—	A213 Gr.TP321H	ASTM A213/A213M—2005b	0.96
		—	—	—	—	06Cr18Ni11Ti	GB 13296—2013	0.95
		—	—	—	—	X6CrNiMoTi17-12-2	BS EN 10028-7—2008	0.93
		—	—	—	—	X6CrNiNb18-10	ISO 9328-5—1991	0.92
23	07Cr18Ni11Nb	—	—	7CrNiNb18-11	ISO 9329-4—1997	07Cr18Ni11Nb	GB 9948—2013	0.97
		—	—	SUS347TB	JIS G 3463—1994	A312 Gr.TP347	ASTM A312/A312M—2016	0.96
		—	—	6CrNiNb18-10	DIN 17456—1980	X6CrNiNb18-10	BS EN 10297-2—2005	0.95
		—	—	7CrNiNb18-10	DIN EN 10216-5—2004	X7CrNiNb18-10	ГОСТ R 54908—2012	0.95
		—	—	S34700（TP347）	ASTM A213—2003	A240 347	ASTM A240/A240M—2005	0.92
		—	—	—	—	347 TF	CNS 13639—1996	0.89
24	08Cr18Ni11NbFG	—	—	—	—	SA213 Gr.TP347HFG	ASME SA-213/SA-213M—2015	0.97
		—	—	—	—	07Cr18Ni11Nb	GB 9948—2013	0.93
		—	—	—	—	X6CrNiNb18-10	BS EN 10297-2—2005	0.91
		—	—	—	—	SUS321HTB	JIS G 3463—2006	0.86
		—	—	—	—	347S31	BS 3605-2—1992	0.85
		—	—	—	—	347 TF	CNS 13639—1996	0.85

表2-18　石油裂化用无缝钢管化学成分及力学性能（GB 9948—2013）

序号	牌号	化学成分（质量分数）/%											力学性能			
		C	Mn	Si	S	P	Cr	Ni	Mo	V	Cu	其他	屈服强度 R_{eL}/MPa	抗拉强度 R_m/MPa	断后伸长率 A/%	冲击吸收能量 KV_2/J
1	10	0.07~0.13	0.35~0.65	0.17~0.37	≤0.015	≤0.025	≤0.15	≤0.25	≤0.15	≤0.08	≤0.2	—	≥205	335~475	≥23	≥40
2	20	0.17~0.23	0.35~0.65	0.17~0.37	≤0.015	≤0.025	≤0.25	≤0.25	≤0.15	≤0.08	≤0.2	—	≥245	410~550	≥22	≥40
3	12CrMo	0.08~0.15	0.4~0.7	0.17~0.37	≤0.015	≤0.025	0.4~0.7	≤0.3	0.4~0.55	—	≤0.2	—	≥205	410~560	≥19	≥40
4	15CrMo	0.12~0.18	0.4~0.7	0.17~0.37	≤0.015	≤0.025	0.8~1.1	≤0.3	0.4~0.55	—	≤0.2	—	≥295	440~640	≥19	≥40
5	12Cr1Mo	0.08~0.15	0.3~0.6	0.5~1	≤0.015	≤0.025	1~1.5	≤0.3	0.45~0.65	—	≤0.2	—	≥205	415~560	≥20	≥40
6	12Cr1MoV	0.08~0.15	0.4~0.7	0.17~0.37	≤0.01	≤0.025	0.9~1.2	≤0.3	0.25~0.35	0.15~0.3	≤0.2	—	≥255	470~640	≥19	≥40
7	12Cr2Mo	0.08~0.15	0.4~0.6	≤0.5	≤0.015	≤0.025	2~2.5	≤0.3	0.9~1.13	—	≤0.2	—	≥280	450~600	≥20	≥40
8	12Cr5MoI	≤0.15	0.3~0.6	≤0.5	≤0.015	≤0.025	4~6	≤0.6	0.45~0.6	—	≤0.2	—	≥205	415~590	≥20	≥40
9	12Cr5MoNT	≤0.15	0.3~0.6	≤0.5	≤0.015	≤0.025	4~6	≤0.6	0.45~0.6	—	≤0.2	—	≥280	480~640	≥18	≥40
10	12Cr9MoI	≤0.15	0.3~0.6	0.25~1	≤0.015	≤0.025	8~10	≤0.6	0.9~1.1	—	≤0.2	—	≥210	460~640	≥18	≥40
11	12Cr9MoNT	≤0.15	0.3~0.6	0.25~1	≤0.015	≤0.025	8~10	≤0.6	0.9~1.1	—	≤0.2	—	390	590~740	16	≥40
12	07Cr19Ni10	0.04~0.1	≤2	≤1	≤0.015	≤0.03	18~20	8~11	—	—	—	—	≥205	≥520	≥35	—
13	07Cr18Ni11Nb	0.04~0.1	≤2	≤1	≤0.015	≤0.03	17~19	9~12	—	—	—	Nb<1.1	≥205	≥520	≥35	—
14	07Cr19Ni11Ti	0.04~0.1	≤2	≤0.75	≤0.015	≤0.03	17~20	9~13	—	—	—	Ti<0.6	≥205	≥520	≥35	—
15	022Cr17Ni12Mo2	≤0.03	≤2	≤1	≤0.015	≤0.03	16~18	10~14	2~3	—	—	—	≥170	≥485	≥35	—

表 2-19　石油裂化用无缝钢管（GB 9948—2013）钢材匹配对照

序号	牌号	传统对照 世界钢号对照手册		AI 对照		
		牌号	符合标准	牌号	符合标准	匹配度
1	10	PH23	ISO 9329-2—1997	10C4（C10）	IS 11169（Part 1）—1984	0.94
		P195GH	DIN EN 10216-2—2002	STB340	JISG 3461—2005	0.94
		1010	ASTM A519—2003	260Y	ISO 13887—2004	0.93
			—	A1008 SS Gr.230 Type 2	ASTM A1008/A1008M—2015	0.93
			—	PH23	ISO 9329-2—1997	0.93
			—	A1011 CS Type A	ASTM A1011/A1011M—2013	0.92
			—	1010	ASTM A519—2003	0.92
			—	P195GH	DIN EN 10216-2—2002	0.85
2	20	PH26	ISO 9329-2—1997	20MnG	YB/T 4173—2008	0.92
		STB340	JIS G 3461—1988	PH26	ISO 9329-2—1997	0.89
		P265GH	DIN EN 10216-2—2002	P235GH	DIN EN 10216-2—2002	0.88
		1020	ASTM A519—2003	TU42C	RCC-M 1141—2007	0.85
			—	P265GH	DIN EN 10216-2—2002	0.84
			—	STB410	JIS G 3461—2005	0.83
3	12CrMo	12MoCr6-2	ISO 9329-2—1997	12XM	ГОСТ 5520—1979	0.83
		STBA20	JIS G 3462—2004	13CrMo4-5	ISO 9328-2—2004	0.82
		13CrMo4-5	DIN EN 10216-2—2002	15CrMoR	GB 713—2008（2012 年修改）	0.8
		K11547（P2）	ASTM A335—2003	0.3Mo	BV 2016 1-6	0.8
			—	HP235	Q/CB 301—2014	0.8
4	15CrMo	13CrMo45	ISO 9329-2—1997	13CrMo4-5	PN EN 10216-2—2002	0.92
		STBA20	JIS G 3462—2004	15CrMo	GB 6479—2000	0.89

续表

序号	牌号	传统对照 世界钢号对照手册 牌号	符合标准	AI对照 牌号	符合标准	匹配度
4	15CrMo	13CrMo4-5	DIN EN 10216-2—2002	15CrMoR	GB/T 28413—2012	0.88
		K11547（P2）	ASTM A335—2003	15MoG	GB 5310—2008	0.87
		—	—	12CrMo	GB/T 32970—2016	0.83
		—	—	20MoG	GB 5310—2008	0.83
5	12Cr1Mo	—	—	12CrMo	GB/T 32970—2016	0.86
		—	—	10CrMo5-5	BS EN 10216-2—2004	0.83
		—	—	12CrMoG	GB/T 20409—2006	0.8
6	12Cr1MoV	—	—	15MoG	GB 5310—2008	0.84
		—	—	12CrMo	GB/T 32970—2016	0.83
		—	—	13CrMo4-5	PN EN 10216-2—2002	0.82
		—	—	12CrMoG	GB/T 20409—2006	0.82
		—	—	15CrMo	GB 6479—2000	0.81
		—	—	15CrMoR	GB/T 28413—2012	0.8
7	12Cr2Mo	—	—	10CrMo9-10	EN 10216-2—2004	0.91
		—	—	20MoG	GB 5310—2008	0.85
		—	—	15CrMo	GB 6479—2000	0.84
		—	—	14Cr1MoR	GB/T 28413—2012	0.82
8	12Cr5Mo I	—	—	15CrMoR	GB/T 28413—2012	0.81
		—	—	1Cr5Mo	JB/T 6398—2018	0.85
		—	—	X11CrMo5+I	EN 10216-2—2004	0.83
		—	—	X11CrMo5TA	ISO 9329-2—1997（E）	0.81

续表

序号	牌号	传统对照 世界钢号对照手册 牌号	符合标准	AI对照 牌号	符合标准	匹配度
8	12Cr5Mo I	—	—	20MoG	GB 5310—2008	0.81
		—	—	10CrMo5-5	BS EN 10216-2—2004	0.8
9	12Cr5MoNT	—	—	015Cr17Ni12Mo2N	NB/T 20007.33—2015	0.94
		—	—	022Cr17Ni12Mo2	GB/T 3280—2015	0.92
		—	—	10CrMo9-10	EN 10216-2—2004	0.86
		—	—	15MoG	GB 5310—2008	0.83
		—	—	20MoG	GB 5310—2008	0.8
10	12Cr9Mo I	—	—	10Cr9Mo1VNb	GB 5310—1995	0.94
		—	—	12Cr9MoNT	GB 9948—2013	0.9
		—	—	X11CrMo9-1+I	NF EN 10216-2—2004	0.89
		—	—	629-590	BS 3059-2—1990	0.85
		—	—	10CrMo9-10	EN 10216-2—2004	0.84
		—	—	X11CrMo5+I	EN 10216-2—2004	0.82
		—	—	X11CrMo5TA	ISO 9329-2—1997（E）	0.81
11	07Cr19Ni10	—	—	A312 Gr.TP304H	ASTM A312/A312M—2016	0.99
		—	—	SUS304TKA	JIS G 3446—2012	0.99
		—	—	A213 Gr.TP304	ASTM A213/A213M—2015	0.98
		—	—	06Cr19Ni10	YB/T 4223—2010	0.98
		—	—	07Cr18Ni11Nb	GB 9948—2013	0.98
		—	—	347 TF	CNS 13639—1996	0.98
		—	—	A943 Gr.TP348H	ASTM A943/A943M—2001	0.96

续表

序号	牌号	传统对照 世界钢号对照手册		AI 对照		
		牌号	符合标准	牌号	符合标准	匹配度
11	07Cr19Ni10	—	—	X5CrNi18-10	BS EN 10296-2—2005	0.94
		—	—	A312 Gr.TP347	ASTM A312/A312M—2016	0.98
		—	—	X6CrNiNb18-10	BS EN 10297-2—2005	0.97
		—	—	SA213 Gr.TP347HFG	ASME SA-213/SA-213M—2015	0.95
12	07Cr18Ni11Nb	—	—	06Cr18Ni11Nb	CCS 2015 3-8	0.94
		—	—	08Cr18Ni11NbFG	GB/T 5310—2017	0.9
		—	—	347 TF	CNS 13639—1996	0.88
		—	—	SUS321HTB	JIS G 3463—2006	0.88
		—	—	SUS321HTB	JIS G 3463—2006	1
13	07Cr19Ni11Ti	—	—	06Cr18Ni11Ti	GB 13296—2013	0.96
		—	—	A213 Gr.TP321H	ASTM A213/A213M—2005b	0.95
		—	—	SA249 Gr.TP321H	ASME SA-249/SA-249M—2015	0.95
		—	—	0Cr18Ni12Mo2Ti	GB/T 14975—2002	0.93
		—	—	X6CrNiMoTi17-12-2	BS EN 10296-2—2005	0.93
		—	—	316L1TB	CNS 7383—2017	1
14	022Cr17Ni12Mo2	—	—	A813 Gr.TP316L	ASTM A813/A813M—2014	1
		—	—	022Cr17Ni12Mo2	GB 13296—2013	0.98
		—	—	022Cr17Ni12Mo2	YB/T 4223—2010	0.98
		—	—	SUS316LTP	JIS G 3459—2004	0.97
		—	—	015Cr17Ni12Mo2N	NB/T 20007.33—2015	0.95

第五节　低温钢及超低温钢国内外牌号对照

低温工程用钢是指工作温度在-20～-269℃的工程结构用钢。目前由于能源结构的变化，越来越普遍地使用液化天然气（LNG）、液化石油气（LPG）、液氧（-183℃）、液氢（-252.8℃）、液氮（-195.8℃）、液氦（-269℃）和液体二氧化碳（-78.5℃）等液化气体。生产、储存、运输和使用这些液化气体的化工设备及构件也愈来愈多地在低温工况下工作。另外，寒冷地区的化工设备及其构件常常在低温环境中使用，从而导致一些压力容器、管道、设备及其构件脆性断裂的发生。因此，对低温下使用的钢材韧性提出了更高的要求。

大型石油、天然气储罐是保障国家能源安全的重要储存设备，需要采用易焊接、高强度、耐低温的压力容器用钢。为了满足我国大型石油储罐建设的需要，我国开发了适用于大热输入量且焊接裂纹敏感性低的钢，实现了大型石油储罐用钢国产化。这类钢种包括12MnNiVDR和07MnNiVDR，钢板的屈服强度大于490MPa，抗拉强度610～730MPa。为了满足液化天然气等低温液化气体的生产、加工、储存和运输，也研制了 0.5Ni（0.5% Ni钢）、1.5Ni（1.5% Ni 钢）、3.5Ni（3.5% Ni 钢）、5Ni（5% Ni 钢）、9Ni（9% Ni 钢）等镍系低温钢，成功用于广东、福建、浙江、上海、江苏、山东、辽宁等地的LNG项目建设。

1. 低温工程用钢分类

按照组织类型的不同，在低合金钢范围内有铁素体钢和低碳马氏体钢两个类型。

（1）铁素体型钢

铁素体型低温钢的显微组织主要是铁素体，伴有少量的珠光体。为了降低这类钢的脆性转变温度，提高低温下抗开裂的能力，要求降低钢中的 C 及 P、S 等夹杂物的含量，并通过加入不同含量的 Ni 以及细化晶粒的方法，来提高这类钢的低温韧性，如 2.5%Ni 钢、3.5%Ni 钢等。在-70℃工作条件下可选用 2.5%Ni 钢，在-100℃工作条件下可选用 3.5%Ni 钢，增加 Ni 的含量可以提高其低温下的韧性。3.5%Ni 钢通常采用 870℃正火后在 635℃进行 1 小时的消除应力回火处理，其最低使用温度可达-100℃；若采用调质处理则可提高其强度，且改善韧性和降低脆性转变温度，其最低使用温度可降低至-130℃。

（2）低碳马氏体型钢

低碳马氏体型钢的典型钢号是 9%Ni 钢。这类钢在淬火后为低碳马氏体，经过 550～580℃的回火处理，其组织为回火低碳马氏体，并含有 12%～15%的富碳奥氏体。这类富碳奥氏体比较稳定，即使冷至-200℃也不会发生组织转变，从而使钢保持良好的低温韧性。回火温度高于 580℃，会使奥氏体的含量增多，奥氏体中的碳含量降低，影响奥氏体的稳定性，它的分解将会降低钢的低温韧性。也可采用正火处理，经常进行二次正火，正火温度在 880～920℃，正火后的组织为低碳马氏体、铁素体以及少量的奥氏体，具有高的强度和良好的低温韧性，可用于-196℃的环境。9%Ni 钢经过冷加工变形后，需进行 565℃消除应力退火，以改善其低温韧性。

2. 低温钢的合金化原理

(1) 合金元素对钢的低温性能的影响

合金元素对低温钢的作用，主要表现在对钢的低温韧性的影响，一般随着含碳量的上升钢的韧性下降。因此，无论从钢的低温韧性还是从钢的焊接性能角度考虑，低温用钢的含碳量必须严格控制在 0.2% 以下。Mn 是提高钢的低温韧性的合金元素之一。Mn 在钢中主要以固溶体形式存在，起到固溶强化的作用。另一方面，Mn 是扩大奥氏体区的元素，使奥氏体相变温度降低，容易得到细小而富有韧性的铁素体和珠光体，从而改善钢在低温下的工作性能。Ni 是提高钢的低温韧性的主要元素，其效果比 Mn 好得多。Ni 不与 C 发生相互作用，全部溶入固溶体中，从而强化了合金元素的作用。Ni 不仅降低奥氏体相变温度，而且还能使钢的共析点的含碳量降低。因此，与同样含碳量的碳钢相比较，铁素体的数量减少，晶粒细小；同时，珠光体的数量增多，珠光体的碳含量也较低。研究表明，Ni 能够提高钢的低温韧性的主要原因是含镍钢在低温时的可动位错比较多，交滑移动比较容易进行。C、N、H、S、P 等对材料的低温冲击韧性不利，特别是 P 的危害最严重，在低温钢中必须严格控制。

(2) 组织结构对钢的低温性能的影响

钢的显微组织形状、分布和大小是决定钢低温韧性的重要影响因素。通过适当的热处理改变钢的组织特征，可以改善钢的低温力学性能。试验研究证明，细小的粒状碳化物比片状碳化物的低温力学性能（特别是低温冲击韧性）要好。对片状碳化物来说，片的尺寸越大、片层越厚，钢的低温韧性越差。

调质处理是得到铁素体 + 粒状碳化物组织的有效方法，它可改善钢的低温韧性。但是，随着回火温度的上升，粒状碳化物会聚集长大，当碳化物长大到一定尺寸时，就会使钢的低温韧性降低。因此，必须严格控制调质处理时的回火温度。

正火是低温钢常用的热处理方法。随着钢中合金元素含量的增多，正火温度也要相应升高。低温钢不采用退火处理，因为钢的退火组织比正火组织粗大，其韧性也比正火或调质处理的钢韧性差。

不同晶体结构的金属材料，对低温条件下韧性的影响有很大的区别。就三种常见晶体结构的钢作比较而言，具有体心立方晶格结构的铁素体钢，它的脆性转变温度较高，在低温下的韧性差，脆性断裂倾向较大；密排六方结构次之；面心立方晶格的奥氏体钢低温脆性不明显。在低温下，即使在 –196℃ 或 –253℃ 的低温下，面心立方晶格的奥氏体 Cr-Ni 钢的韧性也不随温度下降而突然下降。其主要原因是当温度下降时，面心立方金属的屈服强度没有显著变化，且不易产生形变孪晶，位错容易运动，局部应力易于松弛，裂纹不易传播，因而不出现脆化，一般不存在脆性转变温度。体心立方金属在低温下随着温度的下降，屈服强度很快增加，最后几乎与抗拉强度相等，除此之外，它在低温下又容易产生形变孪晶，也容易引起低温脆性。

一、低温压力容器用镍合金钢板

低温压力容器用镍合金钢板化学成分及力学性能见表 2-20，钢材匹配对照见表 2-21。

表2-20 低温压力容器用镍合金钢板化学成分及力学性能（GB/T 24510—2017）

序号	牌号	化学成分（质量分数）/%											力学性能				
		C	Mn	Si	S	P	Cr	Ni	Mo	V	Cu	Nb	其他	上屈服强度 R_{eH}/MPa	抗拉强度 R_m/MPa	断后伸长率 A/%	冲击温度/℃	冲击吸收能量 KV_2/J
1	1.5Ni	<0.14	0.8~1.5	0.1~0.35	<0.008	<0.02	<0.25	1.3~1.7	<0.08	<0.05	<0.35	<0.08	N<0.012 Als>0.015	>355	490~640	>22	-65	>80
2	3.5Ni	<0.12	0.3~0.8	0.1~0.35	<0.005	<0.015	<0.25	3.25~3.75	<0.12	<0.05	<0.35	<0.08	N<0.012 Als>0.015	>355	490~640	>22	-100	>80
3	5Ni	<0.12	0.3~0.9	0.1~0.35	<0.005	<0.015	<0.25	4.75~5.25	<0.08	<0.05	<0.35	<0.08	N<0.012 Als>0.015	>390	530~710	>20	-120	>80
4	9Ni	<0.1	0.3~0.8	0.1~0.35	<0.003	<0.01	<0.25	8.5~9.5	<0.08	<0.01	<0.35	<0.08	N<0.012 Als>0.015	>585	680~820	>18	-196	>80

表 2-21　低温压力容器用镍合金钢板（GB/T 24510—2017）钢材匹配对照

序号	牌号	AI 对照		
		牌号	符合标准	匹配度
1	1.5Ni	15NiMn6	EN 10028-4—2009	0.98
		VL 1.5Ni/a	DNV GL AS 2-2-3-3—2106（挪威船级社）	0.97
		1.5 Ni	CCS 2015 3-7	0.95
		Gr.LF5 Cl.1	ASME SA-350/SA-350M—2004	0.90
2	3.5Ni	12Ni14	EN 10028-4—2009	0.96
		SL3N275	JIS G 3127—2005	0.95
		08Ni3DR	Q/BQB 665—2013（中国宝钢）	0.95
		Gr.LF3 Cl.1	ASME SA-350/SA-350M—2004	0.92
		A333 Gr.3	ASTM A333/A333M—2016	0.90
3	5Ni	X12Ni5	EN 10028-4—2009	0.97
		A645 Gr.A	ASTM A645/A645—2010	0.96
		IS 4899 Gr.8	IS 4899—2006	0.94
		SL5N590	CNS 8698 G3171—1995	0.92
		RL 5N590	KR 2015 3-304	0.91
4	9Ni	06Ni9DR	Q/ASB 159—2014（中国鞍钢）	0.97
		9Q	CRYELSO 9Q（法国克鲁索）	0.97
		IS 4899 Gr.9	IS 4899—2006	0.96
		SA352 Gr.LC9	ASME SA-352/SA-352M—2015	0.96
		X7Ni9	BS EN 10028-4—2009	0.93

二、低温管道用大直径焊接钢管

低温管道用大直径焊接钢管化学成分及力学性能见表 2-22，钢材匹配对照见表 2-23。

表 2-22　低温管道用大直径焊接钢管化学成分及力学性能（GB/T 37577—2019）

序号	牌号	化学成分（质量分数）/%											力学性能				
		C	Mn	Si	S	P	Cr	Ni	Mo	V	Cu	Nb	Alt	屈服强度 R_{eL}/MPa	抗拉强度 R_m/MPa	断后伸长率 A/%	冲击温度/℃	冲击吸收能量 KV_2/J
1	16MnDR	≤0.2	1.2~1.6	0.15~0.5	≤0.01	≤0.02	≤0.25	≤0.4	≤0.08	—	≤0.25	—	≥0.02	≥315	490~620	≥21	−40	≥24
2	15MnNiDR	≤0.18	1.2~1.6	0.15~0.5	≤0.008	≤0.02	≤0.25	0.2~0.6	≤0.08	≤0.05	≤0.25	—	≥0.02	≥325	490~620	≥20	−45	≥30
3	15MnNiNbDR	≤0.18	1.2~1.6	0.15~0.5	≤0.008	≤0.02	≤0.25	0.3~0.7	≤0.08	—	≤0.25	0.015~0.04		≥370	530~630	≥20	−50	≥30
4	09MnNiDR	≤0.12	1.2~1.6	0.15~0.5	≤0.008	≤0.02	≤0.25	0.3~0.8	≤0.08	—	≤0.25	≤0.04	≥0.02	≥300	440~570	≥23	−70	≥30
5	08Ni3DR	≤0.1	0.3~0.8	0.15~0.35	≤0.005	≤0.015	≤0.25	3.25~3.7	≤0.12	≤0.05	≤0.25	—	—	≥320	490~620	≥21	−100	≥30
6	06Ni9DR	≤0.08	0.3~0.8	0.15~0.35	≤0.004	≤0.008	≤0.25	8.5~10	≤0.1	≤0.01	≤0.25	—	—	≥560	680~820	≥18	−196	≥50

表 2-23　低温管道用大直径焊接钢管（GB/T 37577—2019）钢材匹配对照

序号	牌号	AI 对照		
		牌号	符合标准	匹配度
1	16MnDR	S355NH	BS EN 10210-1—2006	0.97
		16MnDG	GB/T 18984—2016	0.95
		Q355ME	GB/T 1591—2018	0.95
		Q420E	GB/T 8163—2008	0.92
		H355	IS 2041—2009	0.92
2	15MnNiDR	Q355ME	GB/T 1591—2018	0.96
		0.5NiA	GB/T 37602—2019	0.96
		13MnNi6-3	EN 10028-4—2009	0.95
		S355K2H	UNE EN 10210-1—2007	0.93
		S355NH	BS EN 10210-1—2006	0.93
3	15MnNiNbDR	15MnNiNbDR	NG Q/320116 NJGT 202—2015（中国南钢）	0.98
		Q420E	GB/T 8163—2008	0.97
		S355NH	EN 10210-1—2006	0.97
		Q355ME	GB/T 1591—2018	0.96
		P355NL2	BS EN 10216-3—2013	0.94
		Q460NE	GB/T 1591—2018	0.91
4	09MnNiDR	09MnNiDR	NG Q/320116 NJGT 202—2015（中国南钢）	0.98
		09Mn2VDG	GB/T 18984—2016	0.98
		Gr.460	IRS 2018 2-6-5（印度船级社）	0.97
		11MnNi5-3	ISO 9330-2—1997	0.95
		A738 Gr.D	ASTM A738/A738M—2012a	0.93
		L245NC	GB/T 9711.3—2005	0.91
5	08Ni3DR	08Ni3DR	Q/BQB 665—2013（中国宝钢）	0.98
		12Ni14	EN 10028-4—2009	0.97
		3.5Ni	GB/T 24510—2017	0.97
		A333 Gr.3	ASTM A333/A333M—2016	0.95
		SL3N275	CNS 8698 G3171—1995	0.95
		RL3N255	KR 2015 3-304	0.95
6	06Ni9DR	A06Ni9DR	Q/ASB 159—2007（中国鞍钢）	0.97
		X8Ni9	BS EN 10222-3—1999	0.96
		9.0Ni	GB/T 37602—2019	0.96
		06Ni9DG	GB/T 18984—2016	0.93
		A333 Gr.8	ASTM A333/A333M—2016	0.91
		SL9N520	CNS 8698 G3171—1995	0.91

第六节　耐大气腐蚀及硫化氢腐蚀钢国内外牌号对照

耐大气腐蚀钢是在低碳钢中加入 Cu、P、Cr、Si、Ni 等合金元素，使其在金属基体表面上形成保护层，以改善表层结构，提高致密度，增强与大气的隔离作用。上述元素中 Cu 的作用最大，Cu 能促使低合金钢表面生成致密的非晶态腐蚀产物保护膜，减弱钢的阳极活性，从而降低腐蚀速度，其含量通常为 0.25%～0.55%；P 在耐大气腐蚀性方面也起重要作用，其在促使钢铁表面锈层生成非晶性质上具备独特的效应。Cu 与 P 复合，则效果更明显。P 的加入量为 0.07%～0.15% 时，即为含磷高的钢，又称为高耐候性钢。但是，磷降低钢的韧性，恶化焊接性能，只有要求高耐蚀性的环境才采用含磷钢种。普通结构用耐候钢中，强度级别低些的以 Cu-Cr 和 Cu-Cr-V 系为主；强度级别高些的以 Cu-Cr-Ni 系为主，钢中的 P≤0.035%，也有的 P≤0.025%，这些钢具有优良的焊接性能和低温韧性。焊接含磷高的钢种时，可以采用含磷的焊接材料，也可以采用不含磷的焊接材料，而在焊缝中加入适量的 Cr、Ni 元素来替代。

09CuPTiRe 钢是我国自主开发的经济型耐大气腐蚀钢品种，屈服强度等级为 295MPa，曾经广泛用于铁路车辆的制造。为了改善钢的耐腐蚀性能，提高车辆使用寿命，借鉴国际上耐候钢研究开发的成功经验，我国开发出了 Ni-Cr-Cu 系的耐大气腐蚀钢，形成了 345～550MPa 系列强度等级的铁道车辆用耐大气腐蚀钢品种，包括 Q345NQR、Q420NQR、Q450NQR、Q500NQR、Q550NQR 等产品，成功应用于铁道车辆的建造，包括货运铁路车辆。

硫化氢应力腐蚀是管线钢腐蚀的主要形式之一，使管线因穿孔而引起油、气、水的泄漏，造成重大的经济损失、环境污染、人员伤亡及油气输送的中断。研究表明，这种腐蚀破坏主要是因为金属材料处在含硫化氢的介质中，在电化学腐蚀过程中产生的氢进入金属材料内部，进而产生阶梯型裂纹，这种裂纹的扩展将会导致金属材料开裂。碳钢或低合金钢在含硫化物（特别是 H_2S）环境中，经常发生应力腐蚀破裂。例如在酸性油井或气井中使用的油气钢管产生的破裂即属于此情况。硫化氢腐蚀的风险主要来自两个方面。首先，是材料氧化引起的腐蚀损失；其次，是硫化氢中的氢原子渗透到材料基质中引起的腐蚀开裂。对于硫化氢环境，后者导致更大的损害。所以，耐硫化氢腐蚀用碳钢或低合金钢的选择，都集中在选择耐硫化物应力腐蚀开裂的材料上。可以从以下几个方面来选择耐硫化氢腐蚀的材料：化学成分、硬度（强度）、微观结构和冷变形能力等。钢中的合金元素 Ni、Mn、Cu 等对于抗硫化氢介质腐蚀起负面作用，而 Cr、Mo、Ti、V 等元素起到有利作用。有数据表明，产生硫化氢应力腐蚀破裂的金属，其临界硬度为 22～23 HRC。适用于硫化氢环境的材料包括 20R、Q245（R-HIC）、16MnR、Q345（R-HIC）等材料。曾经进行了关于不同焊接热输入下，16MnR 钢焊接接头在 NACE 溶液中的抗氢致开裂（HIC）性能的研究。结果表明：焊接接头抗 HIC 能力，随着接头硬度的提高而下降，当硬度 ≤200HB 时，接头对 HIC 不敏感。Q345（R-HIC）钢是一种常用的抗氢钢，主要用于制造各种压力容器。在其技术条件中规定：S 含量不大于 0.004%，Ca 的含量为 0015%～0.0030%。

由于我国的天然气产品中硫化氢浓度比较高，产生的硫化氢腐蚀现象更为严重，对管线用钢的抗硫化氢腐蚀性能要求更高。对管线用钢的选择，重点是考虑钢的抗硫化氢应力腐蚀破裂能力。

一、耐大气腐蚀钢

耐大气腐蚀钢化学成分及力学性能见表 2-24，钢材匹配对照见表 2-25。

表2-24　耐大气腐蚀结构钢化学成分及力学性能（GB/T 34560.5—2017）

序号	牌号	化学成分（质量分数）/%											力学性能				
		C	Mn	Si	S	P	Cr	Ni	V	Ti	Cu	Nb	其他	上屈服强度 R_{eH}/MPa	抗拉强度 R_m/MPa	断后伸长率 A/%	冲击温度/°C	冲击吸收能量 KV_2/J
1	Q235WC	≤0.13	0.2~0.6	≤0.4	≤0.025	≤0.03	0.4~0.8	≤0.65	—	—	0.25~0.55	—	—	≥235	360~510	≥17	0	≥27
2	Q235WD	≤0.13	0.2~0.6	≤0.4	≤0.02	≤0.025	0.4~0.8	≤0.65	0.02~0.12	0.02~0.1	0.25~0.55	0.015~0.06	Alt≥0.02	≥235	360~510	≥17	-20	≥27
3	Q355WC	≤0.16	0.5~1.5	≤0.5	≤0.025	≤0.03	0.4~0.8	≤0.65	—	—	0.25~0.55	—	Mo<0.3 Zr<0.15	≥355	510~680	≥14	0	≥27
4	Q355WD	≤0.16	0.5~1.5	≤0.5	≤0.02	≤0.025	0.4~0.8	≤0.65	0.02~0.12	0.02~0.1	0.25~0.55	0.015~0.06	Mo<0.3 Alt≥0.02 Zr<0.15	≥355	510~680	≥14	-20	≥27
5	Q355WD1	≤0.16	0.5~1.5	≤0.5	≤0.02	≤0.025	0.4~0.8	≤0.65	0.02~0.12	0.02~0.1	0.25~0.55	0.015~0.06	Mo<0.3 Alt≥0.02 Zr<0.15	—	—	—	—	—
6	Q355WPC	≤0.12	≤1	<0.75	≤0.025	0.06~0.15	0.3~1.25	≤0.65	—	—	0.25~0.55	—	—	≥355	510~680	≥14	0	≥27
7	Q355WPD	≤0.12	≤1	<0.75	≤0.02	0.06~0.15	0.3~1.25	≤0.65	0.02~0.12	0.02~0.1	0.25~0.55	0.015~0.06	Alt≥0.02	≥355	510~680	≥14	-20	≥27
8	Q235NHB	≤0.13	0.2~0.6	0.1~0.4	≤0.03	≤0.035	0.4~0.8	≤0.65	0.02~0.12	0.02~0.1	0.25~0.55	0.015~0.06	Alt≥0.02	≥235	360~510	≥25	20	≥47
9	Q235NHC	≤0.13	0.2~0.6	0.1~0.4	≤0.025	≤0.03	0.4~0.8	≤0.65	0.02~0.12	0.02~0.1	0.25~0.55	0.015~0.06	Alt≥0.02	≥235	360~510	≥25	0	≥34
10	Q235NHD	≤0.13	0.2~0.6	0.1~0.4	≤0.02	≤0.025	0.4~0.8	≤0.65	0.02~0.12	0.02~0.1	0.25~0.55	0.015~0.06	Alt≥0.02	≥235	360~510	≥25	-20	≥34
11	Q235NHE	≤0.13	0.2~0.6	0.1~0.4	≤0.015	≤0.02	0.4~0.8	≤0.65	0.02~0.12	0.02~0.1	0.25~0.55	0.015~0.06	Alt≥0.02	≥235	360~510	≥25	-40	≥27
12	Q295NHB	≤0.15	0.3~1	0.1~0.5	≤0.03	≤0.035	0.4~0.8	≤0.65	0.02~0.12	0.02~0.1	0.25~0.55	0.015~0.06	Alt≥0.02	≥295	430~560	≥24	20	≥47
13	Q295NHC	≤0.15	0.3~1	0.1~0.5	≤0.025	≤0.03	0.4~0.8	≤0.65	0.02~0.12	0.02~0.1	0.25~0.55	0.015~0.06	Alt≥0.02	≥295	430~560	≥24	0	≥34

续表

序号	牌号	化学成分（质量分数）/%											力学性能				
		C	Mn	Si	S	P	Cr	Ni	V	Ti	Cu	Nb	其他	上屈服强度 R_{eH}/MPa	抗拉强度 R_m/MPa	断后伸长率 A/%	冲击温度/℃	冲击吸收能量 KV_2/J
14	Q295NHD	≤0.15	0.3~1	0.1~0.5	≤0.02	≤0.025	0.4~0.8	≤0.65	0.02~0.12	0.02~0.1	0.25~0.55	0.015~0.06	Alt≥0.02	≥295	430~560	≥24	−20	≥34
15	Q295NHE	≤0.15	0.3~1	0.1~0.5	≤0.015	≤0.02	0.4~0.8	≤0.65	0.02~0.12	0.02~0.1	0.25~0.55	0.015~0.06	Alt≥0.02	≥295	430~560	≥24	−40	≥27
16	Q295GNHB	≤0.12	0.2~0.5	0.1~0.4	≤0.03	0.07~0.12	0.3~0.65	0.25~0.5	0.02~0.12	0.02~0.1	0.25~0.45	0.015~0.06	Alt≥0.02	≥295	430~560	≥24	20	≥47
17	Q295GNHC	≤0.12	0.2~0.5	0.1~0.4	≤0.025	0.07~0.12	0.3~0.65	0.25~0.5	0.02~0.12	0.02~0.1	0.25~0.45	0.015~0.06	Alt≥0.02	≥295	430~560	≥24	0	≥34
18	Q295GNHD	≤0.12	0.2~0.5	0.1~0.4	≤0.02	0.07~0.12	0.3~0.65	0.25~0.5	0.02~0.12	0.02~0.1	0.25~0.45	0.015~0.06	Alt≥0.02	≥295	430~560	≥24	−20	≥34
19	Q295GNHE	≤0.12	0.2~0.5	0.1~0.4	≤0.015	0.07~0.12	0.3~0.65	0.25~0.5	0.02~0.12	0.02~0.1	0.25~0.45	0.015~0.06	Alt≥0.02	≥295	430~560	≥24	−40	≥27
20	Q355NHB	≤0.16	0.5~1.5	≤0.5	≤0.03	≤0.035	0.4~0.8	≤0.65	0.02~0.12	0.02~0.1	0.25~0.55	0.015~0.06	Alt≥0.02	≥355	490~630	≥22	20	≥47
21	Q355NHC	≤0.16	0.5~1.5	≤0.5	≤0.025	≤0.03	0.4~0.8	≤0.65	0.02~0.12	0.02~0.1	0.25~0.55	0.015~0.06	Alt≥0.02	≥355	490~630	≥22	0	≥34
22	Q355NHD	≤0.16	0.5~1.5	≤0.5	≤0.02	≤0.025	0.4~0.8	≤0.65	0.02~0.12	0.02~0.1	0.25~0.55	0.015~0.06	Alt≥0.02	≥355	490~630	≥22	−20	≥34
23	Q355NHE	≤0.16	0.5~1.5	≤0.5	≤0.015	≤0.02	0.4~0.8	≤0.65	0.02~0.12	0.02~0.1	0.25~0.55	0.015~0.06	Alt≥0.02	≥355	490~630	≥22	−40	≥27
24	Q355GNHB	≤0.12	≤1	0.2~0.75	≤0.03	0.07~0.15	0.3~1.25	≤0.65	0.02~0.12	0.02~0.1	0.25~0.55	0.015~0.06	Alt≥0.02	≥355	490~630	≥22	20	≥47
25	Q355GNHC	≤0.12	≤1	0.2~0.75	≤0.025	0.07~0.15	0.3~1.25	≤0.65	0.02~0.12	0.02~0.1	0.25~0.55	0.015~0.06	Alt≥0.02	≥355	490~630	≥22	0	≥34
26	Q355GNHD	≤0.12	≤1	0.2~0.75	≤0.02	0.07~0.15	0.3~1.25	≤0.65	0.02~0.12	0.02~0.1	0.25~0.55	0.015~0.06	Alt≥0.02	≥355	490~630	≥22	−20	≥34

续表

序号	牌号	化学成分（质量分数）/%												力学性能				
		C	Mn	Si	S	P	Cr	Ni	V	Ti	Cu	Nb	其他	上屈服强度 R_{eH}/MPa	抗拉强度 R_m/MPa	断后伸长率 A/%	冲击温度/℃	冲击吸收能量 KV_2/J
27	Q355GNHE	<0.12	<1	0.2~0.75	<0.015	0.07~0.15	0.3~1.25	<0.65	0.02~0.12	0.02~0.1	0.25~0.55	0.015~0.06	Alt≥0.02	≥355	490~630	≥22	−40	≥27
28	Q415NHC	<0.12	<1.1	<0.65	<0.025	<0.03	0.3~1.25	0.12~0.65	0.02~0.12	0.02~0.1	0.2~0.55	0.015~0.06	Alt≥0.02	≥415	520~680	≥22	0	≥34
29	Q415NHD	<0.12	<1.1	<0.65	<0.02	<0.025	0.3~1.25	0.12~0.65	0.02~0.12	0.02~0.1	0.2~0.55	0.015~0.06	Alt≥0.02	≥415	520~680	≥22	−20	≥34
30	Q415NHE	<0.12	<1.1	<0.65	<0.015	<0.02	0.3~1.25	0.12~0.65	0.02~0.12	0.02~0.1	0.2~0.55	0.015~0.06	Alt≥0.02	≥415	520~680	≥22	−40	≥27
31	Q460NHC	<0.12	<1.5	<0.65	<0.025	<0.03	0.3~1.25	0.12~0.65	0.02~0.12	0.02~0.1	0.2~0.55	0.015~0.06	Alt≥0.02	≥460	570~730	≥20	0	≥34
32	Q460NHD	<0.12	<1.5	<0.65	<0.02	<0.025	0.3~1.25	0.12~0.65	0.02~0.12	0.02~0.1	0.2~0.55	0.015~0.06	Alt≥0.02	≥460	570~730	≥20	−20	≥34
33	Q460NHE	<0.12	<1.5	<0.65	<0.015	<0.02	0.3~1.25	0.12~0.65	0.02~0.12	0.02~0.1	0.2~0.55	0.015~0.06	Alt≥0.02	≥460	570~730	≥20	−40	≥27
34	Q500NHC	<0.12	<2	<0.65	<0.025	<0.03	0.3~1.25	0.12~0.65	0.02~0.12	0.02~0.1	0.2~0.55	0.015~0.06	—	≥500	600~760	≥18	0	≥34
35	Q500NHD	<0.12	<2	<0.65	<0.02	<0.025	0.3~1.25	0.12~0.65	0.02~0.12	0.02~0.1	0.2~0.55	0.015~0.06	Alt≥0.02	≥500	600~760	≥18	−20	≥34
36	Q500NHE	<0.12	<2	<0.65	<0.015	<0.02	0.3~1.25	0.12~0.65	0.02~0.12	0.02~0.1	0.2~0.55	0.015~0.06	Alt≥0.02	≥500	600~760	≥18	−40	≥27
37	Q550NHC	<0.16	<2	<0.65	<0.025	<0.03	0.3~1.25	0.12~0.65	0.02~0.12	0.02~0.1	0.2~0.55	0.015~0.06	Alt≥0.02	≥550	620~780	≥16	0	≥34
38	Q550NHD	<0.16	<2	<0.65	<0.02	<0.025	0.3~1.25	0.12~0.65	0.02~0.12	0.02~0.1	0.2~0.55	0.015~0.06	Alt≥0.02	≥550	620~780	≥16	−20	≥34
39	Q550NHE	<0.16	<2	<0.65	<0.015	<0.02	0.3~1.25	0.12~0.65	0.02~0.12	0.02~0.1	0.2~0.55	0.015~0.06	Alt≥0.02	≥550	620~780	≥16	−40	≥27
40	Q550NHF	<0.16	<2	<0.65	<0.01	<0.02	0.3~1.25	0.12~0.65	0.02~0.12	0.02~0.1	0.2~0.55	0.015~0.06	—	—	—	—	—	—

表 2-25　耐大气腐蚀结构钢（GB/T 34560.5—2017）钢材匹配对照

序号	牌号	AI 对照		
		牌号	符合标准	匹配度
1	Q235WC	S235J0W	EN 10025-5—2004	0.97
		SG245W1	ISO 630-5—2014	0.97
		S235WC	ISO 630-5—2014	0.96
		SG245W2	ISO 630-5—2014	0.95
		Q235NHC	GB/T 4171—2008	0.95
2	Q235WD	S235J2W	EN 10025-5—2004	0.96
		Q235NHD	GB/T 4171—2008	0.96
		SG245W1	ISO 630-5—2014	0.95
		SG245W2	ISO 630-5—2014	0.94
		S235WD	ISO 630-5—2014	0.94
3	Q355WC	S355WC	ISO 630-5—2014	0.98
		SG345W	ISO 630-5—2014	0.97
		S355J0W	EN 10025-5—2004	0.96
		Q355NHC	GB/T 4171—2008	0.95
		SMA490W	JIS G 3114—2008	0.95
4	Q355WD	S355J2W	EN 10025-5—2004	0.98
		Q355NHD	GB/T 4171—2008	0.98
		Q355GNH	GB/T 4171—2008	0.97
		S355WD	ISO 630-5—2014	0.97
		SMA490W	JIS G 3114—2008	0.95
5	Q355WPC	Q355GNHC	GB/T 4171—2008	0.98
		S355WPC	ISO 4952—2006（E）	0.98
		SPA-H	JIS G 3125—2004	0.97
		Type I	ASTM A242/A242M—2004	0.97
		A690	ASTM A690/A690M—2005	0.95
6	Q355WPD	S355J0WP	EN 10025-5—2004	0.98
		S355J2WP	EN 10025-5—2004	0.98
		SG345WP	ISO 630-5—2014	0.96
		S355WPD	ISO 630-5—2014	0.96
		SMA490WP	JIS G 3114—2008	0.95
7	Q235NHB	S235J0W	EN 10025-5—2004	0.98
		SG245W1	ISO 630-5—2014	0.98
		S235J2W	EN 10025-5—2004	0.96
		SMA400W	JIS G 3114—2008	0.96

序号	牌号	AI 对照		
		牌号	符合标准	匹配度
7	Q235NHB	S235WB	ISO 630-5—2014	0.94
8	Q235NHC	S235WC	ISO 630-5—2014	0.97
		SG245W1	ISO 630-5—2014	0.97
		S235J0W	EN 10025-5—2004	0.96
		S235J2W	EN 10025-5—2004	0.96
		SMA400W	JIS G 3114—2008	0.94
9	Q235NHD	S235WD	ISO 630-5—2014	0.97
		S235J0W	EN 10025-5—2004	0.96
		S235J2W	EN 10025-5—2004	0.95
		SMA400W	JIS G 3114—2008	0.95
10	Q235NHE	S235J0W	EN 10025-5—2004	0.95
		SG245W1	ISO 630-5—2014	0.93
		S235J2W	EN 10025-5—2004	0.93
		SMA400W	JIS G 3114—2008	0.92
		S235W	ISO 630-5—2014	0.91
11	Q295NHB	Q295NH	GB/T 4171—2008	0.98
		WR-Fe480A	IS 11587—2001	0.98
		Grade C	ASTM A588/588M—2005	0.96
		09Г2С	ГОСТ 19281—1989	0.96
		SPA-C	JIS G 3125—2004	0.95
12	Q295NHC	Q295NH	GB/T 4171—2008	0.98
		WR-Fe480A	IS 11587—2001	0.97
		Grade C	ASTM A588/588M—2005	0.96
		09Г2С	ГОСТ 19281—1989	0.95
		SPA-C	JIS G 3125—2004	0.95
13	Q295NHD	Q295NH	GB/T 4171—2008	0.98
		WR-Fe480A	IS 11587—2001	0.98
		Grade C	ASTM A588/588M—2005	0.96
		09Г2С	ГОСТ 19281—1989	0.96
		SPA-C	JIS G 3125—2004	0.95
14	Q295NHE	Q295NH	GB/T 4171—2008	0.96
		Grade C	ASTM A588/588M—2005	0.96
		09Г2С	ГОСТ 19281—1989	0.95
		SPA-C	JIS G 3125—2004	0.93

序号	牌号	AI 对照		
		牌号	符合标准	匹配度
14	Q295NHE	WR-Fe480A	IS 11587—2001	0.93
15	Q295GNHB	Q295GNHB	GB/T 4171—2008	0.95
		SYW295	JIS A5523—2000	0.93
		C8Cu	IS 2831—2001	0.93
		A808	ASTM A808/A808M—2000	0.92
		S275J0	BS EN 10025-3—2004	0.91
16	Q295GNHC	Q295GNHC	GB/T 4171—2008	0.98
		SYW295	JIS A5523—2000	0.98
		C8Cu	IS 2831—2001	0.96
		A808	ASTM A808/A808M—2000	0.96
		S275J0	BS EN 10025-3—2004	0.95
17	Q295GNHD	Q295GNHD	GB/T 4171—2008	0.99
		SYW295	JIS A5523—2000	0.98
		C8Cu	IS 2831—2001	0.97
		A808	ASTM A808/A808M—2000	0.97
		S275J0	BS EN 10025-3—2004	0.97
18	Q295GNHE	Q295GNHD	GB/T 4171—2008	0.98
		SYW295	JIS A5523—2000	0.97
		C8Cu	IS 2831—2001	0.96
		A808	ASTM A808/A808M—2000	0.95
		S275J0	BS EN 10025-3—2004	0.95
19	Q355NHB	SMA490BW	CNS 4296—2002	0.98
		S355W	ISO 630-5—2014	0.98
		SMA490BW	JIS G 3114—2004	0.97
		WR-Fe480B	IS 11587—2001	0.97
		Grade K	ASTM A588/588M—2005	0.95
20	Q355NHC	S355WC	ISO 630-5—2014	0.98
		SG345W	ISO 630-5—2014	0.98
		S355J0W	EN 10025-5—2004	0.95
		Q355NHC	GB/T 4171—2008	0.95
		SMA490W	JIS G 3114—2008	0.93
21	Q355NHD	S355W	ISO 630-5—2014	0.98
		SG345W	ISO 630-5—2014	0.98
		S355J0W	EN 10025-5—2004	0.97

序号	牌号	AI 对照		
		牌号	符合标准	匹配度
21	Q355NHD	Q355NHD	GB/T 4171—2008	0.97
		SMA490W	JIS G 3114—2008	0.96
22	Q355NHE	SAP-H	JIS G 3125—2004	0.97
		Q355NH	GB/T 4171—2008	0.97
		S355J2WP	EN 10025-5—2004	0.96
		SMA490CW	JISC G 3114—2004	0.96
		WR-Fe500	IS 11587—2001	0.94
23	Q355GNHB	Q355GNHB	GB/T 4171—2008	0.98
		SPA-H	CNS 4620—1992	0.98
		S355WPD	ISO 630-5—2014	0.97
		HSA355W2	ISO 5952—2005	0.97
		A690	ASTM A690/A690M—2005	0.96
24	Q355GNHC	Q355GNHC	GB/T 4171—2008	0.96
		S355WPC	ISO 4952—2006（E）	0.96
		SPA-H	JIS G 3125—2004	0.94
		Type Ⅰ	ASTM A242/A242M—2004	0.93
		A690	ASTM A690/A690M—2005	0.91
25	Q355GNHD	SPA-H	CNS 4620—1992	0.96
		S355WP	ISO 630-5—2014	0.96
		SPA-H	JIS G 3114—2004	0.95
		S355J0WP	EN 10025-5—2004	0.93
		A690	ASTM A690/A690M—2005	0.93
26	Q355GNHE	SPA-H	CNS 4620—1992	0.97
		S355WP	ISO 630-5—2014	0.97
		SPA-H	JIS G 3114—2004	0.96
		S355J0WP	EN 10025-5—2004	0.96
		A690	ASTM A690/A690M—2005	0.94
27	Q415NHC	S415WC	ISO 4592—2006（E）	0.98
		S420NL	DIN EN 10025-3—2004	0.98
		S420NL	NF EN 10028-2—2003	0.96
		Type Ⅱ Grade 60	ASTM A871/871M—2003	0.96
		Type Ⅲ Grade 60	ASTM A871/871M—2003	0.95
28	Q415NHD	S420NL	DIN EN 10025-3—2004	0.96
		S420NL	BS EN 10025-3—2004	0.96

续表

序号	牌号	AI 对照		
		牌号	符合标准	匹配度
28	Q415NHD	Type Ⅱ Grade 60	ASTM A871/871M—2003	0.94
		Type Ⅲ Grade 60	ASTM A871/871M—2003	0.93
		S415W	ISO 4592—2006（E）	0.91
29	Q415NHE	S420NL	DIN EN 10025-3—2004	0.98
		S420NL	BS EN 10025-3—2004	0.98
		Type Ⅱ Grade 60	ASTM A871/871M—2003	0.96
		Type Ⅲ Grade 60	ASTM A871/871M—2003	0.96
		S415W	ISO 4592—2006（E）	0.95
30	Q460NHC	Q460NH	GB/T 4171—2008	0.98
		SMA570W	CNS 4296—2002	0.98
		SM570W	JIS G 3114—2004	0.95
		Type Ⅳ Grade 65	ASTM A871/871M—2003	0.95
		S460WC	ISO 630-5—2014	0.93
31	Q460NHD	SMA570W	CNS 4296—2002	0.96
		S460NL	DIN EN 10025-3—2004	0.96
		Q460NH	GB/T 4171—2008	0.94
		SMA570W	JIS G 3114—2004	0.94
		Type Ⅳ Grade 65	ASTM A871/871M—2003	0.92
32	Q460NHE	SMA570W	CNS 4296—2002	0.97
		S460NL	DIN EN 10025-3—2004	0.97
		Q460NH	GB/T 4171—2008	0.94
		SMA570W	JIS G 3114—2004	0.94
		Type Ⅳ Grade 65	ASTM A871/871M—2003	0.92
33	Q500NHC	Q500NHLWC	GB/T 33162—2016	0.99
		SG500W	ISO 630-5—2014	0.98
		Q500NHC	Q/1100RGG 001—2015（中国日钢）	0.97
		Q500NHC	Q/371100BHC P01—2016（中国日照宝华）	0.97
		Q500MC	GB/T 1591—2018	0.97
34	Q500NHD	Q500NHLWC	GB/T 33162—2016	0.96
		SG500W	ISO 630-5—2014	0.96
		Q500NHC	Q/1100RGG 001—2015（中国日钢）	0.94
		Q500NHC	Q/371100BHC P01—2016（中国日照宝华）	0.94
		Q500MC	GB/T 1591—2018	0.92

序号	牌号	AI 对照		
		牌号	符合标准	匹配度
35	Q500NHE	Q500NHLWD	GB/T 33162—2016	0.98
		SG500W	ISO 630-5—2014	0.98
		Q500NHD	Q/1100RGG 001—2015（中国日钢）	0.96
		Q500NHD	Q/371100BHC P01—2016（中国日照宝华）	0.96
		Q500MC	GB/T 1591—2018	0.94
36	Q550NHC	Q550NH	GB/T 4171—2008	0.97
		Q550NHLWC	GB/T 33162—2016	0.97
		Q550NHC	Q/1100RGG 001—2015（中国日钢）	0.94
		Q550NQR1	YB/T 4752—2019	0.94
		Q550NHC	Q/371100BHC P01—2016（中国日照宝华）	0.92
37	Q550NHD	Q550NH	GB/T 4171—2008	0.99
		Q550NHLWC	GB/T 33162—2016	0.98
		Q550NHC	Q/1100RGG 001—2015（中国日钢）	0.97
		Q550NQR1	YB/T 4752—2019	0.97
		Q550NHC	Q/371100BHC P01—2016（中国日照宝华）	0.97
38	Q550NHE	Q550NH	GB/T 4171—2008	0.96
		Q550NHLWD	GB/T 33162—2016	0.96
		Q550NHD	Q/1100RGG 001—2015（中国日钢）	0.95
		Q550NQR1	YB/T 4752—2019	0.94
		Q550NHD	Q/371100BHC P01—2016（中国日照宝华）	0.94
39	Q550NHF	Q550NH	GB/T 4171—2008	0.97
		Q550NHLWC	GB/T 33162—2016	0.97
		Q550NHA	Q/1100RGG 001—2015（中国日钢）	0.96
		Q550NQR1	YB/T 4752—2019	0.95
		Q550NHA	Q/371100BHC P01—2016（中国日照宝华）	0.95
40	Q355WD1	S355J2W	PN EN 10155—1997	0.98
		Q355NHD	GB/T 4171—2008	0.98
		Q355GNHD	GB/T 4171—2008	0.97
		S355WD1	ISO 630-5—2014	0.97
		SMA490W	JIS G 3114—2008	0.96

二、铁道车辆耐大气腐蚀钢

铁道车辆用耐大气腐蚀钢化学成分及力学性能见表 2-26，钢材匹配对照见表 2-27。

表2-26 铁道车辆用耐大气腐蚀钢化学成分及力学性能（TB/T 1979-2014）

序号	牌号	化学成分（质量分数）/%											力学性能					
		C	Mn	Si	S	P	Cr	Ni	V	Ti	Cu	RE	屈服强度 R_{eL}/MPa	抗拉强度 R_m/MPa	板材屈强比 R_{eL}/R_m	断后伸长率 A/%	冲击温度/℃	冲击功吸收能量 KV_2/J
1	Q295NQR2	≤0.12	0.20~0.50	0.10~0.40	≤0.020	0.060~0.12	0.30~0.65	0.25~0.50	—	—	0.25~0.50	—	≥295	≥435		≥24	-40	≥27
2	Q295NQR3	≤0.12	0.25~0.55	≤0.20~0.40	≤0.020	0.060~0.12	—	—	—	≤0.030	0.25~0.50	0.010~0.040	≥295	≥390	≤0.75	≥24	-40	≥27
3	Q345NQR2	≤0.12	0.20~0.50	0.25~0.75	≤0.020	0.060~0.12	0.30~1.25	0.12~0.65	—	—	0.25~0.50	—	≥345	≥480		≥24	-40	≥27
4	Q345NQR3	≤0.12	0.25~0.70	0.20~0.50	≤0.020	0.060~0.12	—	—	—	≤0.030	0.25~0.50	0.010~0.040	≥345	≥480		≥24	-40	≥27
5	Q345NQR4	≤0.12	0.20~0.50	0.20~0.40	≤0.020	0.060~0.12	—	—	0.020~0.080	—	0.25~0.50	0.010~0.040	≥345	≥480		≥24	-40	≥27
6	Q350EWR1	≤0.07	≤1.10	≤0.50	≤0.010	≤0.020	3.00~5.50	0.10~0.65	—	—	0.30~0.55	—	≥350	490~690	≤0.80	≥22	-40	≥60
7	Q400NQR1	≤0.12	≤1.10	≤0.75	≤0.008	≤0.025	0.30~1.25	0.12~0.65	—	—	0.20~0.55	—	≥400	≥500	—	≥24	-40	≥60
8	Q450NQR1	≤0.12	≤1.50	≤0.75	≤0.008	≤0.025	0.30~1.25	0.12~0.65	—	—	0.20~0.55	—	≥450	≥550	—	≥22	-40	≥60
9	Q450EWR1	≤0.07	≤1.50	≤0.50	≤0.010	≤0.020	3.00~5.50	0.10~0.65	—	—	0.30~0.55	—	≥450	550~750	—	≥20	-40	≥60
10	Q500NQR1	≤0.12	≤2.00	≤0.75	≤0.008	≤0.020	0.30~1.25	0.12~0.65	—	—	0.20~0.55	—	≥500	≥600	—	≥18	-40	≥60
11	Q550NQR1	≤0.16	≤2.00	≤0.75	≤0.008	≤0.025	0.30~1.25	0.12~0.65	—	—	0.20~0.55	—	≥550	≥600	—	≥18	-40	≥60
12	Q265NQL2	≤0.12	0.20~0.50	0.10~0.40	≤0.020	0.060~0.12	0.30~0.65	0.25~0.50	—	—	0.25~0.45	—	≥265	≥405		≥27	-40	—
13	Q310NQL2	≤0.12	0.20~0.50	0.25~0.75	≤0.020	0.060~0.12	0.30~1.25	0.12~0.65	—	—	0.25~0.50	—	≥310	≥440	≤0.75	≥26	-40	—
14	Q310NQL3	≤0.12	0.25~0.55	0.20~0.40	≤0.020	0.060~0.12	—	—	—	≤0.030	0.25~0.50	0.010~0.040	≥310	≥440		≥26	-40	—

表 2-27　铁道车辆用耐大气腐蚀钢（TB/T 1979—2014）钢材匹配对照

序号	牌号	AI 对照		
		牌号	符合标准	匹配度
1	Q295NQR2	Q295GNHL	GB/T 4171—2000	0.93
		Q295GNHC	Q/371100BHC P01—2016	0.91
2	Q295NQR3	09CuPTiRE	GGJX 003—2016	0.93
		09CuPTiRE-A（Q295GNH）	Q/ASB 274—2005	0.90
3	Q310NQL2	Q310GNHLJ	GB/T 18982—2003	0.96
		B400NQ	BZJ 464—2014	0.90
4	Q310NQL3	Q310GNHLJ	GB/T 18982—2003	0.96
		B400NQ	BZJ 464—2014	0.90
5	Q345NQR2	Q345NQR2	YB/T 4752—2019	0.98
		HW350	AS/NZS 1594—2002	0.92
		Q345GNHL	GB/T 4171—2000	0.91
		Q355GNHB	Q/371100BHC P01—2016	0.88
6	Q345NQR3	Q345NQR3	YB/T 4752—2019	0.98
		09CuPTiRe-B	GGJX 035—2008	0.96
7	Q345NQR4	Q345NQR3	YB/T 4752—2019	0.98
		08CuPVRe	GGJX 035—2008	0.95
8	Q400NQR1	Q400NQR1	Q/BQB 340—2018	0.94
		Q390TNH	GB/T 36130—2018	0.92
9	Q450NQR1	Q450NQR1	Q/BQB 340—2018	0.94
		Q460NH	GB/T 4171—2008	0.92
10	Q500NQR1	Q500NQR1	YB/T 4752—2019	0.98
		Q500NQR1	Q/BQB 340—2018	0.94
		Q500NH	GB/T 4171—2008	0.92
11	Q550NQR1	Q550NQR1	YB/T 4752—2019	0.98
		Q550NQR1	Q/BQB 340—2018	0.94
		Q550NH	GB/T 4171—2008	0.92

三、耐硫化氢腐蚀钢

　　临氢设备用铬钼合金钢钢板化学成分及力学性能见表 2-28，钢材匹配对照见表 2-29。

表 2-28 临氢设备用铬钼合金钢钢板化学成分及力学性能（GB/T 35012—2018）

序号	牌号	化学成分（质量分数）/%													力学性能					
		C	Mn	Si	S	P	Cr	Ni	V	Ti	Cu	Nb	气体元素	其他	屈服强度 R_{eL}/MPa	抗拉强度 R_m/MPa	断后伸长率 A/%	断面收缩率 Z/%	冲击温度/℃	冲击吸收能量 KV_2/J
1	15CrMoR (H)	0.08~0.18	0.40~0.70	0.15~0.40	≤0.007	≤0.010	0.80~1.20	≤0.20	—	—	≤0.20	—		—	≥295	450~590	≥20	≥45	−10	55
2	14Cr1MoR (H)	0.05~0.17	0.40~0.65	0.50~0.80	≤0.007	≤0.010	1.15~1.50	≤0.20	—	—	≤0.20	—		—	≥310	520~680	≥20	≥45	−20	55
3	12Cr2Mo1R (H)	0.08~0.15	0.30~0.60	≤0.15	≤0.007	≤0.010	2.00~2.50	≤0.20	—	—	≤0.20	—	H≤0.0002 O≤0.0025 N≤0.0080	—	310~620	520~680	≥19	≥45	−30	55
4	12CR2Mo1VR (H)	0.11~0.15	0.30~0.60	≤0.10	≤0.005	≤0.010	2.00~2.50	≤0.25	0.25~0.35	≤0.030	≤0.20	≤0.07		B≤0.0020 Ca≤0.015 As≤0.010 Sn≤0.010 Sb≤0.003	415~620	590~760	≥18	≥45	−30	55

表 2-29　临氢设备用铬钼合金钢钢板（GB/T 35012—2018）钢材匹配对照

序号	牌号	AI 对照		
		牌号	符合标准	匹配度
1	15CrMoR（H）	15CrMoR	GB 713—2014	0.96
		A387 Gr.12 Cl.2	ASTM A387/A387M—2011	0.95
		SCMV2 Cl.2	CNS 10716 G3213—1995	0.95
		12ХЬ	ГОСТ 5520—1979	0.94
		13CrMo4-5	ISO 9328-2—2004	0.92
2	14Cr1MoR（H）	14Cr1MoR	GB 713—2014	0.96
		13CrMoSi5-5	EN 10028-2—2003	0.95
3	12Cr2Mo1R（H）	12Cr2Mo1R	GB 713—2014	0.96
		A542 Type D Cl.4	ASTM A542/A542M—1999	0.90
4	12Cr2Mo1VR（H）	12Cr2Mo1VR	GB 713—2014	0.96
		A542 Type D Cl.3	ASTM A542/A542M—1999	0.94
		13CrMoV9-10	ISO 9328-2—2004	0.92
		13CrMoV9-10	EN 10028-2—2009	0.92

第七节　不锈钢国内外牌号对照

不锈钢是以不锈、耐蚀性为主要特性，且含 Cr 量至少为 10.5%，含 C 量不超过 1.2%的钢。不锈钢中主要添加的元素有 Cr、Ni、Mo、N 等。Cr 是形成不锈钢钝化膜的必要元素，其他元素会影响 Cr 的作用，但不会单独产生类似 Cr 的作用。当 Cr 含量为 10.5%时，可观察到钝化膜的形成，此时，这层膜作用很弱，只能在大气环境下进行保护。当 Cr 含量增加到 17%～20%时，是典型的奥氏体不锈钢；当 Cr 含量为 26%～29%时，变为铁素体不锈钢。随着 Cr 含量的增多，钝化膜的稳定性提高。但是，随着 Cr 含量的增高，材料的力学性能、可加工性、焊接性等下降。所以，通常需要添加其他合金元素来提高耐腐蚀性。Ni 能够稳定奥氏体组织，提高力学性能和可加工性。Ni 有利于耐矿物酸腐蚀，当 Ni 含量提高至 8%～10%时，抗应力腐蚀开裂能力下降，但随着 Ni 含量的进一步增加，抗应力腐蚀能力又恢复。在大多数应用环境中，当 Ni 含量达到 30%时，可获得满意的抗应力腐蚀能力。当 Mo 和 Cr 共同作用时，可使钝化膜在含氯化物环境更加稳定，Mo 能提高抗点蚀和缝隙腐蚀能力。N 是有利于形成奥氏体不锈钢的元素，可以提高抗点蚀能力，延缓σ相的形成，并提高强度。在新型双相钢中，N 是提高奥氏体含量的必要元素，又能减少 Cr 和 Mo 偏析，提高钢的耐腐蚀性。N 对铁素体级别钢的力学性能不利。

不锈钢按照钢的组织结构和强化的析出相可划分为奥氏体不锈钢、双相不锈钢、铁素体不锈钢、马氏体不锈钢和沉淀硬化不锈钢五个类型，每种类型的力学性能和抗腐蚀性能都有各自的特点。

1. 奥氏体不锈钢

它的基体以奥氏体组织为主，无磁性，主要通过冷加工使其强化，并可能导致一定的磁性。按照奥氏体化元素的不同，可将其分为铬镍系（3XX 系）和铬锰系（2XX 系）两大类。铬镍系以 Ni 为主要奥氏体化元素，Ni 含量至少要在 8%以上，最高可达 30%。为保证钢的不锈性和耐蚀性，Cr 含量一般不低于 17%。铬锰系奥氏体不锈钢以 Mn 为主要奥氏体化元素，但是 Mn 的奥氏体化能力比 Ni 低得多（仅为 Ni 的一半左右），而且在含 Cr 量超过 15%的钢中，仅依靠加入 Mn 是不能使钢完全奥氏体化的。因此，该系不锈钢中通常都含有足够数量的 N，有的还得保留适量的 Ni，故该系实际上成为了铬锰氮系或铬锰镍氮系的奥氏体不锈钢。

奥氏体的屈服强度较低，延展性很好，加工硬化速度快，韧性好，易于加工。奥氏体不锈钢的这些优点，使其成为最广泛使用的不锈钢，特别是 304 型不锈钢。Mo 能够提高耐腐蚀性，N 可以稳定奥氏体相，N 的应用可使 Mo 的加入量达到 6%，从而改善在氯化物环境中的耐腐蚀性。

焊接或长期暴露于高温环境时，Cr 的碳化物容易在晶界析出，导致这些碳化物周围贫铬，产生晶间腐蚀。通过降低 C 含量或加入碳稳定化元素 Ti 和 Nb，可大大减少或防止晶间腐蚀倾向，例如 321 和 347 钢。但是，常见的不锈钢，例如 304 和 316，对氯化物环境的应力腐蚀开裂比较敏感，而一些高镍、高钼牌号，在大多数工程应用中，可获得满意的抗应力腐蚀开裂能力。

（1）铬镍奥氏体不锈钢

其基础牌号是 18-8 不锈钢，它是奥氏体不锈钢的主体，钢中 Cr、Ni 含量分别为 18% 和 8%，在氧化性介质中耐蚀性优良。为了提高在各种不同使用条件下及较强腐蚀环境中的耐蚀性能，这类钢的合金成分在两个方面作了发展和改进：一是提高 Cr、Ni 含量，Cr 可提高到 25%以上，Ni 可高达 30%左右；二是向钢中添加 Mo、Cu、Si、N、Ti 和 Nb 等合金元素。钢的含碳量都比较低，通常低于 0.08%，且有越来越多的牌号已达到超低碳（C≤0.03%），甚至更低的水平（C≤0.02%）。

最常用的钢种及其代表性牌号有以下几种。

① 基础钢种：00Cr18Ni9、022Cr19Ni10。

② 用 Ti、Nb 稳定化的钢：1Cr18Ni9Ti、06Cr18Ni11Nb。

③ 提高 Cr、Ni 含量的钢：06Cr23Ni13、06Cr25Ni20、0Cr18Ni35Si。

④ 用 Mo、Cu 合金化的钢：06Cr17Ni12Mo2、0Cr18Ni10Cu3、022Cr18Ni14Mo2Cu2、00Cr20Ni29Mo2Cu3Nb。

⑤ 高 Si 或含 N 的钢：06Cr18Ni13Si4、06Cr19Ni10N、022Cr17Ni12Mo2N 等。

（2）铬锰奥氏体不锈钢

Mn 是维持奥氏体基体的合金元素，其含量为 5%～18%；Cr 的含量多在 17%以上，最高可达 22%，以保证其不锈性和耐蚀性。N 的奥氏体化能力是 Ni 的 30 倍，其含量一般在 0.2%以上，有时可达 0.5%～0.6%。普通的铬锰氮钢只耐氧化性介质的腐蚀，向钢中加入 Mo、Cu 等元素后，可提高钢在多种非氧化性腐蚀环境中的耐蚀性；有时也加入少量 Nb 或 V（<1%），以改善耐晶间腐蚀性能。常用的牌号有以下几种。

① 铬锰氮钢：0Cr18Mn15N。

② 铬锰镍氮钢：0Cr18Ni3Mn13N、0Cr21Ni6Mn9N。

③ 含钼或铜的铬锰系钢：0Cr18Mn13Mo2N、0Cr18Ni5Mn10Mo3N、0Cr17Ni5Mn6Cu、0Cr17Ni6Mn6MoCu2 等。

近年来又开发了高钼（Mo 含量约 6%）、加氮（N 含量约 0.20%～0.40%）的铬镍奥氏体不锈钢，通常称为超级奥氏体不锈钢。除了在还原性介质中具有优异的耐蚀性外，也具有好的抗应力腐蚀、点腐蚀和缝隙腐蚀能力，其代表性的钢号有：含碳量<0.020%的00Cr20Ni18Mo6N、00Cr24Ni22Mo6N、015Cr21Ni26Mo5Cu2 以及 Avesta 254SMO（6%Mo）、654SMO（7%Mo）等钢。

2. 双相不锈钢

双相不锈钢中铁素体和奥氏体含量大约相等，兼具两相的优点，既有较高的强度和耐氯化物应力腐蚀性能，又有优良的韧性和焊接性能。典型的双相不锈钢有 2205、2304、2507 等，广泛应用于石油、化工、造船、造纸、海水淡化、核电、桥梁、建筑等领域，尤其在含氯的介质中应用更为广泛。按照钢中主体元素分类，双相不锈钢可分为 Cr-Ni 系和 Cr-Mn-N 系两个类型，但得到广泛应用的是 Cr-Ni 系双相不锈钢。为了得到恰当的两相比例，Cr-Ni 系不锈钢中 Cr 的含量较高，Ni 的含量低，甚至很低。为得到更为理想的耐蚀性能，还在钢中加入 Mo、N、Cu、W、Nb、Ti 等元素。根据 Cr 含量的高低，通常划分为 18Cr 型、22Cr 型和 25Cr 型三类，各类型中镍的含量均在 5%～7%。双相不锈钢具有优良的耐孔蚀性能，孔蚀抗力当量值 PRE（PRE（%）=（Cr）+3.3（Mo）+16W（N））越大，抗腐蚀性能越好。18Cr 型（18Cr-5Ni-3Mo）和 22Cr 型（22Cr-5Ni-3Mo）的 PRE=29～36；25Cr 型（25Cr-5Ni-3Mo）的 PRE=32～40；超级 25Cr 型（25Cr-7Ni-4Mo-0.3N）的 PRE>40。

双相不锈钢已发展了三代，第一代双相钢，如 329，通过增加 Ni 含量来平衡两相数量，在退火态具有优异的性能。但在焊态下，Cr 和 Mo 发生偏析，使耐腐蚀性下降。第二代双相钢通过加入 N 来维持两相平衡，可以降低 Cr 和 Mo 的偏析，典型的代表钢种是瑞典的 SAF2205。第三代双相钢具有强度高、韧性好、耐腐蚀性好、耐氯化物应力腐蚀开裂能力强等优点，代表性钢种如 00Cr22Ni5Mo3N。第一代以美国的 329 钢为代表，因含碳量较高（C≤0.1%），焊接时失去相的平衡及沿晶界析出碳化物，导致耐蚀性和韧性下降，焊后必须经过热处理，应用受到限制。随着二次精炼技术 AOD 和 VOD 等方法的出现，可以较容易地炼出超低碳（C≤0.03%）的钢；同时发现氮作为奥氏体形成元素对双相不锈钢有重要作用，在焊接热影响区快速冷却时，氮促进了高温下形成的铁素体逆转变为足够数量的二次奥氏体，以维持必要的相平衡，提高了焊接接头的耐蚀性，从而开发了第二代新型含氮双相不锈钢。20 世纪 80 年代后期发展的超级双相不锈钢，属于第三代，它的特点是含碳量更低（C=0.01%～0.02%），含钼量高（Mo≈4%），含氮量高（约 0.3%），钢中铁素体含量达 40%～45%。常用的双相不锈钢牌号有：022Cr19Ni5Mo3Si2N、00Cr22Ni5Mo3N、00Cr25Ni6Mo2N、0Cr26Ni5Mo2 等。

3. 铁素体不锈钢

铁素体不锈钢的基体以铁素体组织为主，有磁性，一般不能通过热处理硬化，但冷加工可使其轻微强化。钢中不含 Ni，含铬量为 11%～30%，有的还含少量的 Mo、Ti 或 Nb 等元素，具有良好的抗氧化性、耐蚀性和耐氯化物腐蚀断裂性能。按照 Cr 的含量可分为低铬、中铬和高铬三个类别，其中，低铬铁素体不锈钢的含铬量为 11%～14%，如 022Cr12、06Cr13Al 等，具有良好的韧性、塑性、冷加工变形性和焊接性能；中铬铁素体不锈钢的含铬量为 14%～18%，如 10Cr17、10Cr17Mo 等，具有较好的耐蚀性和耐锈性；高铬铁素体不锈钢的含铬量为 18%～30%，如 Cr18Si、Cr25 等，具有良好的抗氧化性，可在 980℃ 高温下连续使用。高铬铁素体钢在 400～500℃ 保温时，将引起强烈脆化，由于在 475℃ 下脆化速度最快，故称 475℃ 脆化。脆化程度随含铬量的增加而增高，但在 600℃ 以上热处理可以恢复韧性。另外，在 500～800℃ 保温时，含铬量高的合金会形成 σ 相，显著降低钢的塑性和韧性。

根据钢的纯净度，特别是 C、N 杂质含量，又可分为普通型和高纯型。普通型铁素体不锈钢具有低温和室温脆性，缺口敏感性和晶间腐蚀倾向较高，焊接性较差等缺点。高纯型铁素体不锈钢具有极低含量的 C 和 N，含铬量高，又含有 Mo、Ti、Nb 等元素，具有良好的力学性能（特别是韧性）、焊接性能、耐晶间腐蚀性能，可耐点蚀和缝隙腐蚀，具有优异的耐应力腐蚀断裂性能。如 00Cr17Mo、019Cr19Mo2NbTi、00Cr26Mo1、008Cr30Mo2 等。

Cr 是铁素体稳定化元素，Cr 含量越高，铁素体结构越稳定。铁素体是体心立方结构，具有磁性，屈服强度比较高，但塑性较低，加工硬化能力差。铁素体对 C 和 N 等间隙元素的溶解度很低，韧-脆转变温度窄。在焊接或较高温度环境下，普通铁素体不锈钢容易发生晶间腐蚀，应用受限，例如 446 钢仅限于抗氧化用途，430 钢和 434 钢可用于汽车装饰件。加入 Ti 和 Nb 等高活性稳定剂可进一步降低 C、N 含量，这种高纯铁素体不锈钢一般 Cr、Mo 含量更高，耐腐蚀性好，特别是抗氯化物应力腐蚀开裂能力强，韧性和可焊性更好，可用于高温环境，例如 00Cr17Mo、019Cr19Mo2NbTi、00Cr26Mo1、008Cr30Mo2 等。铁素体不锈钢发展的另一个方向是低合金系统，例如 409 钢，主要用于汽车消声器、催化转化器和排气系统。

4. 马氏体不锈钢

马氏体不锈钢的基体为马氏体组织，有磁性，通过热处理可以调整其力学性能。钢中含 Cr 11.5%～18%，含 C 0.08%～1.2%，其他合金元素小于 2%～3%，常用的钢号有 06Cr13、12Cr13、20Cr13、14Cr17Ni2 等。它们在高温下呈奥氏体存在，经过适当冷却，至室温后转变为马氏体组织，钢中常含有一定量的残余奥氏体、铁素体或珠光体。马氏体不锈钢的特点是具有较高的硬度、强度、耐磨性，良好的抗疲劳性能及一定的耐蚀性能。通过添加 N、Ni、Mo，降低 C 含量，可提高马氏体不锈钢的韧性和耐腐蚀性能。

20 世纪 50 年代，为改善马氏体不锈钢的焊接性能，将钢的含碳量降至 0.07% 以下，而为了获得马氏体相变的可能性再加入一定量的 Ni，从而形成了一个新的系列。随着精炼技术的发展，可将钢中 C 的量降至 0.03% 以下，并根据需要优化钢的成分，形成了超级马氏体不锈钢系列，如 00Cr13Ni2Mo、00Cr13Ni5Mo 等。

5. 沉淀硬化不锈钢

沉淀硬化不锈钢是 Cr-Ni 型不锈钢，可以通过时效处理硬化，其组织结构可以是奥氏体、半奥氏体或马氏体。加入 Cu 和 Al 在时效处理时可形成金属间析出物，提高强度。在

480～620℃保温较短时间就可产生硬化。

沉淀硬化不锈钢是基体为奥氏体或马氏体组织，并能通过沉淀硬化（又称时效硬化）处理，使其硬（强）化的不锈钢，简称 PH 钢。沉淀硬化元素有 Cu、Mo、Al、Ti、Nb 等，此类钢有高的强度、足够的韧性和适宜的耐蚀性，主要用于宇航工业和高技术产业。根据钢的组织可分为如下三类。

（1）马氏体沉淀硬化不锈钢

钢中 C 的含量为 0.05%～0.10%，以保证较好的强韧性、焊接性和耐蚀性。Cr 的含量在13%～17%，以保证足够的不锈性和耐蚀性；还要求有合适的铬镍当量配比，以便使钢中δ铁素体的含量处于最低水平（一般≤5%）。再添加适量的沉淀硬化元素如 Cu、Mo、Nb、Ti 等，以使形成ε富铜相和 NiTi 相等进行强化。应用较广泛的牌号有：05Cr17Ni4Cu4Nb、0Cr13Ni8Mo2Al等。其热处理包括固溶处理和沉淀硬化处理（480～630℃，保温 1h，空冷），有的还要增加冷处理工序。马氏体沉淀硬化不锈钢，普遍用于制造阀门、齿轮、花键和轴等。

（2）半奥氏体沉淀硬化不锈钢

钢中 C 的含量在 0.1%左右，Cr 的含量在 14%以上，要求有合适的铬镍当量配比，还要含有适量的沉淀硬化元素。应用较广泛的牌号有：07Cr17Ni7Al、07Cr15Ni7Mo2Al等。这类钢的热处理较复杂，固溶处理（生成奥氏体）后必须进行调整处理（碳化物析出过程），有的还要冷处理，以生成马氏体，最后进行时效处理，时效温度为 455～565℃，保温 1～3h。较高的时效温度可提高钢的韧性，但强度相应下降。半奥氏体沉淀硬化不锈钢用于压力容器、飞机机架和外科手术器械等。

（3）奥氏体沉淀硬化不锈钢

通过选择合适的铬镍当量配比，使钢形成非常稳定的奥氏体组织；为弥补奥氏体强度的不足，通过加入 Al、Ti 以形成 Ni3Al、Ni3Ti 等强化相，或加入 P，以形成 $M_{23}(C+P)_6$ 而进行强化。代表性的牌号有 06Cr15Ni25Ti2MoAlVB（A-286）、06Cr17Ni10P（17-10P）等。此类钢的热处理是在固溶处理后再施以时效处理，可在 480～510℃进行时效，保温1～4h。奥氏体沉淀硬化不锈钢用于制造喷气发动机骨架、导弹部件及汽轮机叶片等。譬如空间飞船的发动机大量使用奥氏体沉淀硬化不锈钢 A-286，也叫 660 钢。

高强度不锈钢因其具有优异的强韧性匹配及耐蚀性，在航空航天、海洋工程及能源等领域得到了广泛的应用，例如飞机的主承力构件、卫星陀螺仪、飞船外壳等。我国从 20 世纪 70 年代开始高强度不锈钢的研制，典型的牌号有：00Cr13Ni8Mo2NbTi、00Cr12Ni8Cu2AlNb、00Cr10Ni10Mo2Ti1 等。高强度不锈钢典型室温组织是：细小的板条马氏体基体，适量的残余奥氏体以及弥散分布的沉淀强化相。板条马氏体位错密度高，强度高。残余奥氏体可以缓解裂纹尖端应力集中而提高材料韧性。沉淀强化相可分为三类，碳化物（MC、M2C）、金属间化合物（Ni3Al、Ni3Ti）、元素富集相（ε相、α'相），强化作用取决于沉淀相的本质、尺寸、密度、体积分数及空间分布情况等。我国自主研发的 Cr-Ni-Co-Mo 合金体系的超高强度不锈钢 USS122G，其强度超过 1900MPa，目前该材料已经突破了直径 300mm 大规格棒材制备的关键技术，在航空航天装备制造领域具有广泛的应用前景。

不锈钢热轧钢板和钢带化学成分及力学性能见表 2-30，钢材匹配对照见表 2-31。

表2-30 不锈钢热轧钢板和钢带化学成分及力学性能（GB/T 4237—2015）

序号	统一数字代号	牌号	化学成分（质量分数）/%											力学性能		
			C	Si	Mn	P	S	Ni	Cr	Mo	Cu	N	其他	屈服强度 $R_{p0.2}$/MPa	抗拉强度 R_m/MPa	断后伸长率 A/%
1	S30103	022Cr17Ni7	≤0.03	≤1	≤2	≤0.045	≤0.03	6~8	16~18	—	—	≤0.20	—	≥220	≥550	≥45
2	S30110	12Cr17Ni7	≤0.15	≤1	≤2	≤0.045	≤0.03	6~8	16~18	—	—	≤0.10	—	≥205	≥515	≥40
3	S30153	022Cr17Ni7N	≤0.03	≤1	≤2	≤0.045	≤0.03	6~8	16~18	—	—	0.07~0.2	—	≥240	≥550	≥45
4	S30210	12Cr18Ni9	≤0.15	≤0.75	≤2	≤0.045	≤0.03	8~10	17~19	—	—	≤0.1	—	≥205	≥515	≥40
5	S30240	12Cr18Ni9Si3	≤0.15	2~3	≤2	≤0.045	≤0.03	8~10	17~19	—	—	≤0.1	—	≥205	≥515	≥40
6	S30403	022Cr19Ni10	≤0.03	≤0.75	≤2	≤0.045	≤0.03	8~12	17.5~19.5	—	—	≤0.1	—	≥205	≥515	≥40
7	S30408	06Cr19Ni10	≤0.07	≤0.75	≤2	≤0.045	≤0.03	8~10.5	17.5~19.5	—	—	≤0.1	—	≥240	≥550	≥30
8	S30409	07Cr19Ni10	0.04~0.1	≤0.75	≤0.8	≤0.045	≤0.03	8~10.5	18~20	—	—	—	—	≥205	≥515	≥40
9	S30450	05Cr19Ni10Si2CeN	0.04~0.06	1~2	≤2	≤0.045	≤0.03	9~10	18~19	—	—	0.12~0.18	Ce: 0.03~0.08	≥290	≥600	≥40
10	S30453	022Cr19Ni10N	≤0.03	≤0.75	≤2	≤0.045	≤0.03	8~12	18~20	—	—	0.1~0.16	—	≥205	≥515	≥40
11	S30458	06Cr19Ni10N	≤0.08	≤0.75	≤2	≤0.045	≤0.03	8~10.5	18~20	—	—	0.1~0.16	—	≥240	≥550	≥30
12	S30478	06Cr19Ni9NbN	≤0.08	≤1	≤2.5	≤0.045	≤0.03	7.5~10.5	18~20	—	—	0.15~0.3	Nb: 0.15	≥275	≥585	≥30
13	S30510	10Cr18Ni12	≤0.12	≤0.75	≤2	≤0.045	≤0.03	10.5~13	17~19	—	—	—	—	≥170	≥485	≥40

续表

序号	统一数字代号	牌号	化学成分（质量分数）/%											力学性能		
			C	Si	Mn	P	S	Ni	Cr	Mo	Cu	N	其他	屈服强度 $R_{p0.2}$/MPa	抗拉强度 R_m/MPa	断后伸长率 A/%
14	S30859	08Cr21Ni11Si2CeN	0.05~0.1	1.4~2	≤0.8	≤0.04	≤0.03	10~12	20~22	—	—	0.14~0.2	Ce: 0.03~0.08	≥310	≥600	≥40
15	S30908	06Cr23Ni13	≤0.08	≤0.75	≤2	≤0.045	≤0.03	12~15	22~24	—	—	—	—	≥205	≥515	≥40
16	S31008	06Cr25Ni20	≤0.08	≤1.5	≤2	≤0.045	≤0.03	19~22	24~26	—	—	—	—	≥205	≥515	≥40
17	S31053	022Cr25Ni22Mo2N	≤0.02	≤0.5	≤2	≤0.03	≤0.01	20.5~23.5	24~26	1.6~2.6	—	0.09~0.15	—	≥270	≥580	≥25
18	S31252	015Cr20Ni18Mo6CuN	≤0.02	≤0.8	≤1	≤0.03	≤0.01	17.5~18.5	19.5~20.5	6~6.5	0.5~1	0.18~0.25	—	≥310	≥655	≥35
19	S31603	022Cr17Ni12Mo2	≤0.03	≤0.75	≤2	≤0.045	≤0.03	10~14	16~18	2~3	—	≤0.1	—	≥180	≥485	≥40
20	S31608	06Cr17Ni12Mo2	≤0.08	≤0.75	≤2	≤0.045	≤0.03	10~14	16~18	2~3	—	≤0.1	—	≥205	≥515	≥40
21	S31609	07Cr17Ni12Mo2	0.04~0.1	≤0.75	≤2	≤0.045	≤0.03	10~14	16~18	2~3	—	—	—	≥205	≥515	≥40
22	S31653	022Cr17Ni12Mo2N	≤0.03	≤0.75	≤2	≤0.045	≤0.03	10~14	16~18	2~3	—	0.1~0.16	—	≥205	≥515	≥40
23	S31658	06Cr17Ni12Mo2N	≤0.08	≤0.75	≤2	≤0.045	≤0.03	10~14	16~18	2~3	—	0.1~0.16	—	≥240	≥550	≥35
24	S31668	06Cr17Ni12Mo2Ti	≤0.08	≤0.75	≤2	≤0.045	≤0.03	10~14	16~18	2~3	—	—	Ti>5×C	≥205	≥515	≥40
25	S31678	06Cr17Ni12Mo2Nb	≤0.08	≤0.75	≤2	≤0.045	≤0.03	10~14	16~18	2~3	—	≤0.1	Nb: 10×C~1.10	≥205	≥515	≥30
26	S31688	06Cr18Ni12Mo2Cu2	≤0.08	≤1	≤2	≤0.045	≤0.03	10~14	17~19	1.2~2.75	1~2.5	—	—	≥205	≥520	≥40
27	S31703	022Cr19Ni13Mo3	≤0.03	≤0.75	≤2	≤0.045	≤0.03	11~15	18~20	3~4	—	0.1	—	≥205	≥515	≥40
28	S31708	06Cr19Ni13Mo3	≤0.08	≤0.75	≤2	≤0.045	≤0.03	11~15	18~20	3~4	—	≤0.1	—	≥205	≥515	≥35

续表

序号	统一数字代号	牌号	化学成分（质量分数）/%											力学性能		
			C	Si	Mn	P	S	Ni	Cr	Mo	Cu	N	其他	屈服强度 $R_{p0.2}$/MPa	抗拉强度 R_m/MPa	断后伸长率 A/%
29	S31723	022Cr19Ni16Mo5N	≤0.03	≤0.75	≤2	≤0.045	≤0.03	13.5~17.5	17~20	4~5	—	0.1~0.2	—	≥240	≥550	≥40
30	S31753	022Cr19Ni13Mo4N	≤0.03	≤0.75	≤2	≤0.045	≤0.03	11~15	18~20	3~4	—	0.1~0.22	—	≥240	≥550	≥40
31	S31782	015Cr21Ni26Mo5Cu2	≤0.02	≤1	≤2	≤0.045	≤0.035	23~28	19~23	4~5	1~2	≤0.1	—	≥220	≥490	≥35
32	S32168	06Cr18Ni11Ti	≤0.08	≤0.75	≤2	≤0.045	≤0.03	9~12	17~19	—	—	≤0.1	Ti>5×C	≥205	≥515	≥40
33	S32169	07Cr19Ni11Ti	0.04~0.1	≤0.75	≤2	≤0.045	≤0.03	9~12	17~19	—	—	—	Ti: 4×（C+N）~0.70	≥205	≥515	≥40
34	S32652	015Cr24Ni22Mo8Mn3CuN	≤0.02	≤0.5	2~4	≤0.03	≤0.005	21~23	24~25	7~8	0.3~0.6	0.45~0.55	—	≥430	≥750	≥40
35	S34553	022Cr24Ni17Mo5Mn6NbN	≤0.03	≤1	5~7	≤0.03	≤0.01	16~18	23~25	4~5	—	0.4~0.6	Nb: 0.10	≥415	≥795	≥35
36	S34778	06Cr18Ni11Nb	≤0.08	≤0.75	≤2	≤0.045	≤0.03	9~13	17~19	—	—	—	Nb: 10×C~1.00	≥205	≥515	≥40
37	S34779	07Cr18Ni11Nb	0.04~0.1	≤0.75	≤2	≤0.045	≤0.03	9~13	17~19	—	—	—	Nb: 8×C~1.00	≥205	≥515	≥40
38	S38367	022Cr21Ni25Mo7N	≤0.03	≤1	≤2	≤0.04	≤0.03	23.5~25.5	20~22	6~7	0.75	0.18~0.25	—	≥310	≥655	≥30
39	S38926	015Cr20Ni25Mo7CuN	≤0.02	≤0.5	≤2	≤0.035	≤0.03	24~26	19~21	6~7	0.5~1.5	0.15~0.25	—	≥295	≥650	≥35
40	S21860	14Cr18Ni11Si4AlTi	0.1~0.18	3.4~4	≤0.8	≤0.035	≤0.03	10~12	17.5~19.5	—	—	—	Ti: 0.40~0.70 Al: 0.10~0.30	—	≥715	≥25
41	S21953	022Cr19Ni5Mo3Si2N	≤0.03	1.3~2	1~2	≤0.03	≤0.03	4.5~5.5	18~19.5	2.5~3	—	0.05~0.1	—	≥440	≥630	≥25

续表

序号	统一数字代号	牌号	化学成分（质量分数）/%											力学性能		
			C	Si	Mn	P	S	Ni	Cr	Mo	Cu	N	其他	屈服强度 $R_{p0.2}$/MPa	抗拉强度 R_m/MPa	断后伸长率 A/%
42	S22053	022Cr23Ni5Mo3N	≤0.03	<1	<2	≤0.03	≤0.02	4.5~6.5	22~23	3~3.5	—	0.14~0.2	—	≥450	≥655	≥25
43	S22152	022Cr21Mn5Ni2N	≤0.03	<1	4~6	≤0.04	≤0.03	1~3	19.5~21.5	≤0.6	<1	0.05~0.17	—	≥450	≥620	≥25
44	S22153	022Cr21Ni3Mo2N	≤0.03	<1	<2	≤0.03	≤0.02	3~4	19.5~22.5	1.5~2	—	0.14~0.2	—	≥450	≥655	≥25
45	S22160	12Cr21Ni5Ti	0.09~0.14	<0.8	<0.8	≤0.035	≤0.03	4.8~5.8	20~22		—	—	Ti: 5×（C−0.02）~0.80	—	≥635	≥20
46	S22193	022Cr21Mn3Ni3Mo2N	≤0.03	<1	2~4	≤0.04	≤0.03	2~4	19~22	1~2	—	0.14~0.2	—	≥450	≥620	≥25
47	S22253	022Cr22Mn3Ni2MoN	≤0.03	<1	2~3	≤0.04	≤0.02	1~2	20.5~23.5	0.1~1	0.5	0.15~0.27	—	≥450	≥655	≥30
48	S22293	022Cr22Ni5Mo3N	≤0.03	<1	<2	≤0.03	≤0.02	4.5~6.5	21~23	2.5~3.5	—	0.08~0.2	—	≥450	≥620	≥25
49	S22294	03Cr22Mn5Ni2MoCuN	≤0.04	<1	4~6	≤0.04	≤0.03	1.35~1.7	21~22	0.1~0.8	0.1~0.8	0.2~0.25	—	≥450	≥650	≥30
50	S22353	022Cr23Ni2N	≤0.03	<1	<2	≤0.04	≤0.01	1~2.8	21.5~24	≤0.45	—	0.18~0.26	—	≥450	≥650	≥30
51	S22493	022Cr24Ni4Mn3Mo2CuN	≤0.03	≤0.7	2.5~4	≤0.035	≤0.005	3~4.5	23~25	1~2	0.1~0.8	0.2~0.3	—	≥480	≥680	≥25
52	S22553	022Cr25Ni6Mo2N	≤0.03	<1	<2	≤0.03	≤0.03	5.5~6.5	24~26	1.5~2.5	—	0.1~0.2	—	≥450	≥640	≥25
53	S23043	022Cr23Ni4MoCuN	≤0.03	<1	2.5	≤0.04	≤0.03	3~5.5	21.5~24.5	0.05~0.6	0.05~0.60	0.05~0.2	—	≥400	≥600	≥25
54	S25073	022Cr25Ni7Mo4N	≤0.03	<0.8	<1.2	≤0.035	≤0.02	6~8	24~26	3~5	≤0.50	0.24~0.32	—	≥550	≥795	≥15

续表

序号	统一数字代号	牌号	化学成分（质量分数）/%											力学性能		
			C	Si	Mn	P	S	Ni	Cr	Mo	Cu	N	其他	屈服强度 $R_{p0.2}$/MPa	抗拉强度 R_m/MPa	断后伸长率 A/%
55	S25554	03Cr25Ni6Mo3Cu2N	≤0.04	≤1	≤1.5	≤0.04	≤0.03	4.5~6.5	24~27	2.9~3.9	1.50~2.50	0.1~0.25	—	≥550	≥760	≥15
56	S27603	022Cr25Ni7Mo4WCuN	≤0.03	≤1	≤1	≤0.03	≤0.01	6~8	24~26	3~4	0.05~1.00	0.2~0.3	W: 0.50~1.00	≥550	≥750	≥25
57	S11163	022Cr11Ti	≤0.03	≤1	≤1	≤0.04	≤0.02	≤0.6	10.5~11.75	—	—	≤0.03	Ti: 0.15~0.50，且 Ti≥8×（C+N）Nb: 0.10	≥170	≥380	≥20
58	S11173	022Cr11NbTi	≤0.03	≤1	≤1	≤0.04	≤0.02	≤0.6	10.5~11.7	—	—	≤0.03	Ti+Nb: 8×（C+N）+0.08~0.75 Ti>0.05	≥170	≥380	≥20
59	S11203	022Cr12	≤0.03	≤1	≤1	≤0.04	≤0.03	≤0.6	11~13.5	—	—	—	—	≥195	≥360	≥22
60	S11213	022Cr12Ni	≤0.03	≤1	≤1.5	≤0.04	≤0.015	0.3~1	10.5~12.5	—	—	≤0.03	—	≥280	≥450	≥18
61	S11348	06Cr13Al	≤0.08	≤1	≤1	≤0.04	≤0.03	≤0.6	11.5~14.5	—	—	—	Al: 0.10~0.30	≥170	≥415	≥20
62	S11510	10Cr15	≤0.12	≤1	≤1	≤0.04	≤0.03	≤0.6	14~16	—	—	—	—	≥205	≥450	≥22
63	S11573	022Cr15NbTi	≤0.03	≤1.2	≤1.2	≤0.04	≤0.03	≤0.6	14~16	≤0.5	—	≤0.03	Ti+Nb: 0.30~0.80	≥205	≥450	≥22
64	S11710	10Cr17	≤0.12	≤1	≤1	≤0.04	≤0.03	≤0.75	16~18	—	—	—	—	≥205	≥420	≥22
65	S11763	022Cr17NbTi	≤0.03	≤0.75	≤1	≤0.035	≤0.03	—	16~19	—	—	—	Ti+Nb: 0.10~1.00	≥175	≥360	≥22
66	S11790	10Cr17Mo	≤0.12	≤1	≤1	≤0.04	≤0.03	—	16~18	0.75~1.25	—	—	—	≥240	≥450	≥22

续表

序号	统一数字代号	牌号	化学成分（质量分数）/%											力学性能		
			C	Si	Mn	P	S	Ni	Cr	Mo	Cu	N	其他	屈服强度 $R_{p0.2}$/MPa	抗拉强度 R_m/MPa	断后伸长率 A/%
67	S11862	019Cr18MoTi	≤0.025	≤1	≤1	≤0.04	≤0.03	—	16~19	0.75~1.5	—	≤0.025	Ti、Nb、Zr或其组合：8×（C+N）~0.80	≥245	≥410	≥20
68	S11863	022Cr18Ti	≤0.03	≤1	≤1	≤0.04	≤0.03	≤0.5	17~19	—	—	≤0.03	Ti：[0.20+4×（C+N）]~1.10　Al：0.15	≥205	≥415	≥22
69	S11873	022Cr18Nb	≤0.03	≤1	≤1	≤0.04	≤0.015	—	17.5~18.5	—	—	—	Ti：0.10~0.60Nb>0.30+3×C	≥250	≥430	≥18
70	S11882	019Cr18CuNb	≤0.025	≤1	≤1	≤0.04	≤0.03	≤0.6	16~20	—	0.3~0.8	≤0.025	Nb：8×（C+N）~0.8	≥205	≥390	≥22
71	S11972	019Cr19Mo2NbTi	≤0.025	≤1	≤1	≤0.04	≤0.03	≤1	17.5~19.5	1.75~2.5	—	≤0.035	Ti+Nb：[0.20+4×（C+N）]~0.80	≥275	≥415	≥20
72	S11973	022Cr18NbTi	≤0.03	≤1	≤1	≤0.04	≤0.03	≤0.5	17~19	—	—	≤0.03	Ti+Nb：[0.20+4×（C+N）]~0.75　Al：0.15	≥205	≥415	≥22
73	S12185	019Cr21CuTi	≤0.025	≤1	≤1	≤0.03	≤0.03	—	20.5~23	—	0.3~0.8	≤0.025	Ti、Nb、Zr或其组合：8×（C+N）~0.80	≥205	≥390	≥22
74	S12361	019Cr23Mo2Ti	≤0.025	≤1	≤1	≤0.04	≤0.03	—	21~24	1.5~2.5	≤0.6	≤0.025	Ti、Nb、Zr或其组合：8×（C+N）~0.80	≥245	≥410	≥20

续表

序号	统一数字代号	牌号	化学成分（质量分数）/%											力学性能		
			C	Si	Mn	P	S	Ni	Cr	Mo	Cu	N	其他	屈服强度 $R_{p0.2}$/MPa	抗拉强度 R_m/MPa	断后伸长率 A/%
75	S12362	019Cr23MoTi	≤0.025	≤1	≤1	≤0.04	≤0.03	—	21~24	0.7~1.5	≤0.6	≤0.025	Ti、Nb、Zr或其组合：8×（C+N）~0.80	≥245	≥410	≥20
76	S12763	022Cr27Ni2Mo4NbTi	≤0.03	≤1	≤1	≤0.04	≤0.03	1~3.5	25~28	3~4	—	≤0.04	Ti+Nb: 0.20~1.00, 且Ti+Nb>6×（C+N）	≥450	≥585	≥18
77	S12791	008Cr27Mo	≤0.01	≤0.4	≤0.4	≤0.03	≤0.02	—	25~27.5	0.75~1.5	—	≤0.015	Ni+Cu≤0.50	≥275	≥450	≥22
78	S12963	022Cr29Mo4NbTi	≤0.03	≤1	≤1	≤0.04	≤0.03	<1	28~30	3.6~4.2	—	≤0.045	Ti+Nb: 0.20~1.00, 且Ti-Nb>6×（C+N）	≥415	≥550	≥18
79	S13091	008Cr30Mo2	≤0.01	≤0.4	≤0.4	≤0.03	≤0.02	≤0.5	28.5~32	1.5~2.5	≤0.2	≤0.015	Ni+Cu≤0.50	≥295	≥450	≥22
80	S40310	12Cr12	≤0.15	≤0.5	≤1	≤0.04	≤0.03	≤0.6	11.5~13	—	—	—	—	≥205	≥485	≥20
81	S41008	06Cr13	≤0.08	≤1	≤1	≤0.04	≤0.03	≤0.6	11.5~13.5	—	—	—	—	≥205	≥415	≥22
82	S41010	12Cr13	≤0.15	≤1	≤1	≤0.04	≤0.03	≤0.6	11.5~13.5	—	—	—	—	≥205	≥450	≥20
83	S41595	04Cr13Ni5Mo	≤0.05	≤0.6	0.5~1	≤0.03	≤0.03	3.5~5.5	11.5~14	0.5~1	—	—	—	≥620	≥795	≥15
84	S42020	20Cr13	0.16~0.25	≤1	≤1	≤0.04	≤0.03	≤0.6	12~14		—	—	—	≥225	≥520	≥18

续表

序号	统一数字代号	牌号	C	Si	Mn	P	S	Ni	Cr	Mo	Cu	N	其他	屈服强度 $R_{p0.2}$/MPa	抗拉强度 R_m/MPa	断后伸长率 A/%
			化学成分（质量分数）/%											力学性能		
85	S42030	30Cr13	0.26~0.35	<1	<1	<0.04	<0.03	<0.6	12~14	—	—	—	—	>225	>540	>18
86	S42040	40Cr13	0.36~0.45	<0.8	<0.8	<0.04	<0.03	<0.6	12~14	—	—	—	—	>225	>590	>15
87	S43120	17Cr16Ni2	0.12~0.2	<1	<1	<0.025	<0.015	2~3	15~18	—	—	—	—	>1050	>1350	>10
88	S44070	68Cr17	0.6~0.75	<1	<1	<0.04	<0.03	<0.6	16~18	<0.75	—	—	—	>690	880~1080	>12
89	S46050	50Cr15MoV	0.45~0.55	<1	<1	<0.04	<0.015	—	14~15	0.5~0.8	—	—	V: 0.1~0.2	—	<850	>15
90	S51380	04Cr13Ni8Mo2Al	<0.05	<0.1	<0.2	<0.01	<0.008	7.5~8.5	12.3~13.25	2~2.5	—	<0.01	Al: 0.9~1.35	>1310	>1380	>8
91	S51290	022Cr12Ni9Cu2NbTi	<0.05	<0.5	<0.5	<0.04	<0.03	7.5~9.5	11~12.5	<0.5	1.5~2.5	—	Ti: 0.8~1.4 (Nb+Ta):0.1~0.5	<1105	<1205	>3
92	S51770	07Cr17Ni7Al	<0.09	<1	<1	<0.04	<0.03	6.5~7.75	16~18	—	—	—	Al: 0.75~1.5	<380	<1035	>20
93	S51570	07Cr15Ni7Mo2Al	0.09	<1	<1	<0.04	<0.03	6.5~7.75	14~16	2~3	—	—	Al: 0.75~1.5	<450	<1035	>25
94	S51750	09Cr17Ni5Mo3N	0.07~0.11	<0.5	0.5~1.25	<0.04	<0.03	4~5	16~17	2.5~3.2	—	0.07~0.13	—	<585	<1380	>12
95	S51778	06Cr17Ni7AlTi	<0.08	<1	<1	<0.04	<0.03	6~7.5	16~17.5	—	—	—	Al: 0.4 Ti: 0.4~1.2	>1035	>1170	>5

表 2-31　不锈钢热轧钢板和钢带（GB/T 4237—2015）钢材匹配对照

序号	牌号	AI 对照		
		牌号	符合标准	匹配度
1	022Cr17Ni7	301L	ASTM A240/A240M—2015a	0.99
		SUS301L	JIS G 4305—2012	0.98
		301L	ASTM A959—2011	0.98
2	12Cr17Ni7	SUS301	JIS G 4305—2012	0.98
		301	ASTM A959—2011	0.98
		301	ASTM A240/A240M—2015a	0.97
		X5CrNi17-7	EN 10088-2—2014	0.96
		X5CrNi17-7	ISO 15510—2014	0.95
3	022Cr17Ni7N	301LN	ASTM A959—2011	0.98
		301LN	ASTM A240/A240M—2015a	0.97
		X2CrNiN18-7	EN 10088-2—2014	0.95
		X2CrNiN18-7	ISO 15510—2014	0.95
4	12Cr18Ni9	302	ASTM A240/A240M—2015a	0.99
		302	ASTM A959—2011	0.98
		SUS302	JIS G 4305—2012	0.97
		X10CrNi18-8	EN 10088-2—2014	0.95
		X10CrNi18-8	ISO 15510—2014	0.94
5	12Cr18Ni9Si3	302B	ASTM A240/A240M—2015a	0.99
		302B	ASTM A959—2011	0.98
		SUS302B	JIS G 4305—2012	0.97
		X12CrNiSi18-9-3	ISO 15510—2014	0.95
6	022Cr19Ni10	304L	ASTM A240/A240M—2015a	0.99
		304L	ASTM A959—2011	0.98
		SUS304L	JIS G 4305—2012	0.97
		X2CrNi18-9	EN 10088-2—2014	0.97
		X2CrNi18-9	ISO 15510—2014	0.95
7	06Cr19Ni10	304	ASTM A240/A240M—2015a	1.00
		304	ASTM A959—2011	0.98
		SUS304	JIS G 4305—2012	0.97
		X5CrNi18-10	EN 10088-2—2014	0.97
		X5CrNi18-10	ISO 15510—2014	0.95
8	07Cr19Ni10	304H	ASTM A240/A240M—2015a	0.99
		304H	ASTM A959—2011	0.98
		X6CrNi18-10	EN 10088-2—2014	0.95
		X7CrNi18-9	ISO 15510—2014	0.94
9	05Cr19Ni10Si2CeN	X6CrNiSiNCe19-10	ГОСТ R 54908—2012	0.98
		A959 UNS-S30415	ASTM A959—2011	0.97

续表

序号	牌号	AI 对照		
		牌号	符合标准	匹配度
9	05Cr19Ni10Si2CeN	X6CrNiSiNCe19-10	EN 10088-2—2014	0.95
		X6CrNiSiNCe19-10	ISO 15510—2014	0.94
10	022Cr19Ni10N	304LN	ASTM A240/A240M—2015a	1.00
		304LN	ASTM A959—2011	0.98
		SUS304LN	JIS G 4305—2012	0.97
		X2CrNiN18-9	EN 10088-2—2014	0.97
		X2CrNiN18-10	ISO 15510—2014	0.95
11	06Cr19Ni10N	304N	ASTM A240/A240M—2015a	1.00
		304N	ASTM A959—2011	0.98
		SUS304N1	JIS G 4305—2012	0.95
		X5CrNiN19-9	EN 10088-2—2014	0.94
		X5CrNiN19-9	ISO 15510—2014	0.93
12	06Cr19Ni9NbN	SUS304N2	JIS G 4305—2012	0.97
		XM-21	ASTM A240/A240M—2015a	0.96
		XM-21	ASTM A959—2011	0.96
13	10Cr18Ni12	305	ASTM A240/A240M—2015a	1.00
		305	ASTM A959—2011	0.98
		SUS305	JIS G 4305—2012	0.95
		X6CrNi18-12	EN 10088-2—2014	0.94
		X4CrNi18-12	ISO 15510—2014	0.93
14	08Cr21Ni11Si2CeN	S30815	ASTM A240/A240M—2015a	0.99
		S30815	ASME SA-240/SA-240M—2015	0.98
15	06Cr23Ni13	309S	ASTM A240/A240M—2015a	1.00
		309S	ASTM A959—2011	0.98
		SUS309S	JIS G 4305—2012	0.98
		X12CrNi23-13	ГОСТ R 54908—2012	0.97
		X12CrNi23-13	EN 10088-2—2014	0.97
16	06Cr25Ni20	310S	ASTM A240/A240M—2015a	1.00
		310S	ASTM A959—2011	0.98
		SUS310S	JIS G 4305—2012	0.98
		X8CrNi25-21	EN 10088-2—2014	0.97
		X8CrNi25-21	ISO 15510—2014	0.96
17	022Cr25Ni22Mo2N	310MoLN	ASTM A240/A240M—2015a	1.00
		X1CrNiMoN25-22-2	EN 10088-2—2014	0.97
		X1CrNiMoN25-22-2	ISO 15510—2014	0.95
18	015Cr20Ni18Mo6CuN	S31245	ASTM A240/A240M—2005	0.99
		SUS312L	GB/T 3280—2015	0.95

序号	牌号	AI 对照		
		牌号	符合标准	匹配度
18	015Cr20Ni18Mo6CuN	X1CrNiMoCuN20-18-7	EN 10088-4—2009	0.92
		X1CrNiMoCuN20-18-7	ISO 15510—2014	0.91
19	022Cr17Ni12Mo2	316L	ASTM A240/A240M—2015a	0.99
		316L	ASTM A959—2011	0.98
		SUS316L	JIS G 4305—2012	0.97
		X2CrNiMo17-12-2	EN 10088-2—2014	0.97
		X2CrNiMo17-12-2	ISO 15510—2014	0.95
20	06Cr17Ni12Mo2	316	ASTM A240/A240M—2015a	1.00
		316	ASTM A959—2011	0.98
		SUS316	JIS G 4305—2012	0.97
		X5CrNiMo17-12-2	EN 10088-2—2014	0.97
		X5CrNiMo17-12-2	ISO 15510—2014	0.95
21	07Cr17Ni12Mo2	316H	ASTM A240/A240M—2015a	0.99
		316H	ASTM A959—2011	0.98
		X6CrNiMo17-13-2	EN 10088-2—2014	0.95
21	022Cr17Ni12Mo2N	316LN	ASTM A240/A240M—2015a	1.00
		316LN	ASTM A959—2011	0.98
		SUS316LN	JIS G 4305—2012	0.97
		X2CrNiMoN17-11-2	EN 10088-2—2014	0.97
		X2CrNiMoN17-12-3	ISO 15510—2014	0.95
22	06Cr17Ni12Mo2N	316N	ASTM A240/A240M—2015a	1.00
		316N	ASTM A959—2011	0.98
		SUS316N	JIS G 4305—2012	0.95
		08Ч17Р13Ь2Д	ГОСТ 7350—1977	0.89
23	06Cr17Ni12Mo2Ti	316Ti	ASTM A240/A240M—2015a	0.99
		316Ti	ASTM A959—2011	0.98
		SUS316Ti	JIS G 4305—2012	0.97
		X6CrNiMoTi17-12-2	EN 10088-2—2014	0.97
		X6CrNiMoTi17-12-2	ISO 15510—2014	0.95
		10Ч17Р13Ь2Д	ГОСТ 7350—1977	0.93
24	06Cr17Ni12Mo2Nb	316Nb	ASTM A240/A240M—2015a	0.99
		316Nb	ASTM A959—2011	0.98
		X6CrNiMoNb17-12-2	EN 10088-2—2014	0.97
		X6CrNiMoNb17-12-2	ISO 15510—2014	0.95
25	06Cr18Ni12Mo2Cu2	SUS316J1	JIS G 4305—2012	1.00
26	022Cr19Ni13Mo3	317L	ASTM A240/A240M—2015a	0.99
		317L	ASTM A959—2011	0.98

续表

序号	牌号	AI 对照		
		牌号	符合标准	匹配度
26	022Cr19Ni13Mo3	SUS317L	JIS G 4305—2012	0.97
		X2CrNiMo19-14-4	EN 10088-2—2014	0.97
		X2CrNiMo18-15-4	ISO 15510—2014	0.95
27	06Cr19Ni13Mo3	317	ASTM A240/A240M—2015a	1.00
		317	ASTM A959—2011	0.98
		SUS317	JIS G 4305—2012	0.97
28	022Cr19Ni16Mo5N	317LMN	ASTM A240/A240M—2015a	1.00
		317LMN	ASTM A959—2011	0.98
		X2CrNiMoN17-13-5	EN 10088-2—2014	0.97
		X2CrNiMoN18-15-5	ISO 15510—2014	0.95
29	022Cr19Ni13Mo4N	317LN	ASTM A240/A240M—2015a	1.00
		317LN	ASTM A959—2011	0.98
		SUS317LN	JIS G 4305—2012	0.97
		X2CrNiMoN18-12-4	EN 10088-2—2014	0.94
		X2CrNiMoN18-12-4	ISO 15510—2014	0.93
30	015Cr21Ni26Mo5Cu2	904L	ASTM A240/A240M—2015a	1.00
		904L	ASTM A959—2011	0.98
		SUS890L	JIS G 4305—2012	0.97
		X1NiCrMoCu25-20-5	EN 10088-2—2014	0.95
		X1NiCrMoCu25-20-5	ISO 15510—2014	0.94
31	06Cr18Ni11Ti	321	ASTM A240/A240M—2015a	1.00
		321	ASTM A959—2011	0.98
		SUS321	JIS G 4305—2012	0.97
		X6CrNiTi18-10	EN 10088-2—2014	0.97
		X6CrNiTi18-10	ISO 15510—2014	0.95
		12Ч18Р10Д	ГОСТ 7350—1977	0.93
32	07Cr19Ni11Ti	321H	ASTM A240/A240M—2015a	0.99
		321H	ASTM A959—2011	0.98
		X7CrNiTi18-10	EN 10088-2—2014	0.95
		X7CrNiTi18-10	ISO 15510—2014	0.94
33	015Cr24Ni22Mo8Mn3CuN	S32654	ASTM A240/A240M—2015a	1.00
		S32654	ASTM A959—2011	0.98
		X1CrNiMoCuN24-22-8	EN 10088-2—2014	0.97
		X1CrNiMoCuN24-22-8	ISO 15510—2014	0.96
34	022Cr24Ni17Mo5Mn6NbN	S34565	ASTM A240/A240M—2015a	1.00
		S34565	ASTM A959—2011	0.98
		X2CrNiMnMoN25-18-6-5	EN 10088-2—2014	0.97

续表

序号	牌号	AI 对照		
		牌号	符合标准	匹配度
34	022Cr24Ni17Mo5Mn6NbN	X2CrNiMnMoN25-18-6-5	ISO 15510—2014	0.96
35	06Cr18Ni11Nb	347	ASTM A240/A240M—2015a	1.00
		347	ASTM A959—2011	0.98
		SUS347	JIS G 4305—2012	0.97
		X6CrNiNb18-10	EN 10088-2—2014	0.97
		X6CrNiNb18-10	ISO 15510—2014	0.95
		08Ч18Р12Б	ГОСТ 7350—1977	0.94
36	07Cr18Ni11Nb	347H	ASTM A240/A240M—2015a	1.00
		347H	ASTM A959—2011	0.98
		SUS347H	JIS G 4305—2012	0.97
		X7CrNiNb18-10	EN 10088-2—2014	0.97
		X7CrNiNb18-10	ISO 15510—2014	0.95
		08Ч18Р12Б	ГОСТ 7350—1977	0.93
37	022Cr21Ni25Mo7N	N08367	ASTM A240/A240M—2015a	0.97
38	015Cr20Ni25Mo7CuN	N08926	ASTM A240/A240M—2015a	0.97
		X1NiCrMoCuN25-20-7	EN 10088-2—2014	0.93
39	14Cr18Ni11Si4AlTi	15Ч18Р12Ш4ДЮ	ГОСТ 7350—1977	0.90
40	022Cr19Ni5Mo3Si2N	S31500	ASTM A240/A240M—2015a	0.97
		X2CrNiMoSi18-5-3	EN 10088-4—2009	0.90
41	022Cr23Ni5Mo3N	2205	ASTM A240/A240M—2005	0.98
		2205	ASME SA-240/SA-240M—2015	0.95
		329J3L	CNS 8497 G3163—2016	0.94
42	022Cr21Mn5Ni2N	S32001	ASTM A240/A240M—2015a	1.00
		S32001	ASME SA-240/SA-240M—2015	1.00
43	022Cr21Ni3Mo2N	S32003	ASTM A240/A240M—2015a	1.00
		S32003	ASME SA-240/SA-240M—2015	1.00
44	022Cr21Mn3Ni3Mo2N	S81921	ASTM A240/A240M—2015a	1.00
		S81921	ASME SA-240/SA-240M—2015	1.00
45	022Cr22Mn3Ni2MoN	S82011	ASTM A240/A240M—2015a	1.00
		X2CrMnNiN21-5-1	EN 10088-4—2009	0.89
46	022Cr22Ni5Mo3N	S31803	ASTM A240/A240M—2015a	1.00
		329J3L	CNS 8497 G3163—2016	0.99
		SUS329J3L	JIS G 4305—2012	0.99
		X2CrNiMoN22-5-3	EN 10088-2—2014	0.95
		X2CrNiMoN22-5-3	ISO 15510—2014	0.94
47	03Cr22Mn5Ni2MoCuN	S32101	ASTM A240/A240M—2015a	1.00
		X2CrMnNiN21-5-1	EN 10088-4—2009	0.93

序号	牌号	AI 对照		
		牌号	符合标准	匹配度
47	03Cr22Mn5Ni2MoCuN	X2CrMnNiN21-5-1	ISO 15510—2014	0.92
48	022Cr23Ni2N	S32202	ASTM A240/A240M—2015a	1.00
		S32202	ASME SA-240/SA-240M—2015	1.00
49	022Cr24Ni4Mn3Mo2CuN	S82441	ASTM A240/A240M—2015a	1.00
		X2CrNiMnMoCuN24-4-3-2	EN 10088-2—2014	0.94
		X2CrNiMnMoCuN24-4-3-2	ISO 15510—2014	0.93
50	022Cr25Ni6Mo2N	S31200	ASTM A240/A240M—2015a	0.98
		S31200	ASTM A959—2011	0.98
		X3CrNiMoN27-5-2	BS EN 10088-5—2009	0.93
		X3CrNiMoN27-5-2	ISO 15510—2014	0.92
51	022Cr23Ni4MoCuN	2304	ASTM A240/A240M—2015a	1.00
		2304	ASTM A959—2011	0.98
		X2CrNiN23-4	EN 10088-2—2014	0.95
		X2CrNiN23-4	ISO 15510—2014	0.94
52	022Cr25Ni7Mo4N	2507	ASTM A240/A240M—2015a	1.00
		2507	ASTM A959—2011	0.98
		X2CrNiMoN25-7-4	EN 10088-2—2014	0.95
		X2CrNiMoN25-7-4	ISO 15510—2014	0.94
53	03Cr25Ni6Mo3Cu2N	255	ASTM A240/A240M—2015a	0.99
		255	ASTM A959—2011	0.98
		SUS329J4L	JIS G 4305—2012	0.96
		X2CrNiMoCuN25-6-3	EN 10088-2—2014	0.95
		X2CrNiMoCuN25-6-3	ISO 15510—2014	0.94
54	022Cr25Ni7Mo4WCuN	S32760	ASTM A240/A240M—2015a	1.00
		S32760	ASTM A959—2011	0.98
		X2CrNiMoCuWN25-7-4	EN 10088-2—2014	0.95
		X2CrNiMoCuWN25-7-4	ISO 15510—2014	0.94
55	022Cr11Ti	S40920	ASTM A240/A240M—2015a	0.99
		S40920	ASTM A959—2011	0.98
		SUH409L	JIS G 4305—2012	0.96
		X2CrTi12	EN 10088-2—2014	0.95
		X2CrTi12	ISO 15510—2014	0.94
56	022Cr11NbTi	S40930	ASTM A240/A240M—2015a	0.99
		S40930	ASTM A959—2011	0.98
57	022Cr12	SUS410L	JIS G 4305—2012	1.00
58	022Cr12Ni	S40977	ASTM A240/A240M—2015a	1.00
		S40977	ASTM A959—2011	0.98

序号	牌号	AI 对照		
		牌号	符合标准	匹配度
58	022Cr12Ni	X2CrNi12	EN 10088-2—2014	0.95
		X2CrNi12	ISO 15510—2014	0.94
59	06Cr13Al	405	ASTM A240/A240M—2015a	1.00
		405	ASTM A959—2011	0.98
		SUS405	JIS G 4305—2012	0.96
		X6CrAl13	EN 10088-2—2014	0.95
		X6CrAl13	ISO 15510—2014	0.94
60	10Cr15	429	ASTM A240/A240M—2015a	1.00
		429	ASTM A959—2011	0.98
		SUS429	JIS G 4305—2012	0.95
61	10Cr17	430	ASTM A240/A240M—2015a	1.00
		430	ASTM A959—2011	0.98
		SUS430	JIS G 4305—2012	0.96
		X6Cr17	EN 10088-4—2009	0.95
		X6Cr17	ISO 15510—2014	0.94
62	022Cr17NbTi	439	ASTM A240/A240M—2015a	1.00
		439	ASTM A959—2011	0.98
		SUS430LX	JIS G 4305—2012	0.96
		X3CrTi17	EN 10088-2—2014	0.95
		X3CrTi17	ISO 15510—2014	0.94
63	10Cr17Mo	434	ASTM A240/A240M—2015a	1.00
		434	ASTM A959—2011	0.98
		SUS434	JIS G 4305—2012	0.96
		X6CrMo17-1	EN 10088-2—2014	0.95
		X6CrMo17-1	ISO 15510—2014	0.94
64	019Cr18MoTi	SUS436L	JIS G 4305—2012	0.99
65	022Cr18Ti	439	ASTM A240/A240M—2015a	0.99
		439	ASTM A959—2011	0.98
		SUS430LX	JIS G 4305—2012	0.96
		X3CrTi17	EN 10088-2—2014	0.95
		X3CrTi17	ISO 15510—2014	0.94
66	022Cr18Nb	S43940	ASTM A240/A240M—2015a	1.00
		S43940	ASTM A959—2011	0.98
		X2CrTiNb18	EN 10088-2—2014	0.96
		X2CrTiNb18	ISO 15510—2014	0.95
67	019Cr18CuNb	SUS430J1L	JIS G 4305—2012	0.97
68	019Cr19Mo2NbTi	444	ASTM A240/A240M—2015a	0.99

序号	牌号	AI 对照		
		牌号	符合标准	匹配度
68	019Cr19Mo2NbTi	444	ASTM A959—2011	0.98
		SUS444	JIS G 4305—2012	0.96
		X2CrMoTi18-2	EN 10088-2—2014	0.95
		X2CrMoTi18-2	ISO 15510—2014	0.94
69	022Cr18NbTi	S43932	ASTM A240/A240M—2015a	1.00
		S43932	ASTM A959—2011	0.98
70	019Cr21CuTi	SUS443J1	JIS G 4305—2012	0.98
71	019Cr23Mo2Ti	SUS445J2	JIS G 4305—2012	0.98
72	019Cr23MoTi	SUS445J1	JIS G 4305—2012	0.98
73	022Cr27Ni2Mo4NbTi	S44660	ASTM A240/A240M—2015a	1.00
		S44660	ASME SA-240/SA-240M—2015	1.00
74	008Cr27Mo	XM-27	ASTM A240/A240M—2015a	0.99
		XM-27	ASTM A959—2011	0.98
		SUSXM27	JIS G 4305—2012	0.97
75	022Cr29Mo4NbTi	S44735	ASTM A240/A240M—2015a	1.00
		S44735	ASME SA-240/SA-240M—2015	1.00
76	008Cr30Mo2	SUS447J1	JIS G 4305—2012	0.98
77	12Cr12	403	ASTM A240/A240M—2015a	1.00
		403	ASTM A959—2011	0.98
		SUS403	JIS G 4305—2012	0.97
78	06Cr13	410S	ASTM A240/A240M—2015a	1.00
		410S	ASTM A959—2011	0.98
		SUS410S	JIS G 4305—2012	0.96
		X6Cr13	EN 10088-2—2014	0.95
		X6Cr13	ISO 15510—2014	0.95
79	12Cr13	410	ASTM A240/A240M—2015a	1.00
		410	ASTM A959—2011	0.98
		SUS410	JIS G 4305—2012	0.97
		X12Cr13	EN 10088-2—2014	0.96
		X12Cr13	ISO 15510—2014	0.95
80	04Cr13Ni5Mo	S41500	ASTM A240/A240M—2015a	1.00
		S41500	ASTM A959—2011	0.98
		X3CrNiMo13-4	EN 10088-2—2014	0.96
		X3CrNiMo13-4	ISO 15510—2014	0.95
81	20Cr13	420	ASTM A240/A240M—2015a	0.99
		420	ASTM A959—2011	0.97
		SUS420J1	JIS G 4305—2012	0.96

序号	牌号	AI 对照		
		牌号	符合标准	匹配度
81	20Cr13	X20Cr13	EN 10088-2—2014	0.96
		X20Cr13	ISO 15510—2014	0.95
82	30Cr13	420	ASTM A240/A240M—2015a	0.98
		SUS420J2	JIS G 4305—2012	0.98
		420	ASTM A959—2011	0.97
		X30Cr13	EN 10088-2—2014	0.96
		X30Cr13	ISO 15510—2014	0.95
83	40Cr13	X39Cr19	EN 10088-2—2014	0.98
		X39Cr19	ISO 15510—2014	0.97
		08Ч13	ГОСТ 7350—1977	0.89
84	17Cr16Ni2	431	ASTM A240/A240M—2015a	0.98
		431	ASTM A959—2011	0.97
		SUS431	JIS G 4308—2013	0.96
		X17CrNi16-2	EN 10088-3—2014	0.96
		X17CrNi16-2	ISO 15510—2014	0.95
85	68Cr17	SUS440A	JIS G 4305—2012	1.00
		440A	ASTM A276—2013	0.98
86	50Cr15MoV	X50CrMoV15	EN 10088-2—2014	1.00
		X50CrMoV15	ISO 15510—2014	0.98
87	04Cr13Ni8Mo2Al	XM-13	ASTM A959—2011	0.98
88	022Cr12Ni9Cu2NbTi	XM-16	ASTM A959—2011	0.98
89	07Cr17Ni7Al	SUS631	JIS G 4305—2012	0.98
		631	ASTM A959—2011	0.97
		X7CrNiAl17-7	EN 10088-2—2014	0.96
		X7CrNiAl17-7	ISO 15510—2014	0.95
90	07Cr15Ni7Mo2Al	632	ASTM A959—2011	0.98
		X8CrNiMoAl15-7-2	EN 10088-2—2014	0.97
		X8CrNiMoAl15-7-2	ISO 15510—2014	0.96
91	09Cr17Ni5Mo3N	633	ASTM A959—2011	0.97
92	06Cr17Ni7AlTi	635	ASTM A959—2011	0.97

第三章

常用钢种的焊材选配

第一节　焊材选配原则

　　焊接材料的种类繁多，每种焊接材料均有一定的特性和用途。即使同类别的焊材，由于不同的药皮、药芯或焊剂类型，所反映出的使用特性也是不同的。同时由于被焊接工件的理化性能、工件条件（结构形状及刚度）、施工条件的不同，还要考虑生产效率、安全卫生及经济性等因素，这些势必给焊材的选择带来一定的困难。因此，有必要确定一些原则，供选择焊材之用。在实际工作中，除了要认真了解各种焊材的成分、性能及用途等资料外，还必须结合被焊工件的状况、施工条件及焊接工艺等，同时参照下列各条原则，并予以综合考虑，才能正确选择焊材。

1. 考虑工件的物理、力学性能和化学成分

　　① 从强度的观点出发，选择满足力学性能要求的焊接材料，即等强匹配的要求，或结合母材的焊接性改用不等强度而韧性好的焊接材料。

　　② 使熔敷金属的合金成分符合或接近母材的合金成分。

　　③ 当母材化学成分中的碳或硫、磷等有害杂质较高时，应选择抗裂性和抗气孔能力较强的焊接材料，如低氢型焊条或碱性药芯焊丝等。

　　必须说明，焊接构件对力学性能和化学成分的要求并不是均衡的，有的焊件可能偏重于强度、韧性等方面的要求，而对化学成分不一定要求与母材一致，如选用结构钢焊材时，首先应侧重考虑焊缝金属与母材间的等强度，或焊缝金属的高韧性；有的焊件又可能偏重于化学成分方面的要求，如对耐热钢、不锈钢焊材的选择，主要考虑耐热钢的高温性能或不锈钢的耐蚀性。通常侧重于考虑焊缝金属与母材化学成分的一致或相近；有时也可能对两者都有严格的要求。因此，在选择焊材时，应分清主次，综合考虑。

2. 考虑工件的工作条件和使用性能

　　① 工件在承受动载荷和冲击载荷的情况下，除了要求保证抗拉强度、屈服强度外，对冲击韧性、塑性均有较高的要求。此时应选用低氢型焊条或韧性好的气体保护焊焊丝。

　　② 工件在腐蚀介质中工作时，必须分清介质种类、浓度、工作温度以及腐蚀类型（一

般腐蚀、晶间腐蚀、应力腐蚀等），从而选择合适的耐蚀钢焊接材料。

③ 工件在受磨损条件下工作时，必须区分是一般磨损还是冲击磨损，是金属间磨损还是磨料磨损，是在常温下磨损还是在高温下磨损等。还应考虑是否在腐蚀介质中工作，以选择合适的堆焊焊接材料。

④ 处在低温下或高温下工作的工件，应选择能保证低温或高温力学性能的焊接材料。

3. 考虑工件的复杂程度、刚度大小、焊接坡口制备和焊接部位

① 形状复杂或厚度大的工件，由于其焊缝金属冷却速度快及在冷却收缩时产生的内应力大，容易产生裂纹。因此，必须采用抗裂性好的焊接材料，如低氢型焊条、高韧性焊条或气体保护焊焊丝。

② 部位所处的位置不能翻转时，必须选择能进行全位置焊接的焊接材料。

③ 因受条件限制而使有些焊接部位难以清理干净时，就应考虑选用氧化性强，对铁锈、氧化皮和油污反应不敏感的酸性焊接材料，以免产生气孔等缺陷。

4. 考虑施焊工件条件

没有直流焊机的地方就应选用交直流两用的焊材。某些钢材（如铁素体耐热钢）需进行焊后热处理，以消除残余应力。但受设备条件限制或本身结构限制而不能进行焊接接头热处理时，应选用与母材金属化学组成不同的焊材（如奥氏体不锈钢焊条），可以不进行焊后热处理。此外，应根据现场施工条件，如野外操作、焊接工作环境恶劣等，来选择适应能力强的焊接材料。

5. 考虑改善焊接工艺和保证工人身体健康

在酸性和碱性焊条都可以满足性能要求的地方，鉴于碱性焊条对操作技术及施工准备要求高、且其产生的焊接烟尘有害影响较大，故应采用酸性焊条。在密闭容器内或通风不良场所焊接时，应尽量采用低尘低毒焊条或酸性焊条。

6. 考虑经济性

在保证使用性能的前提下，尽量选用价格低廉的焊材。对性能有不同要求的焊缝，可采用不同焊材，不要片面追求焊材的全面性能。要根据结构的工作条件，合理选用焊条的合金系统。

7. 考虑效率

对焊接工作量大的结构，有条件时应尽量选用高效率焊接材料，当前的趋势是尽量采用药芯焊丝，或用实芯焊丝气体保护焊代替焊条电弧焊。在焊条中，尽量采用铁粉焊条、高效不锈钢焊条及重力焊条等，尽量选用立向下焊条之类的专用焊条，以提高焊接生产率。

第二节　焊材选配 AI 方法

焊接材料是材料连接的熔敷填充金属，由于焊接过程的复杂性，在焊材的研发、生产及选用过程中，都遵循着严格的技术规格，经过长期生产研究实践形成了系列专家经验和规则。尤其是焊材选用方面，一般来说，需要随着材料种类及施工环境的差异，依据专家经验针对性地选择合理的焊接材料。然而，材料用户分处各行各业，在选用焊材时，繁杂专业的选用规则和焊接知识门槛，给用户造成了人员和经济上的负担，降低了用户单位的工作效率；同时焊材产品附加的应用知识也增加了其宣传和普及难度，给焊材生产企业造成了一定的产品推广障碍。

焊接材料数据库的建立，为用户查询焊材信息提供了一个便捷平台，同时也给解决焊材选用的经验依赖性难题提供了新的技术思路和基础支撑。随着信息技术与各个行业的不断融合和产业数据的积累激增，基于大数据的 AI 技术发掘出了依靠传统研究方法难以发现的潜在价值信息，为各个行业发展带来了新的发展动力，并大大提升了其发展效率。因此，在已建成的诸多焊接材料数据库和钢铁材料数据库基础上，可以采用 AI 方法对钢材与焊材之间匹配规律进行大数据挖掘，实现焊材选用智能化，改变当前焊材选用严重依赖经验的技术现状。目前焊材 AI 选配的底层算法主要有两类，一种是基于型号的半 AI 选配方法，另一种是基于大数据的纯 AI 选配方法。

一、基于型号的焊材选配方法

基于型号的焊材选配方法是将手册中或专家经验判断好的"钢材牌号—焊材型号"配对关系存储到计算机中，用户输入钢材牌号可以查询到符合配对关系焊材产品牌号，如图3-1 所示。基于型号的焊材选配方法主要应用的是关系型数据库技术，其中涉及的表单主要有钢材牌号、焊材型号、焊材牌号，只要将三者建立关联则可进行查询。这种方式的优点在于将手册或专家经验电子化，将钢材数据库中的钢材牌号和焊材数据库中的焊材型号配对关系预存到计算机中，不含复杂算法，输出速度快，实现门槛低。但这种方法的缺点也显而易见，选配方式仅基于钢材牌号名称、标准型号，并无对材料本身特性（成分、性能等）的考量，只有将手册或专家明确提出的钢材焊材配对关系存储到数据库中，才可以进行查询。若一些新的钢种出现时数据库并未及时更新其适用焊材型号，或对于未知其牌号的钢材，则无法为用户推荐适用焊材。

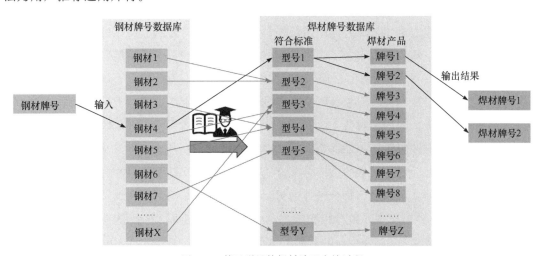

图 3-1　基于型号的焊材选配方法过程

二、基于 AI 的焊材选配方法

基于 AI 的焊材选配方法是对钢材和焊材大数据进行训练，并将专家经验模型化，模拟专家思维驱动的焊材选配，属于机器学习方法中的监督学习。焊材选配是一个较为复杂的过程，传统的选配过程多为依赖工程师的个人经验或参考焊材选配手册，而 AI 的出现可以模拟焊接领域专家思维，解决只需要专家才能解决的复杂问题。训练 AI 模型有多种，焊材的 AI 选配多为结合规则推理（Rule Based Reasoning，RBR）和案例推理（Case Based Reasoning，CBR）的方法。

规则推理的方法，是根据以往专家判断的经验，将其归纳成规则，通过启发式经验知识进行推理的。专家为母材选择配套焊材时，首先要考虑母材的品种，不同的材料在选择焊材时的规则也不尽相同，如为低合金高强度钢选择焊材时，首先要满足焊缝金属与母材等强度以及其他力学性能指标符合规定要求；而不锈钢在选择焊材时，应选用与母材成分相同或相近的焊材。因此，在训练焊材 AI 选配的模型时需将专家规则考虑在内。

案例推理的方法则是通过曾经成功解决过的类似问题，比较新、旧问题之间的特征差异，重新使用或参考以前的知识和信息，达到最终解决新问题的方法。焊材手册中则具有大量成功案例，其中收录了各类钢材及其适用的焊材，这些成功案例可以作为训练数据对焊材 AI 选配模型进行训练。在使用数据集训练模型之前，应先将整个数据集分为训练集、验证集、测试集。训练集是用来训练模型的，通过尝试不同的方法和思路使用训练集来训练不同的模型，再通过验证集使用交叉验证来挑选最优的模型，通过不断迭代来改善模型在验证集上的性能，最后再通过测试集来评估模型的性能。为了确保模型的准确性，训练过程中使用的训练集、验证集、测试集应覆盖各类钢材的焊材选配案例。

焊材 AI 选配方法如图 3-2 所示，其优点在于它并不局限于数据库中的钢材和焊材，当有数据库之外的新钢种需要对焊材进行选配时，AI 也可以对其推荐合适的焊材。另外，当数据库中加入新的焊材时，并不需要在数据库中注明该焊材适用于哪种母材，因为钢材和焊材的匹配模型已配置在系统中，无需人为判断，降低了人力成本，实现了真正的人工智能。而这些优点的根本原因是焊材 AI 选配模型是基于化学成分、力学性能等材料基本特性的，通过数据喂养使 AI 从本质上学习了焊接专家的思考模式，拥有了逻辑推理的能力。把焊材选配的过程比喻成相亲平台，A 女士说她想要找身高 180cm 以上的，于是数据库中符合条件的王先生等人即是她的理想对象，B 女士说她想找学历硕士以上的，于是数据库中符合条件的赵先生等人即是她的理想对象，C 女士说她想找会做饭的男士，于是数据库中会做饭的林先生等人即是她的理想对象。然而当业务员问 D 女士希望和什么条件的男士相亲时，D 女士说她自己也不清楚。这个时候传统的选配方式和半 AI 选配就无法为她选择相亲对象，因为系统必须知道条件才可以找到符合条件的男士，而 AI 选配则可以为她做出推荐。这是因为 AI 可以对配对条件进行多维度分析和学习，AI 分析了之前提出条件的女士和该女士本身的特质，比如提出喜欢身高 180cm 以上男士的女士多为身高 168cm 以上的女士，提出男方需要硕士学历以上的女士本身也大多为高学历女性，而体重偏胖的女士大多喜欢会做饭的男士。AI 分析 D 女士的资料，发现 D 女士身高 170cm，体重偏胖，学历研究生，综合了以往的案例，即使 D 女士并没有提出明确的相亲条件，AI 仍会为 D 女士推荐出合适的男士，这些男士可能会具有身高 180cm 以上、高学历、爱做饭等特质。

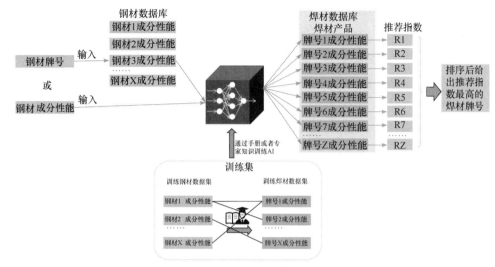

图 3-2　基于 AI 的焊材选配方法过程

第三节　碳素结构钢焊条选配

　　碳素结构钢的焊材选配原则，首先要满足焊缝金属与母材等强度要求，然后其他力学性能指标（如低温冲击韧性等）也应符合规定的要求。按照等强度要求选择焊材时，必须考虑板厚、接头形式、坡口形状及焊接热输入等因素的影响，因为这些因素对母材稀释率和焊接冷却速度，即对焊缝金属的化学成分和接头的组织都有影响，进而影响到最终的焊缝金属力学性能。

　　优质碳素结构钢分为低碳、中碳和高碳三个档次，它们选配的焊接材料差异很大，施工工艺也明显不同。低碳钢的焊接材料中 C、Mn、Si 的含量低，焊缝的塑性和冲击韧性良好，焊接时一般不需要预热和后热。但是，在严寒的冬天或类似的气温条件下焊接低碳钢时，焊接接头的冷却速度较快，从而使裂纹倾向增大，特别是焊接大厚度或大刚度结构时更是如此。其中，多层焊接的第一道焊缝产生裂纹的倾向较其他焊道更大。为了避免裂纹的产生，可以采取相应措施，如焊前预热、焊接过程中保持道间温度、焊后进行后热处理、采用低氢或超低氢型焊接材料等。

　　焊接中碳钢时必须选择低氢型焊接材料，当不要求焊缝与母材等强度时，可选择强度级别稍低的焊接材料。大多数情况下，中碳钢焊接需要预热和保持道间温度，以降低焊缝和热影响区的冷却速度，从而防止产生马氏体。预热温度取决于碳当量、母材厚度、结构刚性和工艺方法。通常情况下，35 钢和 45 钢的预热温度为 150～250℃；含碳量更高，板厚更大或刚性大时，预热温度可提高到 250～400℃。尽量采用超低氢型焊条，焊后立即进行消除应力处理，特别是大厚度工件、大刚性结构件及在苛刻的工况条件（例如动载荷或冲击载荷）下工作的工件。消除应力回火温度一般为 600～650℃。如果焊后不可能立即进行消除应力处理，则应先进行消氢处理，消氢处理的温度在 250～300℃。如果消氢处理也无法进行，就应该进行后热处理，促使扩散氢逸出，后热处理还可以降低冷却速度、缓解组织应力等。后热温度往往稍高于预热温度，应视具体情况而定。后热的保温时间通常按每 10mm 板厚为 1h 左右来控制。

高碳钢的碳含量大于 0.6%，除了高碳素结构钢外，还包括高碳钢铸件和碳素工具钢等。它们的碳含量更高，更容易产生硬脆的高碳马氏体，所以淬硬倾向和裂纹敏感性更大，因而焊接性更差。高碳钢的强度高，要求焊缝与母材强度完全相同比较困难。当要求焊接接头的强度较高时，一般用 E6915 焊条（J707）或 E5915 焊条（J607）；当对接头强度的要求不太高时，可用 E5016（J506）或 E5015（J507）等焊条，也可以选用强度等级相近的其他低合金钢焊条或填充金属。必要时还可以采用铬镍奥氏体不锈钢焊条，例如 A102、A107、A302、A307 等。含碳量更高时，可改用 A402、A507。高碳钢应在退火后再进行焊接。采用结构钢焊条时，焊前必须预热，一般在 250～400℃以上。焊接过程中还需要保持与预热一样的道间温度。工件焊接完成后立即送入炉中，在 650℃的条件下进行保温，这起到消除应力热处理的作用。工件的刚度或厚度较大时，应采取减少焊接内应力的措施，例如合理排列焊道，采用分段倒退法焊接，焊后进行锤击等。这些施工措施的采用与焊材的选配相辅相成，共同实现优质的焊接质量，缺一不可。

碳素结构钢用焊条选配见表 3-1，优质碳素结构钢用焊条选配见表 3-2。

表 3-1　碳素结构钢（GB/T 700—2006）焊条选配

序号	母材牌号	传统选配				AI 选配		
		简明焊接材料选用手册		钢铁材料焊接施工概览		牌号及厂家	符合型号	推荐指数
		型号	牌号	型号	牌号			
1	Q235A					EASYARC JL-426（林肯电气）	GB/T 5117 E4316	0.944
						CHE424Fe16（大西洋）	GB/T 5117 E4327	0.936
						Z-1Z（神钢）	JIS Z 3211 E4340	0.936
						CHE427SHA（大西洋）	GB/T 5117 E4315 P	0.935
						Z-1（神钢）	JIS Z 3211 E4319	0.934
2	Q235B	E4313 J421 E4303 J422 E4301 J423 E4320 J424 E4311 J425		E4319 J423 E4303 J422 E4315 J427 E4316 J426 E5003 J502 E5015 J507 E5016 J506 E5018 J506Fe E5028 J506Fe16、 J507Fe16		Phoenix Sh Gelb R（伯乐）	AWS A5.1 E6013	0.928
						M-50G（日本制铁）	JIS Z 3211 E4940-G	0.877
						Pipemaster 90（合伯特）	JIS Z 3211 E4940-G	0.875
						CHE422R（大西洋）	AWS A5.5 E7010-G	0.872
						Z-1（神钢）	JIS Z 3211 E4319	0.871
3	Q235C					EASYARC JL-426（林肯电气）	GB/T 5117 E4316	0.931
						Phoenix Sh Gelb R（伯乐）	AWS A5.1 E6013	0.927
						Pipemaster 90（合伯特）	JIS Z 3211 E4940-G	0.924
						Z-1Z（神钢）	JIS Z 3211 E4340	0.923
						B-10（神钢）	JIS Z 3211 E4319	0.917
4	Q235D					EASYARC JL-426（林肯电气）	GB/T 5117 E4316	0.934
						GEM-E10（京雷）	GB/T 5117 E4319	0.927
						CHE427SHA（大西洋）	GB/T 5117 E4315 P	0.923
						NJ422（林肯电气）	GB/T 5117 E4303	0.923
						CHE424Fe16（大西洋）	GB/T 5117 E4327	0.922

续表

序号	母材牌号	传统选配				AI 选配		
		简明焊接材料选用手册		钢铁材料焊接施工概览		牌号及厂家	符合型号	推荐指数
		型号	牌号	型号	牌号			
5	Q275A			—	—	Phoenix 120 K（伯乐）	AWS A5.1 E7018-1	0.938
						Phoenix Sh Gelb R（伯乐）	EN ISO 2560-A E 38 2 RB 12	0.932
						EASYARC JL-426（林肯电气）	GB/T 5117 E4316	0.923
						Hobart 447C（合伯特）	AWS A5.1 E6013	0.923
6	Q275C	E4316	J426	—	—	Phoenix 120 K（伯乐）	AWS A5.1 E7018-1	0.941
		E4315	J427			Phoenix Sh Gelb R（伯乐）	AWS A5.1 E6013	0.936
		E5003	J502			EASYARC JL-426（林肯电气）	GB/T 5117 E4316	0.930
		E5001	J503			Hobart 447C（合伯特）	AWS A5.1 E6013	0.925
		E5016	J506			CHE424（大西洋）	GB/T 5117 E4320	0.924
7	Q275D			—	—	EASYARC JL-426（林肯电气）	GB/T 5117 E4316	0.971
						GEM-E10（京雷）	GB/T 5117 E4319	0.909
						BÖHLER FOX OHV（伯乐）	AWS A5.1 E6013	0.903
						THJ507CuP（大桥）	GB/T 5117 E5015-G	0.901
						Pipemaster Pro-60（合伯特）	AWS A5.1 E6010	0.900

表 3-2　优质碳素结构钢（GB/T 699—2015）焊条选配

序号	母材牌号	传统选配				AI 选配		
		简明焊接材料选用手册		钢铁材料焊接施工概览		牌号及厂家	符合型号	推荐指数
		型号	牌号	型号	牌号			
1	8			—	—	G-300（日本制铁）	JIS Z 3211 E4319	0.864
						CJ422（铁锚）	GB/T 5117 E4303	0.861
2	10			—	—	G-300（日本制铁）	JIS Z 3211 E4319	0.880
						S-4301.I（韩国现代）	AWS A5.1 E6019	0.826
						CHE424Fe16（大西洋）	GB/T 5117 E4327	0.810
3	15	E4303	J422	E4319	J423	G-300（日本制铁）	JIS Z 3211 E4319	0.934
		E4301	J423	E4303	J422	S-4301.I（韩国现代）	AWS A5.1 E6019	0.878
		E4320	J424	E4315	J427	Z-1Z（神钢）	JIS Z 3211 E4340	0.866
		E4311	J425	E4316	J426			
4	20			E5003	J502			
				E5015	J507	G-300（日本制铁）	JIS Z 3211 E4319	0.939
				E5016	J506	Z-1Z（神钢）	JIS Z 3211 E4340	0.917
				E5018	J506Fe	S-4301.I（韩国现代）	AWS A5.1 E6019	0.916
				E5028	J506Fe16、J507Fe16			
5	25	E4316	J426	E4319	J423	Phoenix Sh Gelb R（伯乐）	AWS A5.1 E6013	0.959
		E4315	J427	E4303	J422	Z-1Z（神钢）	JIS Z 3211 E4340	0.952
				E4315	J427	B-10（神钢）	JIS Z 3211 E4319	0.948
				E4316	J426	CJ426（铁锚）	GB/T 5117 E4316	0.948
				E5003	J502	GEM-E10（京雷）	GB/T 5117 E4319	0.946

续表

序号	母材牌号	传统选配				AI选配		
		简明焊接材料选用手册		钢铁材料焊接施工概览		牌号及厂家	符合型号	推荐指数
		型号	牌号	型号	牌号			
6	30			E5015	J507	Hobart 447C（合伯特）	AWS A5.1 E6013	0.949
				E5016	J506	J427SH（锦州特种焊条）	GB/T 5117 E4315	0.946
				E5018	J506Fe	CJ426（铁锚）	GB/T 5117 E4316	0.944
				E5028	J506Fe16、	CHE427R（大西洋）	GB/T 5117 E4315	0.944
					J507Fe16	NJ421（林肯电气）	GB/T 5117 E4313	0.944
7	35	E5016	J506	E5019	J503	GEM-R13（京雷）	GB/T 5117 E4313	0.969
		E5015	J507	E5003	J502	Hobart Rocket 7024（合伯特）	AWS A5.1 E7024	0.961
		E4303	J422	E5015	J507	J506NiCu（金桥）	TB 2374 E5016-G	0.960
		E4301	J423	E5016	J506	THJ506NiCu（大桥）	GB/T 5117 E5016-G	0.954
		E4316	J426	E5015-G	J507GR、			
		E4315	J427	E5018	J507RH			
					J506Fe、			
					J507Fe			
8	15Mn	—	—	—	—	G-300（日本制铁）	JIS Z 3211 E4319	0.939
						CHE424Fe16（大西洋）	GB/T 5117 E4327	0.912
						Z-1Z（神钢）	JIS Z 3211 E4340	0.909
						S-4301.I（韩国现代）	AWS A5.1 E6019	0.908
9	20Mn	—	—	—	—	Z-1Z（神钢）	JIS Z 3211 E4340	0.953
						EASYARC JL-426（林肯电气）	GB/T 5117 E4316	0.951
						Phoenix Sh Gelb R（伯乐）	AWS A5.1 E6013	0.950
						GEM-E10（京雷）	GB/T 5117 E4319	0.948
						B-10（神钢）	JIS Z 3211 E4319	0.948
10	25Mn	—	—	—	—	Hobart 447C（合伯特）	AWS A5.1 E6013	0.950
						BÖHLER FOX OHV（伯乐）	AWS A5.1 E6013	0.945
						Phoenix Grün T（伯乐）	AWS A5.1 E6013	0.944
						NJ421（林肯电气中国）	GB/T 5117 E4313	0.942
11	35Mn	—	—	—	—	Phoenix SH Schwarz 3 K（伯乐）	AWS A5.5 E7015-G	0.945
						THJ552NiCrCu（大桥）	GB/T 5117 E5503-G	0.944
						THJ552（大桥）	GB/T 5117 E5503-G	0.942

第四节　低合金高强度钢焊条和药芯焊丝选配

低合金高强度钢焊材的选配，首先要满足焊缝金属与母材等强度的要求，然后考虑其他力学性能指标（如低温冲击韧性等）符合规定的要求。焊缝金属化学成分与母材成分的一致性则放在后面。在母材强度等级较高或焊接某些大厚度、大拘束度的构件时，为防止出现焊接冷裂纹，可采用低强匹配原则，即选用焊缝强度稍低于母材强度的焊材。值得注意的是，当焊缝金属的强度超过母材过多时，可能引起某些不良后果，这一点往往容易被忽略。经验证明，如果焊缝强度超过母材过多，接头冷弯时，塑性变形不均匀，因而造成冷弯角小，甚至出现横向裂纹。因此，焊缝强度等于或稍高于母材即可。

焊接低合金高强度钢时，最主要的施工参数有焊接热输入、预热和道间温度、焊接后热及消氢处理。为了得到满意的焊接产品，除了选配合适的焊材牌号外，也需要掌握这几个施工参数。

焊接热输入的变化将改变焊接冷却速度，从而影响到焊缝金属及热影响区的组织组成，并最终影响焊接接头的力学性能，也影响到其抗裂性能。屈服强度不超过500MPa的低合金高强度钢焊缝金属，不宜采用过大的焊接热输入。焊接操作上尽量不采用横向摆动和挑弧焊接，推荐采用多层窄焊道焊接。热输入对焊接热影响区的抗裂性及韧性也有显著的影响，焊接时钢材的状态各不相同，很难对焊接热输入作出统一的规定。所以，应根据钢材的焊接性特点，结合具体的结构形式及板厚等，选择合适的焊接热输入。含 V、Nb、Ti 等微合金化元素的钢种，为避免热影响区中粗晶区的脆化，确保焊接热影响区具有优良的低温韧性，应选择较小的焊接热输入。如 14MnNbq（Q370q）钢的焊接热输入应控制在37kJ/cm 以下，15MnVN（Q420q）钢的焊接热输入宜在 40～45kJ/cm 以下。控轧钢的碳含量和碳当量均较低，对于氢致裂纹不敏感，为了防止焊接热影响区的软化，提高热影响区韧性，应采用较小的焊接热输入，使焊接过程中从800℃降至500℃的冷却时间 $t_{8/5}$ 控制在10s 以内为佳。

预热可以降低焊接冷却速度，减少或避免热影响区中淬硬马氏体的产生，降低热影响区硬度，同时预热可以降低焊接应力，也有助于氢从焊接接头中逸出。因此，焊接低合金高强度钢时，预热是防止氢致裂纹产生的有效措施。预热温度的确定主要取决于钢材的成分（碳当量）、板厚、焊件结构形状或拘束度、环境温度以及所采用的焊接材料的含氢量等。随着钢材成分（碳当量）、板厚、结构拘束度和焊接材料的含氢量的增加，以及环境温度的降低，焊前预热温度要相应提高。对于厚板多层多道焊，为了促进焊接区中扩散氢的逸出，防止焊接过程中氢致裂纹的产生，应控制焊道间温度不低于预热温度，必要时还要进行焊接施工过程中的消氢热处理。

焊接后热是指焊接结束或焊完一条焊缝后，将焊件或焊接区域立即加热到 150～250℃范围内，并保温一段时间；而消氢处理通常是在 300～400℃的温度范围内保温一段时间。两种处理的目的都是加速焊接接头中氢的扩散逸出，消氢处理的效果比后热效果更好。及时后热或消氢处理是防止产生焊接冷裂纹的有效措施之一，特别是对于氢致裂纹敏感性较高的钢材，如 14MnMoV、18MnMoNb 等钢的厚板焊接接头。采用这一措施不仅可以降低预热温度，还可以使焊接接头获得良好的综合力学性能。对于厚度超过 100mm 的厚壁压力容器及其他重要的产品构件，焊接过程中至少进行 2～3 次的中间消氢处理，以防止厚板多层多道焊接时，由于氢的积聚而导致出现氢致裂。

低合金高强度钢包括低合金高强度结构钢、微合金管线钢、船舶及海洋工程用钢、锅炉和压力容器用钢、桥梁用结构钢，它们的焊材选配对照分别列表见后文。

一、低合金高强度结构钢焊条选配

低合金高强度结构钢的焊条选配见表 3-3。

表 3-3　低合金高强度结构钢（GB/T 1591—2018）焊条选配

序号	母材牌号	传统选配 简明焊接材料选用手册 型号	牌号	钢铁材料焊接施工概览 型号	牌号	AI选配 牌号及厂家	符合型号	推荐指数
1	Q355B	—	—			UTP COMET J 50 N（伯乐） Phoenix Grün T（伯乐） Phoenix Blau（伯乐） THJ507MoWNbB（大桥）	AWS A5.1 E7016 AWS A5.1 E6013 AWS A5.1 E6013 GB/T 5117 E5015-G	0.952 0.933 0.931 0.930
2	Q355C（≤40mm）	—	—			Phoenix Cel 80（伯乐） TENAX 56S（奥林康） Phoenix SH Schwarz 3 K（伯乐）	AWS A5.5 E8010-P1 AWS A5.1 E7016-1 H4 AWS A5.5 E7015-G	0.952 0.951 0.944
3	Q355C（>40mm）	—	—	E5003、E5019 E5015、E5016 E5015-G E5018 E5028	J502、J503 J507、J506 J507GR、J507RH J506Fe、J507Fe J506Fe16	Phoenix Cel 80（伯乐） TENAX 56S（奥林康） Phoenix Spezial D（伯乐） Phoenix SH Schwarz 3 K（伯乐）	AWS A5.5 E8010-P1 AWS A5.1 E7016-1 H4 AWS A5.1 E7016 AWS A5.5 E7015-G	0.960 0.945 0.943 0.942
4	Q355D（≤40mm）	—				Phoenix Cel 80（伯乐） TENAX 56S（奥林康） Phoenix Spezial D（伯乐） THJ557（大桥）	AWS A5.5 E8010-P1 AWS A5.1 E7016-1 H4 AWS A5.1 E7016 GB/T 5117 E5515-G	0.952 0.951 0.951 0.944
5	Q355D（>40mm）	—				Phoenix Cel 80（伯乐） Phoenix Spezial D（奥林康） CROMOCORD 55（奥林康） J506Fe18（金桥）	AWS A5.5 E8010-P1 AWS A5.1 E7016 AWS A5.5 E8018-B1 GB/T 5117 E5028	0.913 0.908 0.904 0.903

序号	母材牌号	传统选配				AI选配		
		简明焊接材料选用手册		钢铁材料焊接施工概览		牌号及厂家	符合型号	推荐指数
		型号	牌号	型号	牌号			
6	Q390B	E5001	J503、J503Z			Phoenix Cel 80（伯乐）	AWS A5.5 E8010-P1	0.908
		E5003	J502			Phoenix Spezial D（伯乐）	AWS A5.1 E7016	0.904
			J507、J507H、J507X、J507D、J507DF			CROMOCORD 55（奥林康）	AWS A5.5 E8018-B1	0.902
		E5015				THJ507CuP（大桥）	GB/T 5117 E5015-G	0.900
		E5015-G	J507R、J507RH			THJ557（大桥）	GB/T 5117 E5515-G	0.899
7	Q390C	E5016	J506、J506X、J506DF、J506GM、J506R、J506RH	E5003、E5019	J502、J503			
		E5016-G	J506Fe、J507Fe	E5015、E5016	J507、J506	CROMOCORD 55（奥林康）	AWS A5.5 E8010-P1	0.925
		E5018	J506Fe16、J506Fe18、	E5015-G	J507GR、J507RH、J556	Phoenix Cel 80（伯乐）	GB/T 5117 E5515-G	0.924
		E5028	J507Fe16、J557、	E5515、E5516	J557、J556	THJ557（大桥）	AWS A5.1 E7016	0.922
		E5515-G	J557Mo		J557Mo、J557MoV	Phoenix Spezial D（伯乐）	GB/T 5117 E5516-G	0.919
		E5516-G	J557MoV、J556、J556RH			THJ556（大桥）	GB/T 5117 E5516-G	0.912
8	Q420B	E5515-G	J557、J557Mo、J557MoV	E5515、E5516	J557、J556	CJ556N（铁锚）	GB/T 5117 E5516-G	0.943
		E5516-G	J556、J556RH、J556XG	E5515-G	J557Mo、J557MoV	CHE507CuP（大西洋）	GB/T 5117 E5015-G	0.910
						THJ507MoNb（大桥）	GB/T 5117 E5015-G	0.907
9	Q420C	E6015-D1	J607	E6016-D1、E6015-D1	J606、J607	THJ556R（大桥）	GB/T 5117 E5516-G	0.952
		E6015-G	J607Ni、J607RH	E6015-G	J607Ni、J607RH	1NiCu.B（曼彻特）	AWS A5.5M E8018-W2 H4	0.947
		E6016-D1	J606			Phoenix SH Schwarz 3 K Ni（伯乐）	AWS A5.5 E9018-G	0.940
		E6016-G	J606RH			THJ557R（大桥）	GB/T 5117 E5515-G	0.940

续表

| 序号 | 母材牌号 | 传统选配 | | 钢铁材料焊接施工概览 | | AI选配 | | |
| | | 简明焊接材料选用手册 | | | | | | |
		型号	牌号	型号	牌号	牌号及厂家	符合型号	推荐指数
10	Q460C	E6015-D1 E6015-G E6016-D1 E7015-D2	J607 J607Ni、J607RH J606 J707	E6015-G E6016-D1、E6015-D1 E7015-D2 E7015-G	J607Ni、J607RH、J607Mo J606、J607 J707 J707Ni、J707Mo	Phoenix Cel 90（伯乐） THJ607Ni（大桥） Phoenix SH Schwarz 3 K Ni（伯乐） CHH127（大西洋） CHE558GX（大西洋）	AWS A5.5 E9010-G GB/T 32533 E5915-G AWS A5.5 E9018-G GB/T 5118 E5515-G GB/T 5117 E5518-G	0.941 0.940 0.936 0.936 0.929
11	Q355NB	—	—			THJ507MoNb（大桥） CJ556N（铁锚） THJ507MoWNbB（大桥） BÖHLER FOX EV 50-A（伯乐）	GB/T 5117 E5015-G GB/T 5117 E5516-G GB/T 5117 E5015-G AWS A5.1 E7016	0.935 0.929 0.924 0.922
12	Q355NC	—				Phoenix Spezial D（伯乐） TENAX 56S（奥林康） THJ506NiCrCu（大桥） Phoenix Cel 80（伯乐）	AWS A5.1 E7016 AWS A5.1 E7016-1 H4 GB/T 5116 E5016-G AWS A5.5 E8010-P1	0.955 0.953 0.946 0.945
13	Q355ND	—		E5003、E5019 E5015、E5016 E5015-G E5018 E5028	J502、J503 J507、J506 J507GR、J507RH J506Fe、J507Fe J506Fe16	Phoenix Spezial D（伯乐） TENAX 56S（奥林康） THJ506NiCrCu（大桥） Phoenix Cel 80（伯乐）	AWS A5.1 E7016 AWS A5.1 E7016-1 H4 GB/T 5116 E5016-G AWS A5.5 E8010-P1	0.955 0.953 0.946 0.945
14	Q355NE	—				Phoenix 120 K（伯乐） THJ506NiCrCu（大桥） CHE506NiCrCu（大西洋） THJ502NiCrCu（大桥）	AWS A5.1 E7018-1 GB/T 5116 E5016-G GB/T 5117 E5018-1 GB/T 5117 E5003-G	0.936 0.934 0.929 0.926
15	Q355NF	—				TENAX 56S（奥林康） TENAX 76S（奥林康） TENACITO R（奥林康） THJ506NiCrCu（大桥） SUPERCITO 7018S（奥林康）	AWS A5.1 E7016-1 H4 AWS A5.5 E7018-G H4 AWS A5.1 E7018-1 H4 GB/T 5116 E5016-G AWS A5.1 E7018-1 H4	0.942 0.935 0.929 0.924 0.924

续表

序号	母材牌号	传统选配 简明焊接材料选用手册 型号	牌号	钢铁材料焊接施工概览 型号	牌号	AI选配 牌号及厂家	符合型号	推荐指数
16	Q390NB	E5001 E5003 E5015	J503、J503Z J502 J507、J507H、J507X、J507D、J507DF	E5003、E5019 E5015、E5016	J503、J502 J507、J506	TENAX 56S（奥林康）	AWS A5.1 E7016-1 H4	0.941
						TENAX 76S（奥林康）	AWS A5.5 E7018-G H4	0.935
						TENACITO R（奥林康）	AWS A5.1 E7018-1 H4	0.929
						TENACITO 38R（奥林康）	AWS A5.5 E7018-G-H4	0.924
17	Q390NC	E5015-G E5016	J507R、J507RH J506、J506X、J506DF、J506GM、J506R、J506RH	E5015、E5016 E5015-G	J502、J503 J507、J506 J507GR、J507RH	Phoenix SH Schwarz 3 K（伯乐）	AWS A5.5 E7015-G	0.971
					J557、J556	THJ557（大桥）	GB/T 5117 E5515-G	0.968
						THJ556（大桥）	GB/T 5117 E5516-G	0.955
						THJ557R（大桥）	GB/T 5117 E5515-G	0.953
						TENAX 56S（奥林康）	AWS A5.1 E7016-1 H4	0.953
18	Q390ND	E5016-G E5018 E5028	J506Fe、J507Fe、J506Fe16、J506Fe18、J507Fe16	E5515、E5516 E5515-G	J557Mo、J557MoV	CJ556N（铁锚）	GB/T 5117 E5516-G	0.949
						CHE507CuP（大西洋）	GB/T 5117 E5015-G P	0.918
						THR106Fe（大桥）	GB/T 5118 E5018-1M3	0.912
						THR107（大桥）	GB/T 5118 E5015-1M3	0.908
19	Q390NE	E5515-G E5516-G	J557、J557Mo、J557MoV J556、J556RH			Phoenix SH Schwarz 3 K（伯乐）	AWS A5.5 E7015-G	0.937
						THJ506NiCrCu（大桥）	GB/T 5117 E5016-G	0.930
						Phoenix Cel 80（伯乐）	AWS A5.5 E8010-P1	0.930
						Phoenix SH Schwarz 3 MK（伯乐）	AWS A5.5 E7018-A1	0.930
						TENAX 56S（奥林康）	AWS A5.1 E7016-1 H4	0.929
20	Q420NB	E5515-G E5516-G	J557、J557Mo、J557MoV J556、J556RH、J556XG	E5515、E5516 E5515-G	J557、J556 J557Mo、J557MoV	CJ556N（铁锚）	GB/T 5117 E5516-G	0.934
						CHE507CuP（大西洋）	GB/T 5117 E5015-G	0.905
						THJ507MoNb（大桥）	GB/T 5117 E5015-G	0.899
21	Q420NC	E6015-D1 E6015-G E6016-D1 E6016-G	J607 J607Ni、J607RH J606 J606RH	E6016-D1、E6015-D1 E6015-G	J606、J607 J607Ni、J607RH	THJ556R（大桥）	GB/T 5117 E5516-G	0.953
						1NiCu.B（曼彻特）	AWS A5.5M E8018-W2 H4	0.949
						THJ557R（大桥）	GB/T 5117 E5515-G	0.942
						FRW-J557RH（孚尔姆）	GB/T 5117 E5515-G	0.939
						Phoenix SH Schwarz 3 K Ni（伯乐）	AWS A5.5 E9018-G	0.938

续表

序号	母材牌号	传统选配				AI选配		
		简明焊接材料选用手册		钢铁材料焊接施工概览		牌号及厂家	符合型号	推荐指数
		型号	牌号	型号	牌号			
22	Q420ND	E5515-G	J557、J557Mo、J557MoV	E5515、E5516	J557、J556	THJ556R（大桥）	GB/T 5117 E5516-G	0.953
		E5516-G	J556、J556RH、J556XG	E5515-G	J557Mo、J557MoV	1NiCu.B（曼彻特）	AWS A5.5M E8018-W2 H4	0.949
						THJ557R（大桥）	GB/T 5117 E5515-G	0.941
						FRW-J557RH（孚尔姆）	GB/T 5117 E5515-G	0.938
23	Q420NE	E6015-D1	J607	E6016-D1	J606、J607	THJ556R（大桥）	GB/T 5117 E5516-G	0.953
		E6015-G	J607Ni、J607RH	E6015-D1	J607Ni、J607RH	1NiCu.B（曼彻特）	AWS A5.5M E8018-W2 H4	0.949
		E6016-D1	J606	E6015-G		THJ557R（大桥）	GB/T 5117 E5515-G	0.942
		E6016-G	J606RH			FRW-J557RH（孚尔姆）	GB/T 5117 E5515-G	0.939
24	Q460NC			E6015-G	J607Ni、J607RH、J607Mo	Phoenix Cel 90（伯乐）	AWS A5.5 E9010-G	0.947
						THJ607Ni（大桥）	GB/T 32533 E5915-G	0.938
						Phoenix SH Schwarz 3 K Ni（伯乐）	AWS A5.5 E9018-G	0.937
						CHH127（大西洋）	GB/T 5118 E5515-G	0.936
						CHE558GX（大西洋）	GB/T 5117 E5518-G	0.932
25	Q460ND	E6015-D1	J607	E6016-D1	J606、J607	CHE558GX（大西洋）	GB/T 5117 E5518-G	0.933
		E6015-G	J607Ni、J607RH	E6015-D1	J707	CHE657HTP（大西洋）	GB/T 32533 E6215-G	0.925
		E6016-D1	J606	E7015-D2	J707Ni、J707Mo	Phoenix Cel 90（伯乐）	AWS A5.5 E9010-G	0.924
		E7015-D2	J707	E7015-G		BÖHLER FOX CEL 90（伯乐）	AWS A5.5 E9010-P1	0.917
						CHE607GX（大西洋）	GB/T 32533 E5915-G	0.914
26	Q460NE					CHE558GX（大西洋）	GB/T 5117 E5518-G	0.933
						CHE657HTP（大西洋）	GB/T 32533 E6215-G	0.925
						Phoenix Cel 90（伯乐）	AWS A5.5 E9010-G	0.924
						BÖHLER FOX CEL 90（伯乐）	AWS A5.5 E9010-P1	0.917
						CHE607GX（大西洋）	GB/T 32533 E5915-G	0.914

续表

序号	母材牌号	传统选配				AI选配		
		简明焊接材料选用手册		钢铁材料焊接施工概览		牌号及厂家	符合型号	推荐指数
		型号	牌号	型号	牌号			
27	Q355MB	E6015-D1 E6015-G	J607			UTP COMET J 50 N（伯乐）	AWS A5.1 E7016	0.963
						Phoenix Grün T（伯乐）	AWS A5.1 E6013	0.946
						Phoenix Blau（金桥）	AWS A5.1 E6013	0.943
						J421Fe18（金桥）	GB/T 5117 E4324	0.930
						J421Fe16（金桥）	GB/T 5117 E4324	0.930
28	Q355MC	E6016-D1 E7015-D2	J607Ni、J607RH J606 J707			UTP COMET J 50 N（伯乐）	AWS A5.1 E7016	0.963
						Phoenix Grün T（伯乐）	AWS A5.1 E6013	0.946
						Phoenix Blau（金桥）	AWS A5.1 E6013	0.943
						J421Fe18（金桥）	GB/T 5117 E4324	0.930
						J421Fe16（金桥）	GB/T 5117 E4324	0.930
29	Q355MD	—		E5003、E5019 E5015、E5016 E5015-G E5018 E5028	J502、J503 J507、J506 J507GR、J507RH J506Fe、J507Fe J506Fe16	J506Fe18（金桥）	GB/T 5117 E5028	0.939
						J506Fe16（金桥）	GB/T 5117 E5028	0.939
						NJ502WCu（林肯电气）	GB/T 5118 E5003-G	0.937
						Phoenix Spezial D（伯乐）	AWS A5.1 E7016	0.923
30	Q355ME	—				Phoenix 120 K（伯乐）	AWS A5.1 E7018-1	0.944
						Phoenix Cel 70（伯乐）	AWS A5.1 E6010	0.944
						THJ502NiCu（大桥）	GB/T 5117 E5003-G	0.925
						THJ506NiCrCu（大桥）	GB/T 5117 E5016-G	0.923
31	Q355MF	—				TENAX 76S（奥林康）	AWS A5.5 E7018-G H4	0.963
						Phoenix 120 K（伯乐）	AWS A5.1 E7018-1	0.934
						W607DR（威尔）	GB/T 5117 E5015-G	0.926
						TENAX 56S（奥林康）	AWS A5.1 E7016-1 H4	0.923
						THJ506NiCrCu（大桥）	GB/T 5117 E5016-G	0.922

续表

序号	母材牌号	传统选配 — 简明焊接材料选用手册 型号	传统选配 — 简明焊接材料选用手册 牌号	传统选配 — 钢铁材料焊接施工概览 型号	传统选配 — 钢铁材料焊接施工概览 牌号	AI选配 — 牌号及厂家	AI选配 — 符合型号	AI选配 — 推荐指数
32	Q390MB	E5001 E5003 E5015 E5016	J503、J503Z J502 J507、J507H、J507X、J507D、J507DF J507R、J507RH J506、J506X、J506DF、J506GM、J506R、J506RH			TENAX 76S（奥林康）	AWS A5.5 E7018-G H4	0.963
						Phoenix 120 K（伯乐）	AWS A5.1 E7018-1	0.933
						W607DR（威尔）	GB/T 5117 E5015-G	0.926
						TENAX 56S（奥林康）	AWS A5.1 E7016-1 H4	0.922
						THJ506NiCrCu（大桥）	GB/T 5117 E5016-G	0.918
33	Q390MC	E5015-G E5016	J507R、J507RH J506、J506X、J506DF、J506RH	E5003、E5019 E5015、E5016 E5015-G	J502、J503 J507、J506 J507GR、J507RH	UTP COMET J 50 N（伯乐）	AWS A5.1 E7016	0.930
						THJ507MoWNbB（大桥）	GB/T 5117 E5015-G	0.921
						THJ507MoNb（大桥）	GB/T 5117 E5015-G	0.920
34	Q390MD	E5016-G E5018 E5028	J506GM、J506R、J506RH J506Fe、J507Fe J506Fe16 J506Fe18、	E5515、E5516 E5515-G	J557、J556 J557Mo、J557MoV	THJ557（大桥） THJ552（大桥） THJ556（大桥） GER-C60（京雷）	GB/T 5117 E5515-G GB/T 5117 E5503-G GB/T 5117 E5516-G GB/T 5117 E5518-NCC1	0.939 0.938 0.937 0.927
						CHE558HR（大西洋）	GB/T 5117 E5518-G P	0.927
35	Q390ME	E5515-G E5516-G	J507Fe16、J557、J557Mo J557MoV J556、J556RH			THJ506NiCrCu（大桥）	GB/T 5117 E5016-G	0.929
						Phoenix 120 K（伯乐）	AWS A5.1 E7018-1	0.929
						CHE506NiCrCu（大西洋）	GB/T 5117 E5018-1	0.921
						TENAX 76S（奥林康）	AWS A5.5 E7018-G H4	0.920
36	Q420MB	E5515-G E5516-G	J557、J557Mo、J557MoV J556、J556RH、J556XG	E5515、E5516 E5515-G	J557、J556 J557Mo、J557MoV	THJ506NiCrCu（大桥）	GB/T 5117 E5016-G	0.926
						Phoenix 120 K（伯乐）	AWS A5.1 E7018-1	0.924
						TENCORD Kb（奥林康）	AWS A5.5 E7018-G-H4	0.923
						TENAX 76S（奥林康）	AWS A5.5 E7018-G H4	0.920
						CHE506NiCrCu（大西洋）	GB/T 5117 E5016-G	0.919
37	Q420MC	E6015-D1 E6015-G E6016-D1 E6016-G	J607 J607Ni、J607RH J606 J606RH	E6016-D1 E6015-D1 E6015-G	J606、J607 J607Ni、J607RH	Phoenix Cel 80（伯乐）	AWS A5.5 E8010-P1	0.954
						Phoenix SH Schwarz 3 K（伯乐）	AWS A5.5 E7015-G	0.940
						THJ557（大桥）	GB/T 5117 E5515-G	0.937
						TENAX 56S（奥林康）	AWS A5.1 E7016-1 H4	0.936
						Phoenix Spezial D（伯乐）	AWS A5.1 E7016	0.934

续表

序号	母材牌号	传统选配 简明焊接材料选用手册 型号	简明焊接材料选用手册 牌号	钢铁材料焊接施工概览 型号	钢铁材料焊接施工概览 牌号	AI选配 牌号及厂家	符合型号	推荐指数
38	Q420MD					Phoenix Cel 80（伯乐）	AWS A5.5 E8010-P1	0.954
						Phoenix SH Schwarz 3 K（伯乐）	AWS A5.5 E7015-G	0.940
						THJ557（大桥）	GB/T 5515 E5515-G	0.937
						TENAX 56S（奥林康）	AWS A5.1 E7016-1 H4	0.936
						Phoenix Spezial D（伯乐）	AWS A5.1 E7016	0.934
39	Q420ME	E5515-G	J557、J557Mo、J557MoV	E5515、E5516	J557、J556	THJ556R（大桥）	GB/T 5117 E5516-G	0.953
						1NiCu.B（曼彻特）	AWS A5.5M E8018-W2 H4	0.947
						THJ557R（大桥）	GB/T 5117 E5515-G	0.941
						FRW-J557RH（孚尔姆）	GB/T 5117 E5515-G	0.94
40	Q460MC	E5516-G	J556、J556RH、J556XG	E5515-G	J557Mo、J557MoV	THJ556R（大桥）	GB/T 5117 E5516-G	0.953
		E6015-D1	J607	E6016-D1、E6015-D1	J606、J607	1NiCu.B（曼彻特）	AWS A5.5M E8018-W2 H4	0.949
		E6015-G	J607Ni、J607RH	E6015-G	J607Ni、J607RH	THJ557R（大桥）	GB/T 5117 E5515-G	0.941
		E6016-D1	J606			Phoenix SH Schwarz 3 K Ni（伯乐）	AWS A5.5 E9018-G	0.941
		E6016-G	J606RH			FRW-J557RH（孚尔姆）	GB/T 5117 E5515-G	0.938
41	Q460MD					THJ556R（大桥）	GB/T 5117 E5516-G	0.944
						THJ557R（大桥）	GB/T 5117 E5515-G	0.941
						THJ556（大桥）	GB/T 5117 E5515-G	0.938
						FRW-J557RH（孚尔姆）	GB/T 5117 E5515-G	0.931
42	Q460ME					THJ556R（大桥）	GB/T 5117 E5516-G	0.942
						1NiCu.B（曼彻特）	AWS A5.5M E8018-W2 H4	0.937
						THJ557R（大桥）	GB/T 5117 E5515-G	0.934
						Phoenix SH Schwarz 3 K Ni（伯乐）	AWS A5.5 E9018-G	0.933
						FRW-J557RH（孚尔姆）	GB/T 5117 E5515-G	0.927

续表

序号	母材牌号	传统选配				AI选配		推荐指数
		简明焊接材料选用手册		钢铁材料焊接施工概览		牌号及厂家	符合型号	
		型号	牌号	型号	牌号			
43	Q500MC	E7015-G	J707Ni、J707RH、J707NiW	—	—	1NiCu.B（曼彻特）	AWS A5.5M E8018-W2 H4	0.942
						THJ556R（大桥）	GB/T 5117 E5516-G	0.929
						THJ557R（大桥）	GB/T 5117 E5515-G	0.921
						Phoenix SH Schwarz 3 K Ni（伯乐）	AWS A5.5 E9018-G	0.92
						CHE556NiCrCu（大西洋）	GB/T 5117 E5516-G	0.918
44	Q500MD			—	—	J557HR（威尔）	GB/T 5117 E5516-G	0.914
						J607RH（威尔）	GB E6015-G	0.913
						JQ.J36G（金桥）	AWS A5.5 E9018-G	0.908
						BÖHLER FOX CEL 90（伯乐）	AWS A5.5 E9010-P1	0.904
						CHE606NiCrCu（大西洋）	GB/T 32533 E5916-G	0.903
45	Q500ME			—	—	J606RH（金桥）	AWS A5.5 E9016-G	0.921
						E9018-D1（曼彻特）	AWS A5.5 E9018-D1	0.919
						CHE606NiCrCu（大西洋）	GB/T 32533 E5916-G	0.914
						J607RH（威尔）	GB E6015-G	0.909
46	Q550MC	—	—	—	—	E10018-D2（曼彻特）	AWS A5.5 E10018-D2	0.910
						E9018-D1（曼彻特）	AWS A5.5 E9018-D1	0.907
						J606RH（金桥）	GB E6016-G	0.906
						CHE606NiCrCu（大西洋）	GB/T 32533 E5916-G	0.904
						J607RH（威尔）	GB E6015-G	0.897
47	Q550MD	—	—	—	—	E10018-D2（曼彻特）	AWS A5.5 E10018-D2	0.909
						GEL-78（京雷）	GB/T 32533 E6918-4 M2 P	0.909
						CHE707Ni（大西洋）	GB/T 32533 E6915-G P	0.906
						E10018-D2（威尔）	AWS A5.5 E10018-D2	0.904
48	Q550ME	—	—	—	—	E10018-D2（曼彻特）	AWS A5.5 E10018-D2	0.904
						E9018-D1（曼彻特）	AWS A5.5 E9018-D1	0.899
						J606RH（金桥）	GB E6016-G	0.897
						CHE606NiCrCu（大西洋）	GB/T 32533 E5916-G	0.895
						J607RH（威尔）	GB E6015-G	0.889

续表

序号	母材牌号	传统选配 简明焊接材料选用手册 型号	传统选配 简明焊接材料选用手册 牌号	传统选配 钢铁材料焊接施工概览 型号	传统选配 钢铁材料焊接施工概览 牌号	AI选配 牌号及厂家	AI选配 符合型号	AI选配 推荐指数
49	Q620MC	—	—	—	—	E10018-D2（曼彻特）	AWS A5.5 E10018-D2	0.897
						E9018-D1（曼彻特）	AWS A5.5 E9018-D1	0.855
						J606RH（金桥）	AWS A5.5 E9016-G	0.881
50	Q620MD	—	—	—	—	TENAX 118-D2（奥林康）	AWS A5.5 E10018-D2	0.907
						CHE757（大西洋）	GB/T 32533 E7615-G P	0.905
						CHE758（大西洋）	GB/T 32533 E7618-G P	0.893
						TENACITO 75（奥林康）	AWS A5.5 E10018-G-H4	0.89
51	Q620ME	—	—	—	—	CHE757GX（大西洋）	GB/T 32533 E7615-G	0.874
						LB-80UL（神钢）	AWS A5.5 E11016-G	0.873
						LB-106（神钢）	JIS Z 3211 E6916-N3CM1 U	0.867
						TENAX 118-D2（奥林康）	AWS A5.5 E10018-D2	0.865
						E10018-D2（曼彻特）	AWS A5.5 E10018-D2	0.862
52	Q690MC	—	—	—	—	E11018-M（曼彻特）	AWS A5.5M E11018-M H4	0.902
						TENACITO 75（奥林康）	AWS A5.5 E10018-G-H4	0.896
						TENAX 118-D2（大西洋）	AWS A5.5 E10018-D2	0.892
						CHE757（大西洋）	GB/T 32533 E7615-G P	0.891
53	Q690MD	—	—	—	—	E11018-M（曼彻特）	AWS A5.5M E11018-M H4	0.902
						TENACITO 75（奥林康）	AWS A5.5 E10018-G-H4	0.896
						TENAX 118-D2（奥林康）	AWS A5.5 E10018-D2	0.892
						CHE757（大西洋）	GB/T 32533 E7615-G P	0.891
54	Q690ME	—	—	—	—	TENAX 118（奥林康）	AWS A5.5 E11018-G-H4	0.906
						CHE807RH（大西洋）	GB/T 32533 E7815-G U	0.901
						J807G（威尔）	GB/T 5118 E8015-G	0.896
						THJ857R（大桥）	GB/T 32533 E8315-G	0.894
						TENAX 128-M（奥林康）	AWS A5.5 E12018-M	0.890

二、微合金管线钢药芯焊丝选配

石油天然气输送管用热轧宽钢带的药芯焊丝选配见表 3-4。

表 3-4　石油天然气输送管用热轧宽钢带（GB/T 14164—2013）药芯焊丝选配

序号	母材牌号	AI 选配		
		牌号及厂家	符合型号	推荐指数
1	L290/X42	GFL-X52-O（京雷）	GB/T 10045 T432T8-1NA-N1	0.853
		GFL-61SR（京雷）	GB/T 10045T430T1-1C1P	0.847
		GCL-X52（京雷）	GB/T 10045 T492T15-1M21A	0.846
		THY-J431（大桥）	GB/T 10045 E431T-G	0.845
		THY-J427Ni（大桥）	—	0.836
2	L320/X46	GFL-X52-O（京雷）	GB/T 10045T432T8-1NA-N1	0.871
		GFL-61SR（京雷）	GB/T 10045 T430T1-1C1P	0.864
		GCL-X52（京雷）	GB/T 10045T492T15-1M21A	0.863
		THY-J431（大桥）	GB/T 10045 E431T-G	0.859
		THY-J427Ni（大桥）	—	0.857
3	L360/X52	GFL-X52-O（京雷）	GB/T 10045 T432T8-1NA-N1	0.888
		GCL-X52（京雷）	GB/T 10045T492T15-1M21A	0.879
		THY-58Ni1（大桥）	GB/T 17493 E491T8-Ni1-J	0.869
		Formula XL-550（合伯特）	AWS A5.20 E71T-1C、E71T-12CJ H4	0.876
		THY-J427Ni（大桥）	—	0.874
4	L390/X56	GFL-X52-O（京雷）	GB/T 10045 T432T8-1NA-N1	0.896
		GCL-X52（京雷）	GB/T 10045 T492T15-1M21A	0.889
		THY-58K6（大桥）	GB/T 17493 E491T8-K6-J	0.888
		Union TG 55 M（伯乐）	AWS A5.20 E71T-1CH4	0.886
		THY-58Ni1（大桥）	GB/T 17493 E491T8-Ni1-J	0.881
5	L415/X60	GFR-7K6-O（京雷）	GB/T 17493 E491T8-K6-J	0.922
		Union TG 55 M（伯乐）	AWS A5.20 E71T-1CH4	0.897
		THY-58K6（大桥）	GB/T 17493 E491T8-K6-J	0.889
		CHT71NHQ（大西洋）	GB/T 17493 E491T1-GC	0.886
		GFL-X70-O（京雷）	GB/T 10045 T493T8-1NA-N2	0.886
6	L450/X65	GFR-7K6-O（京雷）	GB/T 17493 E491T8-K6-J	0.905
		Union TG 55 M（伯乐）	AWS A5.20 E71T-1CH4	0.905
		THY-58K6（大桥）	GB/T 17493 E491T8-K6-J	0.897
		CHT71NHQ（大西洋）	GB/T 17493 E491T1-GC	0.895
		GFL-X70-O（京雷）	GB/T 10045 T493T8-1NA-N2	0.894
7	L485/X70	GFL-X70-O（京雷）	GB/T 10045 T493T8-1NA-N2	0.918
		GFR-7K6-O（京雷）	GB/T 17493 E491T8-K6-J	0.901
		GFR-71W1（京雷）	GB/T 17493 E491T1-GC	0.909
		MX-50W（神钢）	JIS Z 3320 T49J0T1-0CA-NCC-U	0.894

序号	母材牌号	AI 选配		
		牌号及厂家	符合型号	推荐指数
8	L245R/BR	GCL-53M（京雷）	GB/T 10045 T492T15-1M21A	0.925
		GFL-71SR（京雷）	GB/T 10045 E501T-1	0.917
		FRW-71CM（孚尔姆）	GB/T 10045 T492T1-1C1AU	0.915
		GFL-71M（京雷）	GB/T 10045 T492T1-1M21A	0.915
		FRW-71M（孚尔姆）	GB/T 10045 T492T1-1M21AU	0.915
9	L290R/X42R	GCL-53M（京雷）	GB/T 10045 T492T15-1M21A	0.925
		GFL-71SR（京雷）	GB/T 10045 E501T-1	0.917
		FRW-71CM（孚尔姆）	GB/T 10045 T492T1-1C1AU	0.915
		GFL-71M（京雷）	GB/T 10045 T492T1-1M21A	0.915
		FRW-71M（孚尔姆）	GB/T 10045 T492T1-1M21AU	0.915
10	L245N/BN	GCL-53M（京雷）	GB/T 10045 T492T15-1M21A	0.925
		GFL-71SR（京雷）	GB/T 10045 E501T-1	0.917
		FRW-71CM（孚尔姆）	GB/T 10045 T492T1-1C1AU	0.915
		GFL-71M（京雷）	GB/T 10045 T492T1-1M21A	0.915
		FRW-71M（孚尔姆）	GB/T 10045 T492T1-1M21AU	0.915
11	L290N/X42N	GCL-53M（京雷）	GB/T 10045 T492T15-1M21A	0.925
		GFL-71SR（京雷）	GB/T 10045 E501T-1	0.917
		FRW-71CM（孚尔姆）	GB/T 10045 T492T1-1C1AU	0.915
		GFL-71M（京雷）	GB/T 10045 T492T1-1M21A	0.915
		FRW-71M（孚尔姆）	GB/T 10045 T492T1-1M21AU	0.915
12	L320N/X46N	DUAL SHIELD 7100 LC（伊萨）	AWS A5.20 E71T-1C-DH8/T-1M、E71T-9C-DH8/T-9M	0.920
		FRW-71CM（孚尔姆）	GB/T 10045 T492T1-1C1AU	0.919
		FRW-71M（孚尔姆）	GB/T 10045 T492T1-1M21AU	0.919
		GFL-71M（京雷）	GB/T 10045 T492T1-1M21A	0.918
		FRW-71（孚尔姆）	GB/T 10045 T492T1-1C1AU	0.917
13	L360N/X52N	GFL-71MSR（京雷）	GB/T 10045 E501T-1M	0.920
		CHT70G（大西洋）	AWS A5.26 EG70T-2	0.916
		JQ-81T1M（金桥）	GB/T 17493 E551T1-GM	0.915
		SF-80W（韩国现代）	AWS A5.29 E81T1-W2C	0.915
		CHT81W2（大西洋）	GB/T 17493 E551T1-W2C	0.910
14	L390N/X56N	GFL-71MSR（京雷）	GB/T 10045 E501T-1M	0.914
		SC-55F Cored（韩国现代）	AWS A5.29 E80T1-GC	0.910
		Supercored 81（韩国现代）	AWS A5.29 E80T1-GC	0.910
		MX-60W（神钢）	AWS A5.29 E80T1-W2C	0.909

续表

序号	母材牌号	AI 选配		
		牌号及厂家	符合型号	推荐指数
15	L415N/X60N	CHT80G（大西洋）	AWS A5.26 EG80T-Ni1	0.907
		METALLOY VANTAGETM D2（合伯特）	AWS A5.28 E90C-D2	0.907
		FLUXOFIL 18HD（奥林康）	AWS A5.29 E81T1-GM-H4	0.906
		MX-60W（神钢）	AWS A5.29 E80T1-W2C	0.900
		CORMET 1（曼彻特）	AWS A5.29M E81T1-B2C/M-H4	0.900
16	L290M/X42M	GCL-53M（京雷）	GB/T 10045 T492T15-1M21A	0.925
		GFL-71SR（京雷）	GB/T 10045 E501T-1	0.920
		FRW-71CM（孚尔姆）	GB/T 10045 T492T1-1C1AU	0.918
		GFL-71M（京雷）	GB/T 10045 T492T1-1M21A	0.918
		FRW-71M（孚尔姆）	GB/T 10045 T492T1-1M21AU	0.918
17	L320M/X46M	FRW-71CM（孚尔姆）	GB/T 10045 T492T1-1C1AU	0.918
		FRW-71M（孚尔姆）	GB/T 10045 T492T1-1M21AU	0.918
		GFL-71M（京雷）	GB/T 10045 T492T1-1M21A	0.917
		GCL-53M（京雷）	GB/T 10045 T492T15-1M21A	0.915
		GFL-71SR（京雷）	GB/T 10045 E501T-1	0.915
18	L360M/X52M	GFL-71MSR（京雷）	GB/T 10045 E501T-1M	0.921
		CHT70G（大西洋）	AWS A5.26 EG70T-2	0.919
		SF-80W（韩国现代）	AWS A5.29 E81T1-W2C	0.916
		JQ-81T1M（金桥）	GB/T 17493 E551T1-GM	0.916
19	L390M/X56M	GFL-71MSR（京雷）	GB/T 10045 E501T-1M	0.915
		MX-60W（神钢）	AWS A5.29 E80T1-W2C	0.910
		SC-55F Cored（韩国现代）	AWS A5.29 E80T1-GC	0.910
		Supercored 81（韩国现代）	AWS A5.29 E80T1-GC	0.910
20	L415M/X60M	METALLOY VANTAGETM D2（合伯特）	AWS A5.28 E90C-D2	0.911
		CHT80G（大西洋）	AWS A5.26 EG80T-Ni1	0.911
21	L450M/X65M	METALLOY VANTAGETM D2（合伯特）	AWS A5.28 E90C-D2	0.918
		CHT80G（大西洋）	AWS A5.26 EG80T-Ni1	0.915
		CHT91K2（大西洋）	GB/T 17493 E621T1-K2C	0.901
		MX-60W（神钢）	AWS A5.29 E80T1-W2C	0.900
22	L485M/X70M	THY-X70-G（大桥）	—	0.926
		GFL-X70-O（京雷）	GB/T 10045 T493T8-1NA-N2	0.91
		JQ-81T1M（金桥）	GB/T 17493 E551T1-GM	0.904
		THY-70C6（大桥）	AWS A5.18 E70C-6M H4	0.898
		THY-58Ni1（大桥）	GB/T 17493 E491T8-Ni1-J	0.894

序号	母材牌号	AI 选配		
		牌号及厂家	符合型号	推荐指数
23	L555M/X80M	BÖHLER Ti 70 Pipe-FD（伯乐）	AWS A5.36 E91T1-M21A4-G	0.914
		JC-80（金桥）	GB/T 17493 E621T8-G	0.892
		Fabshield X80（合伯特）	AWS A5.29 E81T8-Ni2J	0.891
		THY-558Ni2（大桥）	GB/T 17493 E551T8-Ni2-J	0.890
		GCR-81Ni1M（京雷）	GB/T 10045 T554T15-1M21A-N2	0.888
24	L625M/X90M	FRW-110K3（孚尔姆）	GB/T 36233 T762T1-1C1A-N3M2	0.941
		GFR-X90-O（京雷）	GB/T 36233 T623T8-1NA-GN4	0.941
		GFR-91K2M（京雷）	GB/T 36233 T622T1-1M21A-N3M1	0.937
		JC-80（金桥）	GB/T 17493 E621T8-G	0.935
25	L690M/X100M	GCR-100K3M（京雷）	GB/T 36233 T695T15-1M21A-N3M2	0.920
		GFR-X100-O（京雷）	GB/T 36233 T693T8-1NA-N4M1	0.916
		FabCO-110K3-M（合伯特）	AWS A5.29 E111T1-K3MJ H4	0.899
		METALLOY 100（合伯特）	AWS A5.28 E100C-K3	0.899
26	L830M/X120M	FLUXOFIL 45（奥林康）	AWS A5.29 E120T5-GM H	0.916
		GCR-140GM（京雷）	—	0.912
		GCR-150GM（京雷）	—	0.910
		GFR-150G（京雷）	—	0.900
		FRW-120K4M（孚尔姆）	GB/T 36233 T835T5-1C1A-N4C1M2	0.878

三、船舶及海洋工程用钢药芯焊丝选配

船舶及海洋工程用结构钢的药芯焊丝选配见表 3-5。

表 3-5　船舶及海洋工程用结构钢（GB 712—2011）药芯焊丝选配

序号	母材牌号	AI 选配		
		牌号及厂家	符合型号	推荐指数
1	A	GFL-61SR（京雷）	GB/T 10045 T430T1-1C1P	0.880
		GFL-61（京雷）	GB/T 10045 T430T1-1C1A	0.870
		Formula XL-550（合伯特）	AWS E71T-1C、E71T-12CJ H4	0.843
		CHT611（大西洋）	GB/T 10045 E431T-G	0.843
2	B	GFL-61SR（京雷）	GB/T 10045 T430T1-1C1P	0.921
		THY-J427Ni（大桥）	—	0.918
		THY-J431（大桥）	GB/T 10045 E431T-G	0.914
		GFL-61（京雷）	GB/T 10045 T430T1-1C1A	0.903
		Formula XL-550（合伯特）	AWS E71T-1C、E71T-12CJ H4	0.889
3	D	THY-J427Ni（大桥）	—	0.892
		CHT611（大西洋）	GB/T 10045 E431T-G	0.890

序号	母材牌号	AI 选配		
		牌号及厂家	符合型号	推荐指数
3	D	Formula XL-550（合伯特）	AWS E71T-1C、E71T-12CJ H4	0.875
4	E	THY-J427Ni（大桥）	—	0.920
		THY-58Ni1（大桥）	GB/T 17493 E491T8-Ni1-J	0.894
		Formula XL-550（合伯特）	AWS E71T-1C H8, E71T-12CJ H8	0.893
		Union TG 55 M（伯乐）	AWS A5.20 E71T-1CH4	0.89
5	AH32	Union TG 55 M（伯乐）	AWS A5.20 E71T-1CH4	0.953
		FRW-501（孚尔姆）	GB/T 10045 T492T1-1C1AU	0.928
		FRW-712（孚尔姆）	GB/T 10045 T492T1-1C1AU	0.921
		CHT71Ni（大西洋）	GB/T 10045 E501T-1	0.919
6	AH36	DUAL SHIELD 7100 LC（伊萨）	AWS A5.20 E71T-1C-DH8/T-1M、E71T-9C-DH8/T-9M	0.957
		Union TG 55 M（伯乐）	AWS A5.20 E71T-1CH4	0.952
		GFR-7K6-O（京雷）	GB/T 17493 E491T8-K6-J	0.952
		PRIMACORE LW-71H（林肯电气）	GB/T 10045 E501T-1	0.946
		GCL-11（京雷）	GB/T 10045 T492T15-1C1/M21 A	0.939
7	AH40	DW-300W（神钢）	—	0.947
		Supershield 11（韩国现代）	AWS A5.20 E71T-11	0.943
		FLUXOFIL 19HD（奥林康）	AWS A5.20 E71T-1C-JH4	0.938
		PRIMACORE LW-71H（林肯电气）	GB/T 10045 E501T-1	0.936
		SF-1A（日本制铁）	JIS Z 3313 T49J0T1-1MA-UH5	0.934
8	DH32	FRW-501（孚尔姆）	GB/T 10045 T492T1-1C1AU	0.929
		GCL-53M（京雷）	GB/T 10045 T492T15-1M21A	0.927
		FRW-712（孚尔姆）	GB/T 10045 T492T1-1C1AU	0.923
		GFL-75（京雷）	GB/T 10045 E501T-5	0.917
		GFL-71SR（京雷）	GB/T 10045 E501T-1	0.917
9	DH36	DUAL SHIELD 7100 LC（伊萨）	AWS A5.20 E71T-1C-DH8/T-1M、E71T-9C-DH8/T-9M	0.941
		GCL-11（京雷）	GB/T 10045 T492T15-1C1/M21A	0.940
		GFL-72CM（京雷）	GB/T 10045 T492T1-1C1/M21A	0.939
		FRW-71CM（孚尔姆）	GB/T 10045 T492T1-1M21AU	0.939
		SF-1A（日本制铁）	AWS A5.36 E71T1-M21A2-CS1	0.939
10	DH40	SF-1A（日本制铁）	AWS A5.36 E71T1-M21A2-CS1	0.935
		GFL-71CM（京雷）	GB/T 10045 T492T1-1C1/M21A	0.934
		GCL-11（京雷）	GB/T 10045 T492T15-1C1/M21A	0.931
		FLUXOFIL 19HD（奥林康）	AWS A5.20 E71T-1C-JH4	0.928
		GFL-72（京雷）	GB/T 10045 E501T-1	0.928

续表

序号	母材牌号	AI 选配		
		牌号及厂家	符合型号	推荐指数
11	EH32	Union TG 55 M（伯乐）	AWS A5.20 E71T-1CH4	0.954
		CHT71Ni（大西洋）	GB/T 10045 E501T-1L	0.920
		GFL-75（京雷）	GB/T 10045 E501T-5	0.919
		Formula XL-550（合伯特）	AWS E71T-1C H8、E71T-12CJ H8	0.914
		PRIMACORE LW-70MC（林肯电气）	AWS A5.18 E70C-6C	0.913
12	EH36	Union TG 55 M（伯乐）	AWS A5.20 E71T-1CH4	0.952
		GFR-7K6-O（京雷）	GB/T 17493 E491T8-K6-J	0.952
		FLUXOFIL 31（奥林康）	AWS A5.20 E70T-5C-JH4	0.942
		GFL-71NiCM（京雷）	GB/T 10045 T494T1-1C1/M21A	0.939
		PRIMACORE LW-71H（林肯电气）	GB/T 17493 E491T8-K6-J	0.935
13	EH40	FLUXOFIL 19HDS（奥林康）	AWS A5.20 E71T-1C-JH4	0.952
		FLUXOFIL 31（奥林康）	AWS A5.20 E70T-5C-JH4	0.933
		GFL-71NiCM（京雷）	GB/T 10045 T 49 4 T1-1 C1/M21 A	0.931
		GFR-71W1（京雷）	GB/T 17493 E491T1-GC	0.931
		BÖHLER Ti 52-FD（伯乐）	AWS A5.36 E71T1-C1A2-CS1-H4	0.931
14	FH32	DW-55LSR（神钢）	AWS A5.29 E81T1-K2C	0.921
		CHT71Ni1（大西洋）	GB/T 17493 E491T1-Ni1C	0.915
		Union TG 55 M（伯乐）	AWS A5.20 E71T-1CH4	0.914
		BÖHLER Ti 60-FD（伯乐）	AWS A5.36 E81T1-M21A8-Ni1-H4	0.912
15	FH40	CITOFLUX R82 SR（奥林康）	AWS A5.29 E81T1-Ni1M-H4	0.946
		MX-55LF（神钢）	AWS A5.20 E70T-9C-J	0.943
		GFR-81Ni1M（京雷）	GB/T 10045 T554T15-1M21A-N2	0.937
		FLUXOFIL 40（奥林康）	AWS A5.29 E80T5-GM H4	0.935
		Supercored 81MAG（韩国现代）	AWS A5.29 E81T1-Ni1M	0.931
16	AH420	FLUXOFIL 14 HD（奥林康）	AWS A5.20 E71T-1C-H4	0.944
		FLUXOFIL 19HD（奥林康）	AWS A5.20 E71T-1C-JH4	0.944
		DW-490FR（神钢）	JIS Z 3313 T49J0T1-1CA-G-U	0.942
		GFL-71MSR（京雷）	GB/T 10045 E501T-1M;	0.935
		FLUXOFIL 19HDS（奥林康）	AWS A5.20 E71T-1C-JH4	0.940
17	AH460	MX-60F（神钢）	JIS Z 3313 T 59J 1T1-0 CA-G-U	0.925
		GFL-71MSR（京雷）	GB/T 10045 E501T-1M	0.923
		SC-55F Cored（韩国现代）	AWS A5.29 E80T1-GC	0.923
		SC-70Z Cored（韩国现代）	AWS A5.18 E70C-G	0.922
		CHT80G（大西洋）	JIS Z 3319 YFEG-32C	0.922
18	AH500	METALLOY VANTAGETM D2（合伯特）	AWS A5.28 E90C-D2	0.942
		FRW-91K2（孚尔姆）	GB/T 36233 T622T1-1C1A-N3M1	0.922

序号	母材牌号	AI 选配		
		牌号及厂家	符合型号	推荐指数
18	AH500	SC-91P（韩国现代）	AWS A5.29 E91T1-GM	0.893
		SX-55（日本制铁）	JIS Z 3313 T550T15-0CA-UH5	0.890
19	AH550	BÖHLER Ti 70 Pipe-FD（伯乐）	AWS A5.36 E91T1-M21A4-G	0.939
		CITOFLUX R620（奥林康）	AWS A5.29 E91T1-G-H4	0.929
		METALLOY 80D2（合伯特）	AWS A5.28 E90C-D2	0.923
		FLUXOFIL M 41（奥林康）	AWS A5.29 E90C-GM-H4	0.913
		FLUXOFIL M41PG（奥林康）	AWS A5.28 E90C-K3	0.910
20	AH620	FabCo 110K3M（合伯特）	AWS A5.29 E111T1-K3JMJ H4	0.903
		FLUXOFIL 42（奥林康）	AWS A5.29 E110T5-K4M-H4	0.901
		DUAL SHIELD T-115（伊萨）	AWS A5.29 E110T5-K4M-H4	0.900
		GFR-115K4（京雷）	GB/T 17493 E761T5-K4C	0.897
		GFR-110K4（京雷）	GB/T 36233 T764T1-1C1A-N4C1M2	0.892
21	AH690	GCR-120GM（京雷）	GB/T 36233 T834T15-1M21A-GN5M3	0.898
		FabCo-110K3-M（合伯特）	AWS A5.29 E111T1-K3MJ H4	0.896
		GFR-120GM（京雷）	GB/T 17493 E831T1-GM	0.896
		GFR-120GM（京雷）	GB/T 36233 T832T1-1C1A-GN5M4	0.895
		FLUXOFIL M42（奥林康）	AWS A5.28 E110C-GM H4	0.892
22	DH420	GFL-71MSR（京雷）	GB/T 10045 E501T-1M	0.937
		FLUXOFIL 14 HD（奥林康）	AWS A5.20 E71T-1C-H4	0.937
		FLUXOFIL 19HD（奥林康）	AWS A5.20 E71T-1C-JH4	0.936
		GFL-71CM（京雷）	GB/T 10045 T492T1-1C1/M21A	0.932
		PRIMACORE LW-70S（林肯电气）	GB/T 10045 E500T-1	0.927
23	DH460	GFL-71MSR（京雷）	GB/T 10045 E501T-1M	0.925
		SC-55F Cored（韩国现代）	AWS A5.29 E80T1-GC	0.925
		CHT80G（大西洋）	AWS A5.26 EG80T-Ni1	0.923
		Supercored 70SB（韩国现代）	AWS A5.20 E71T-5C	0.913
		PRIMACORE P-71X（林肯电气）	GB/T 10045 E501T-1	0.912
24	DH500	METALLOY VANTAGETM D2（合伯特）	AWS A5.28 E90C-D2	0.932
		FRW-91K2（孚尔姆）	GB/T 36233 T622T1-1C1A-N3M1	0.903
		TM-81N1（合伯特）	AWS A5.29 E80T1-Ni1M H8	0.904
		THY-J607L（大桥）	—	0.902
		GFR-802（京雷）	AWS A5.26 EG80T-G	0.888
25	DH550	BÖHLER Ti 70 Pipe-FD（伯乐）	AWS A5.36 E91T1-M21A4-G	0.904
		CITOFLUX R620（奥林康）	AWS A5.29 E91T1-G-H4	0.896
		FLUXOFIL M41PG（奥林康）	AWS A5.28 E90C-K3	0.887
		FRW-91K2（孚尔姆）	GB/T 36233 T622T1-1C1A-N3M1	0.877
		FRW-100K3（孚尔姆）	GB/T 36233 T692T1-1C1A-N3M2	0.873

续表

序号	母材牌号	AI 选配		
		牌号及厂家	符合型号	推荐指数
26	DH620	FRW-110K3（孚尔姆）	GB/T 36233 T762T1-1C1A-N3M2	0.883
		TM-1101K3-C（合伯特）	AWS E110T1-K3C	0.88
		FabCo 110K3M（合伯特）	AWS A5.29 E111T1-K3JMJ H4	0.874
		SF-80AM（日本制铁）	AWS A5.36 E111T1-M21A2-K3-H4	0.871
		CITOFLUX R620（奥林康）	AWS A5.29 E91T1-G-H4	0.872
27	DH690	FabCo-110K3-M（合伯特）	AWS A5.29 E111T1-K3MJ H4	0.886
		SF-80AM（日本制铁）	AWS A5.36 E111T1-M21A2-K3-H4	0.882
		FLUXOFIL M42（奥林康）	AWS A5.28 E110C-GM H4	0.862
		GFR-120GM（京雷）	GB/T 17493 E831T1-GM	0.861
		GCR-120GM（京雷）	GB/T 36233 T834T15-1M21A-GN5M3	0.858
28	EH420	FLUXOFIL 19HDS（奥林康）	AWS A5.20 E71T-1C-JH4	0.951
		FLUXOFIL 14 HD S（奥林康）	AWS A5.20 E71T-1M-JH4	0.95
		FLUXOFIL M10（奥林康）	AWS A5.18 E70C-6M H4	0.943
		SF-3A（日本制铁）	JIS Z 3313 T492T1-1MA-UH5	0.93
		GFL-71NiCM（京雷）	GB/T 10045 T494T1-1C1/M21A	0.924
29	EH460	FLUXOFIL M10（奥林康）	AWS A5.18 E70C-6M H4	0.926
		FLUXOFIL 20HD（奥林康）	AWS A5.29 E81T1-Ni1M JH4	0.922
		SF-3A（日本制铁）	AWS A5.36 E71T1-M21A4-CS1	0.919
		FRW-91K2（孚尔姆）	GB/T 36233 T622T1-1C1A-N3M1	0.915
		FLUXOFIL 14 HD S（奥林康）	AWS A5.20 E71T-1M-JH4	0.914
30	EH500	METALLOY VANTAGETM D2（合伯特）	AWS A5.28 E90C-D2	0.93
		FRW-91K2（孚尔姆）	GB/T 36233 T622T1-1C1A-N3M1	0.924
		CITOFLUX R550（奥林康）	AWS A5.29 E91T1-G M-H4	0.907
		SF-50A（日本制铁）	AWS A5.36 E91T1-M21A4-K2-H4	0.893
		CITOFLUX R620（奥林康）	AWS A5.29 E91T1-G-H4	0.891
31	EH550	BÖHLER Ti 70 Pipe-FD（伯乐）	AWS A5.36 E91T1-M21A4-G	0.94
		CITOFLUX R620（奥林康）	AWS A5.29 E91T1-G-H4	0.93
		FLUXOFIL M41PG（奥林康）	AWS A5.28 E90C-K3	0.912
		FLUXOFIL M 41（奥林康）	AWS A5.29 E90C-GM-H4	0.908
		DW-A70L（神钢）	AWS A5.29 E101T1-GM	0.903
32	EH620	FabCo 110K3M（合伯特）	AWS A5.29 E111T1-K3JMJ H4	0.904
		FLUXOFIL 42（奥林康）	AWS A5.29 E110T5-K4M-H4	0.902
		CITOFLUX R620 Ni2（奥林康）	AWS A5.29 E101 T1-G M H4	0.896
		DUAL SHIELD T-115（伊萨）	AWS A5.29 E110T5-K4M-H4	0.893
		GFR-110K4（京雷）	GB/T 36233 T764T1-1C1A-N4C1M2	0.893
33	EH690	GCR-120GM（京雷）	GB/T 36233 T834T15-1M21A-GN5M3	0.898
		GCR-120GM（京雷）	GB/T 17493 E831T1-GM	0.897

续表

序号	母材牌号	AI 选配		
		牌号及厂家	符合型号	推荐指数
33	EH690	GFR-120G（京雷）	GB/T 36233 T832T1-1C1A-GN5M4	0.896
		FLUXOFIL M42（奥林康）	AWS A5.28 E110C-GM H4	0.893
		FLUXOFIL 29HD（奥林康）	AWS A5.29 E111 T1-GMJH4	0.883
34	FH420	CITOFLUX R82 SR（奥林康）	AWS A5.29 E81T1-Ni1M-H4	0.942
		MX-55LF（神钢）	AWS A5.20 E70T-9C-J	0.936
		FLUXOFIL 40（奥林康）	AWS A5.29 E80T5-GM H4	0.918
		GFR-81Ni1M（京雷）	GB/T 10045 T554T15-1M21A-N2	0.913
		SF-36F（日本制铁）	JIS Z 3313 T496T1-0CA-N1-H5	0.91
35	FH460	CITOFLUX R82 SR（奥林康）	AWS A5.29 E81T1-Ni1M-H4	0.91
		MX-55LF（神钢）	JIS Z 3313 T556T1-0CA	0.901
		GFR-81K2M（京雷）	GB/T 10045 T556T1-1M21A-N3	0.899
		CHT90K2BM（大西洋）	GB/T 17493 E620T5-K2M	0.895
		FLUXOFIL 40（奥林康）	AWS A5.29 E80T5-GM H4	0.888
36	FH500	FRW-91K2（孚尔姆）	GB/T 36233 T622T1-1C1A-N3M1	0.908
		CHT90K2BM（大西洋）	GB/T 17493 E620T5-K2M	0.899
		FLUXOFIL M 41（奥林康）	AWS A5.29 E90C-GM-H4	0.894
		CITOFLUX R550（奥林康）	AWS A5.29 E91T1-G M-H4	0.888
		DUAL SHIELD II 101-TC（伊萨）	AWS A5.29 E91T1-K2C	0.888
37	FH550	DW-A70L（神钢）	AWS A5.29 E101T1-GM	0.902
		METALLOY 100（合伯特）	AWS A5.28 E100C-K3	0.891
38	FH620	GCR-110K4M（京雷）	GB/T 36233 T765T15-1M21A-N4C1M2	0.9
		CITOFLUX R620 Ni2（奥林康）	AWS A5.29 E101 T1-G M H4	0.898
		DUAL SHIELD T-115（伊萨）	AWS A5.29 E110T5-K4M-H4	0.897
		GFR-115K4（京雷）	GB/T 17493 E761T5-K4C	0.897
		METALLOY 100（合伯特）	AWS A5.28 E100C-K3	0.888
39	FH690	FLUXOFIL 42（奥林康）	AWS A5.29 E110T5-K4M-H4	0.887
		GFR-125K4（京雷）	GB/T 17493 E831T5-K4C	0.886
		GFR-115K4（京雷）	GB/T 17493 E761T5-K4C	0.881
		DW-A80L（神钢）	AWS A5.29 E111T1-GM-H4	0.881

四、锅炉和压力容器用钢埋弧焊材选配

锅炉和压力容器用钢的埋弧焊材选配见表 3-6。

五、桥梁用结构钢药芯焊丝选配

桥梁用结构钢的药芯焊丝选配见表 3-7。

表 3-6　锅炉和压力容器用钢（GB/T 713—2014）的埋弧焊焊材选配

序号	母材牌号	传统选配 简明焊接材料选用手册 型号	牌号	传统选配 钢铁材料焊接施工概览 型号	牌号	AI选配 牌号及厂家	符合型号	推荐指数
1	Q245R	—	—	—	—	CHW-S1/CHF431（大西洋） CHW-H08MnHR/CHF-SJ14HR（大西洋） H08SHA/SJ204SHA（威尔） H08MnSHA/SJ204SHA（威尔）	GB/T 5293 F4A2-H08A GB/T 5293 F4A2-H08MnA GB/T 5293 F4P3-H08MnA GB/T 5293 F5P3-H08MnA	0.945 0.957 0.955 0.953
2	Q345R	—	—	—	—	THM-43C（Y）/TH·SJ101Y（大桥） H09MnSHA/SJ204SHA（威尔） CHW-S5/CHF101（大西洋）	GB/T 5293 F5A2-H10Mn2Si GB/T 5293 F5P3-H10Mn2 GB/T 5293 F5A2-H08Mn2SiA	0.954 0.95 0.946
3	Q370R	—	—	—	—	CHW-S9R/CHF250GR（大西洋） NF-250×Y-204（日本制铁） MF-38/US-49（神钢） CHW-S5/CHF101（大西洋）	GB/T 12470 F55A2-H08MnMoA JIS Z 3183 S642-MN JIS Z 3183 S584-H GB/T 5293 F5A2-H08Mn2SiA	0.945 0.942 0.939 0.931
4	Q420R	—	—	—	—	CHW-S5/CHF101（大西洋） CHW-S7/CHF101（大西洋） THM08Mn2SiA（Y）/TH·SJ101Y（大桥） MF-38/US-49（神钢）	GB/T 5293 F5A2-H08Mn2SiA GB/T 12470 F62A2-H08Mn2MoA GB/T 5293 F5A2-H08Mn2SiA JIS Z 3183 S584-H	0.924 0.918 0.912 0.904
5	18MnMoNbR	—	—	—	—	CHW-S9/CHF101（大西洋） MF-38/US-40（神钢） CHW-S9R/CHF101R（大西洋） YF-15B×Y-DM（日本制铁） MF-38/US-49（神钢）	GB/T 12470 F55A2-H08MnMoA JIS Z 3183 S624-H1 GB/T 12470 F55P3-H08MnMoA JIS Z 3183 S624-H4 JIS Z 3183 S584-H	0.935 0.925 0.923 0.919 0.918
6	13MnNiMoR	—	—	—	—	CHW-S9/CHF101（大西洋） CHW-S17/CHF101（大西洋） GWR-EF2/GXL-121T（京雷） CHW-S9R/CHF101R（大西洋） Superflux800T×A-2（韩国现代）	GB/T 12470 F55A2-H08MnMoA GB/T 12470 F62A4-H10MoCrA GB/T 36034 S 62A 2 FB-SUN1M3 GB/T 12470 F55P3-H08MnMoA AWS A5.23 F8A4-EA2-A3	0.924 0.920 0.918 0.915 0.914

续表

序号	母材牌号	传统选配				AI选配		
		简明焊接材料选用手册		钢铁材料焊接施工概览		牌号及厂家	符合型号	推荐指数
		型号	牌号	型号	牌号			
7	15CrMoR	—	—	—	—	CHW-S11/CHF101（大西洋）	AWS A5.23M F55P2-EB2-B2	0.905
						NF-80×Y-CMS（日本制铁）	JIS Z 3183 S502-H	0.904
8	14Cr1MoR	—	—	—	—	MF-29A/US-511（神钢）	JIS Z 3183 S641-1CM	0.909
						CHW-S11/CHF105（大西洋）	AWS A5.23M F55P3-EB2-B2	0.896
						G-80/US-511（神钢）	JIS Z 3183 S641-1CM	0.879
9	12Cr2Mo1R	—	—	—	—	CHW-S8R/CHF603R（大西洋）	GB/T 12470 F62PZ-H10Cr3MoA	0.890
						MF-29A/US-521（神钢）	JIS Z 3183 S571-2CM	0.889
						H10Cr2MoC/SJ110（威尔）	AWS A 5.23 F8P0-EB3-B3	0.886
						MF-29A/US-511（神钢）	JIS Z 3183 S641-1CM	0.880
						CHW-S8JH/CHF604JH（大西洋）	GB/T 12470 F62P3-H10Cr3Mo	0.873
10	12Cr1MoVR	—	—	—	—	MF-29A/US-511（神钢）	JIS Z 3183 S641-1CM	0.903
						CHW-S20/CHF603（大西洋）	GB/T 12470 F55PZ-H08CrMoVA	0.890
						G-80/US-511（神钢）	JIS Z 3183 S641-1CM	0.868
11	12Cr2Mo1VR	—	—	—	—	H10Cr2MoV/SJ150（威尔）	AWS A 5.23 F9P0-EG-G	0.925
						PF-500/US-521H（神钢）	—	0.907
						H10Cr2MoG/SJ150（威尔）	AWS A5.23 F8P2-EB3R-B3R	0.899
						GWR-EB3/GXL-121T（京雷）	GB/T 12470 S 62 2 FB-SU2C1M	0.885
						NB-250M×Y-521H（日本制铁）	JIS Z 3183 S642-2CM	0.879
12	07Cr2AlMoR	—	—	—	—	G-80/US-521（神钢）	JIS Z 3183 S571-2CM	0.854
						CHW-S8/CHF603（大西洋）	GB/T 12470 F62PZ-H10Cr3Mo	0.841

表3-7　桥梁用结构钢（GB/T 714—2015）药芯焊丝选配

序号	母材牌号	传统选配				AI选配		
		简明焊接材料选用手册		钢铁材料焊接施工概览		牌号及厂家	符合型号	推荐指数
		型号	牌号	型号	牌号			
1	Q345qC					FRW-501（孚尔姆）	GB/T 10045 T492T1-1C1AU	0.899
						CHT611（大西洋）	GB/T 10045 E431T-G	0.897
						GCL-53M（京雷）	GB/T 10045 T492T15-1M21A	0.891
						PRIMACORE LW-70MC（林肯电气）	AWS A5.18 E70C-6C	0.886
						FRW-712（孚尔姆）	GB/T 10045 T492T1-1C1AU	0.882
2	Q345qD	—	—	—	—	FRW-501（孚尔姆）	GB/T 10045 T492T1-1C1AU	0.901
						Union TG 55 M（伯乐）	AWS A5.20 E71T-1MJH8	0.899
						GCL-53M（京雷）	GB/T 10045 T492T15-1M21A	0.899
						FRW-712（孚尔姆）	GB/T 10045 T492T1-1C1AU	0.894
						GFL-71SR（京雷）	GB/T 10045 E501T-1	0.887
3	Q345qE			—	—	Union TG 55 M（伯乐）	AWS A5.20 E71T-1CH4	0.930
						CHT71Ni1（大西洋）	GB/T 17493 E491T1-NiC	0.895
						Supercored 70B（韩国现代）	AWS A5.20 E71T-5M-J	0.885
						CHT71NHQ（大西洋）	GB/T 17493 E491T1-GC	0.882
						DUAL SHIELD II 71 ULTRA（伊萨）	AWS A5.20 E71T-1CJ/T-9CJ/T-12CJ	0.882
4	Q345qNHD			—	—	CHT611（大西洋）	GB/T 10045 E431T-G	0.928
						PRIMACORE LW-70MC（林肯电气）	AWS A5.18 E70C-6C	0.913
						FRW-501（孚尔姆）	GB/T 10045 T492T1-1C1AU	0.900
						GCL-53M（京雷）	GB/T 10045 T492T15-1M21A	0.897
5	Q345qNHE			—	—	Union TG 55 M（伯乐）	AWS A5.20 E71T-1CH4	0.940
						COREWELD 77-HS（伊萨）	AWS A5.18 E70C-6M H4	0.919
						PRIMACORE LW-70MC（林肯电气）	AWS A5.18 E70C-6C	0.915
						Supercored 70B（韩国现代）	AWS A5.20 E71T-5M-J	0.913
						Formula XL-550（合伯特）	AWS E71T-1C、E71T-12CJ H4	0.913
6	Q345qNHF			—	—	DW-50LSR（神钢）	JIS Z 3313 T496T1-1CA-N1	0.912
						SF-36F（日本制铁）	JIS Z 3313 T496T1-0CA-N1-H5	0.898
						DW-A55LSR（神钢）	AWS A5.29 E81T1-Ni1M	0.879

续表

序号	母材牌号	传统选配				AI选配		
		简明焊接材料选用手册		钢铁材料焊接施工概览		牌号及厂家	符合型号	推荐指数
		型号	牌号	型号	牌号			
7	Q370qC	—	—	—	—	Union TG 55 M（伯乐）	AWS A5.20 E71T-1CH4	0.942
						FRW-501（孚尔姆）	AWS A5.36M E491T1-C1A2-CS1	0.917
						GFL-75（京雷）	AWS A5.20M E491T-5C	0.915
						GCL-53M（京雷）	GB/T 10045 T492T15-1M21A	0.913
						FRW-712（孚尔姆）	GB/T 10045 T492T1-1C1AU	0.910
8	Q370qD	—	—	—	—	FRW-501（孚尔姆）	AWS A5.36M E491T1-C1A2-CS1	0.919
						GCL-53M（京雷）	GB/T 10045 T492T15-1M21A	0.914
						FRW-712（孚尔姆）	GB/T 10045 T492T1-1C1AU	0.911
						GFL-75（京雷）	GB/T 10045 T 49 2 T15-1 M21 A	0.911
						Union TG 55 M（伯乐）	AWS A5.20 E71T-1CH4	0.910
9	Q370qE	—	—	—	—	Union TG 55 M（伯乐）	AWS A5.20 E71T-1CH4	0.943
						CHT71Ni（大西洋）	GB/T 10045 E501T-1L	0.905
						GFR-7K6-O（京雷）	GB/T 17493 E491T8-K6-J	0.903
						CHT71NHQ（大西洋）	GB/T 17493 E491T1-GC	0.902
						DUAL SHIELD II 70T-12H4（伊萨）	AWS A5.20 E71T-1MJH4/T-9MJH4/T-12MJH4	0.902
10	Q370qNHD	—	—	—	—	FRW-501（孚尔姆）	AWS A5.36M E491T1-C1A2-CS1	0.928
						GCL-53M（京雷）	GB/T 10045 T492T15-1M21A	0.925
						FRW-712（孚尔姆）	GB/T 10045 T492T1-1C1AU	0.922
						GFL-75（京雷）	GB/T 10045 T492T15-1M21A	0.904
						Union TG 55 M（伯乐）	AWS A5.20 E71T-1CH4	0.894
11	Q370qNHE	—	—	—	—	CHT71Ni（大西洋）	GB/T 10045 E501T-1L	0.942
						Supercored 70B（韩国现代）	AWS A5.20 E71T-5M-J	0.940
						THY-J507TiB（大桥）	GB/T 10045 E500T-5LM-G	0.934
						CHT71Ni（大西洋）	GB/T 17493 E491T1-GC	0.923
						CHT71NHQ（大西洋）	GB/T 17493 E491T1-GC	0.917

续表

序号	母材牌号	传统选配 简明焊接材料选用手册 型号	简明焊接材料选用手册 牌号	钢铁材料焊接施工概览 型号	钢铁材料焊接施工概览 牌号	AI选配 牌号及厂家	符合型号	推荐指数
12	Q370qNHF	—	—	—	—	DW-50LSR（神钢）	JIS Z 3313 T496T1-1CA-N1	0.939
						DW-A55LSR（神钢）	AWS A5.29 E81T1-Ni1M	0.925
13	Q420qD	E5515-G、E5516-G、E6015-D1、E6015-G、E6016-D1、E6016-G	J557、J557Mo、J557MoV；J556、J556RH、J556XG；J607；J607Ni、J607RH；J606；J606RH	—	—	DUAL SHIELD 7100 LC（伊萨）	AWS A5.20 E71T-1C-DH8/T-1M、E71T-9C-DH8/T-9M	0.919
						FRW-71（孚尔姆）	GB/T 10045 T492T1-1C1AU	0.915
						CHT70G（大西洋）	AWS A5.26 EG70T-2	0.912
						FLUXOFIL 14 HD（奥林康）	EN ISO 17632-B T553T1-1MA-UH5	0.910
						GFL-71MSR（京雷）	GB/T 10045 E501T-1M	0.901
14	Q420qE			—	—	GFR-7K6-O（京雷）	GB/T 17493 E491T8-K6-J	0.938
						Union TG 55 M（伯乐）	AWS A5.20 E71T-1CH4	0.922
						GFR-71W1（京雷）	GB/T 17493 E491T1-GC	0.914
						CHT71NHQ（大西洋）	GB/T 17493 E491T1-GC	0.911
						DUAL SHIELD II 70T-12H4（伊萨）	AWS A5.20 E71T-1MJH4/T-9MJH4/T-12MJH4	0.921
15	Q420qF					FLUXOFIL M 10S（奥林康）	EN ISO 17632-B T496T15-1MA-UH5	0.901
						MX-55LF（神钢）	JIS Z 3313 T556 T1-0CA	0.894
						SF-36F（日本制铁）	JIS Z 3313 T496T1-0CA-N1-H5	0.907
						FRW-81K2（孚尔姆）	GB/T 10045 T553T1-1C1A-N3	0.887
16	Q420qNHD	E5515-G、E5516-G、E6015-D1、E6015-G、E6016-D1、E6016-G	J557、J557Mo、J557MoV；J556、J556RH、J556XG；J607；J607Ni、J607RH；J606；J606RH	—	—	THY-51C（大桥）	GB/T 10045 E501T-1	0.952
						FRW-712（孚尔姆）	GB/T 10045 T492T1-1C1AU	0.949
						GFL-71SR（京雷）	GB/T 10045 E501T-1	0.949
						CHT711L（大西洋）	GB/T 10045 E501T-1	0.947
						CHT711（大西洋）	GB/T 10045 E501T-1	0.947

续表

序号	母材牌号	传统选配 简明焊接材料选用手册 型号	传统选配 简明焊接材料选用手册 牌号	钢铁材料焊接施工概览 型号	钢铁材料焊接施工概览 牌号	AI 选配 牌号及厂家	AI 选配 符合型号	推荐指数
17	Q420qNHE	E5515-G E5516-G E6015-D1 E6015-G	J557、J557Mo、J557MoV J556、J556RH、J556XG J607 J607Ni、J607RH			CHT71NHQ（大西洋）	GB/T 17493 E491T1-GC	0.958
						CHT71NiQ（大西洋）	GB/T 10045 E501T1-1L	0.955
						GFL-71NiSR（京雷）	GB/T 10045 E501T1-1L	0.950
						CORESHIELD 8-Ni1 H5（伊萨）	AWS A5.29 E71T-8Ni1J	0.945
						FabCO 85（合伯特）	AWS A5.20 E70T-5CJ H4、E70T-5MJ H4	0.944
18	Q420qNHF	E6016-D1 E6016-G	J606 J606RH			DW-A55LSR（神钢）	AWS A5.29 E81T1-Ni1M	0.938
						DW-55LSR（神钢）	JIS Z 3313 T556T1-1CA-N3	0.927
						DW-50LSR（神钢）	JIS Z 3313 T496T1-1CA-N1	0.926
						FLUXOFIL M 10S（奥林康）	EN ISO 17632-B T496T15-1MA-UH5	0.911
19	Q460qD			—	—	CHT80G（大西洋）	AWS A5.26 EG80T-Ni1	0.953
						CHT91K2（大西洋）	GB/T 17493 E621T1-K2C	0.947
						GFR-802（京雷）	AWS A5.26 EG80T-G	0.946
						JQ·YJL60G（金桥）	Q12D J5507-2017（企标）	0.944
						SC-55F Cored（韩国现代）	AWS A5.29 E80T1-GC	0.932
20	Q460qE	E6015-D1 E6015-G E6016-D1 E7015-D2	J607Ni、J607RH J607 J606 J707			FLUXOFIL 21HD（奥林康）	EN ISO 17632-B T554T1-1CA-N1-UH5	0.929
						FLUXOFIL 20HD（奥林康）	EN ISO 17632-B T554T1-1MA-N1-UH5	0.928
						FabCO 85（合伯特）	AWS A5.20 E70T-5CJ H4	0.911
						SC-80M（韩国现代）	AWS A5.28 E80C-G	0.910
						FRW-81W2（孚尔姆）	GB/T 10045 E553T1-1C1A-NCC1	0.906
21	Q460qF			—	—	CITOFLUX R82 SR（奥林康）	EN ISO 17632-B T556T1-1MA-N1-UH5	0.919
						GFR-81K2M（京雷）	GB/T 10045 T556T1-1M21A-N3	0.900
						FLUXOFIL 40（奥林康）	EN ISO 17632-B T556T5-1CA-N2-UH5	0.897
						GCR-81K2M（京雷）	GB/T 10045 T556T15-1M21A-N3	0.896

续表

序号	母材牌号	传统选配 简明焊接材料选用手册 型号	牌号	钢铁材料焊接施工概览 型号	牌号	AI 选配 牌号及厂家	符合型号	推荐指数
22	Q460qNHD	E6015-D1 E6015-G E6016-D1 E7015-D2	J607 J607Ni、J607RH J606 J707			CHT81W2（大西洋）	GB/T 17493 E551T1-W2C	0.948
						SC-55 Cored（韩国现代）	AWS A5.29 E81T1-GC	0.940
						SF-80W（韩国现代）	AWS A5.29 E81T1-W2C	0.939
						FLUXOFIL 18HD（奥林康）	EN ISO 17632-B T573T1-1MA-NCC1-UH5	0.925
						CHT81Ni1（大西洋）	GB/T 17493 E551T1-Ni1C	0.921
23	Q460qNHE			—	—	CHT81W2（大西洋）	GB/T 17493 E551T1-W2C	0.948
						SC-55 Cored（韩国现代）	AWS A5.29 E81T1-GC	0.940
						SF-80W（韩国现代）	AWS A5.29 E81T1-W2C	0.939
						CHT81Ni1（大西洋）	GB/T 17493 E551T1-Ni1C	0.921
						GFR-81Ni1SR（京雷）	GB/T 17493 E551T1-Ni1C	0.919
24	Q460qNHF	—	—			DW-A55LSR（京雷）	AWS A5.29 E81T1-Ni1M	0.952
						CHT81K2（大西洋）	GB/T 17493 E551T1-K2C	0.939
						GFR-81Ni1M（京雷）	GB/T 10045 T554T15-1M21A-N2	0.931
						GFR-81K2M（京雷）	GB/T 10045 T556T1-1M21 A-N3	0.930
						SF-36F（日本制铁）	JIS Z 3313 T496T1-0CA-N1-H5	0.925
25	Q500qD	E7015-G	J707Ni、J707RH、J707NiW	—	—	METALLOY VANTAGETM D2（合伯特 Tri-Mark）	AWS A5.28 E90C-D2	0.922
						SF-60W（日本制铁）	JIS Z 3320 T57J1T1-1CA-NCC1-UH5	0.918
						TM-811W（合伯特 Tri-Mark）	AWS A5.29 E81T1-W2C H8	0.916
						THY-J607L（大桥）	—	0.903
						GFR-802（京雷）	AWS A5.26 EG80T-G	0.894
26	Q500qE			—	—	CHT81NiQ（大西洋）	GB/T 17493 E551T1-Ni1C	0.913
						SC-80M（韩国现代）	AWS A5.28 E80C-G	0.912
						FLUXOFIL 18HD（奥林康）	EN ISO 17632-B T573T1-1MA-NCC1-UH5	0.910
						FRW-81W2（弗尔姆）	GB/T 10045 E553T1-1C1A-NCC1	0.909
						TM-881K2（合伯特 Tri-Mark）	AWS A5.29 E81T1-K2CJ H8	0.901

续表

序号	母材牌号	传统选配 简明焊接材料选用手册 型号	牌号	钢铁材料焊接施工概览 型号	牌号	AI选配 牌号及厂家	符合型号	推荐指数
27	Q500qF	E7015-G	J707Ni、J707RH、J707NiW			FabCo 91K2-C（合伯特）	BS EN ISO 2560-B E5518-NCC1 A	0.895
						SC-EG3（韩国现代）	—	0.893
						GFR-81Ni2M（京雷）	GB/T 10045 T556T1-1M21A-N5	0.890
						GCR-81K2M（京雷）	GB/T 10045 T556T15-1M21A-N3	0.866
28	Q500qNHD					SC-55F Cored（韩国现代）	AWS A5.29 E80T1-GC	0.942
						Supercored 81（韩国现代）	AWS A5.29 E80T1-GC	0.942
						CHT81W2（大西洋）	GB/T 17493 E551T1-W2C	0.932
						SF-80W（韩国现代）	AWS A5.29 E81T1-W2C	0.931
						MX-60W（神钢）	JIS Z 3320 T57J1T1-0CA-NCC1-U	0.927
29	Q500qNHE	E7015-G	J707Ni、J707RH、J707NiW	—	—	GFR-81W2（京雷）	GB/T 17493 E551T1-W2C	0.967
						FRW-81W2（弗尔姆）	GB/T 10045 E553T1-1C1A-NCC1	0.946
						DUAL SHIELD 810X-NI1（伊萨）	AWS A5.29 E81T1-NiICD-JH8	0.940
						CHT81W2（大西洋）	GB/T 17493 E551T1-W2C	0.934
30	Q500qNHF					DW-A55L（神钢）	AWS A5.29 E81T1-K2M	0.940
						GCR-81K2M（京雷）	GB/T 10045 T556 T15-1M21A-N3	0.934
						FRW-81K2M（弗尔姆）	GB/T 10045 T553T1-1M21A-N3	0.928
						PRIMACORE LW-81K2H（林肯电气）	GB/T 17493 E551T1-K2C-JH5	0.927
31	Q550qD	—	—	—	—	METALLOY VANTAGETM D2（合伯特 Tri-Mark）	AWS A5.28 E90C-D2	0.906
						TM-811W（合伯特 Tri-Mark）	AWS A5.29 E81T1-W2C H8	0.900
						THY-J607L（大桥）	—	0.889
						CHT80G（大西洋）	AWS A5.26 EG80T-Ni1	0.886
32	Q550qE	—	—	—	—	CITOFLUX R550（奥林康）	AWS A5.29 E91T1-G M-H4	0.899
						CHT90K2BM（大西洋）	GB/T 17493 E620T5-K2M	0.898
						TM-811N2（合伯特 Tri-Mark）	AWS A5.29 E81T1-Ni2M H8	0.895
						SC-80M（韩国现代）	AWS A5.28 E80C-G	0.902
								0.9

续表

序号	母材牌号	传统选配				AI选配		推荐指数
		简明焊接材料选用手册		钢铁材料焊接施工概览		牌号及厂家	符合型号	
		型号	牌号	型号	牌号			
33	Q550qF	—	—	—	—	SF-50E（日本制铁）	AWS A5.36 E91T1-C1A8-Ni2-H4	0.898
						SM-47A（日本制铁）	AWS A5.36 E80T15-M21A8-Ni1-H4	0.879
						FRW-81W2（孚尔姆）	GB/T 10045 E553T1-1C1A-NCC1	0.876
34	Q550qNHD	—	—	—	—	CHT80G（大西洋）	AWS A5.26 EG80T-Ni1	0.954
						GFR-802（京雷）	AWS A5.26 EG80T-G	0.948
						GFR-91K2SR（京雷）	GB/T 17493 E621T1-K2C	0.938
						TM-811W（合伯特 Tri-Mark）	AWS A5.29 E81T1-W2C H8	0.931
						CHT91K2（大西洋）	GB/T 17493 E621T1-K2C	0.928
35	Q550qNHE	—	—	—	—	SC-80M（韩国现代）	AWS A5.28 E80C-G	0.958
						GFR-81W2（京雷）	GB/T 17493 E551T1-W2C	0.942
						JQ·YJ621K2-1（金桥）	GB/T 17493 E621T1-K2C	0.940
						DW-A65L（神钢）	AWS A5.29 E91T1-K2M-J	0.936
						JQ·YJ621K2-1Q（金桥）	GB/T 17493-2008 E621T1-K2C	0.927
36	Q550qNHF	—	—	—	—	SC-80MR（韩国现代）	AWS A5.28 E80C-G	0.936
						GFR-81Ni2M（京雷）	GB/T 10045 T556T1-1M21A-N5	0.917
						DW-62L（神钢）	JIS Z 3313 T626T1-1CA-N4M1	0.906
37	Q620qD	—	—	—	—	TM-811W（合伯特 Tri-Mark）	AWS A5.29 E81T1-W2C H8	0.882
						CITOFLUX R620（奥林康）	EN ISO 18276-A T6241NiMoPM1H5	0.878
						THY-J607L（大桥）	GB/T 36233 T622T1-1C1A-N3M1	0.875
						FRW-91K2（孚尔姆）		
38	Q620qE	—	—	—	—	CITOFLUX R620（奥林康）	EN ISO 18276-A T6241NiMoPM1H5	0.903
						FRW-91K2（孚尔姆）	GB/T 36233 T622T1-1C1A-N3M1	0.895
						GFR-91Ni2（京雷）	GB/T 36233 T624T1-1C1A-N5	0.894
								0.892
								0.891

续表

序号	母材牌号	传统选配					AI选配	
		简明焊接材料选用手册		钢铁材料焊接施工概览		牌号及厂家	符合型号	推荐指数
		型号	牌号	型号	牌号			
39	Q690qD	—	—	—	—	FRW-110K3（孚尔姆）	GB/T 36233 T762T1-1C1A-N3M2	0.873
						FRW-110K4（孚尔姆）	GB/T 36233 T762T1-1C1A-N4C1M2	0.864
						GFR-110K3（京雷）	GB/T 36233 T764T1-1C1A-N4M2	0.861
						SF-70A（日本制铁）	AWS A5.36 E101T1-M21A4-K2-H4	0.854
40	Q690qE	—	—	—	—	FRW-110K3M（孚尔姆）	GB/T 36233 T762T1-1M21A-N3M2	0.876
						GFR-110K3（京雷）	GB/T 36233 T764T1-1C1A-N4M2	0.868
						SF-70A（日本制铁）	AWS A5.36 E101T1-M21A4-K2-H4	0.862
						DW-A80L（神钢）	AWS A5.29 E111T1-GM-H4	0.851
41	Q690qF	—	—	—	—	GFR-115K4（京雷）	GB/T 17493 E761T5-K4C	0.897
						GFR-115K3（京雷）	GB/T 17493 E761T5-K3C	0.866
						MX-A80L（神钢）	AWS A5.28 E110C-G H4	0.859

第五节　低合金及中合金铬钼耐热钢焊条选配

选择 Cr-Mo 耐热钢焊条时，首先要保证焊缝的化学成分和力学性能与母材尽量一致，使焊缝金属在工作温度下，具有良好的抗氧化、抗气体介质腐蚀能力和一定的高温强度。如果焊缝金属与母材化学成分相差太大，在高温环境下长期使用后，接头中某些元素会产生扩散现象（如碳在熔合线附近的扩散），使接头高温性能下降。其次，应考虑材料的焊接性，避免选用杂质含量较高或强度较高的焊接材料。Cr、Mo 耐热钢焊缝的含碳量一般控制在 0.07%～0.12% 之间，含碳量过低会降低焊缝的高温强度，含碳量太高又易出现焊缝结晶裂纹。近年来开发了超低碳（C≤0.05%）的 Cr-Mo 耐热钢焊接材料，如 E5215-1CML、E5515-2C1ML 焊条，ER49-B2L、ER55-B3L 实心焊丝，T55T5-0M21-1CML、T62T1-0M21-2C1ML 药芯焊丝等，这主要是为了改善焊缝金属的抗裂性能，以便降低焊接预热温度，甚至不预热。

Cr-Mo 耐热钢的焊接方法，除了采用焊条电弧焊外，也经常采用埋弧焊。埋弧焊接时，为保证焊缝成分与母材相接近，Cr-Mo 耐热钢都采用 Cr-Mo 系的实心焊丝，如焊接 1Cr-0.5Mo、2.25Cr-1Mo 及 5Cr-0.5Mo 钢时，可分别采用 H08CrMoA、H08Cr2Mo 和 HCr5MoA 焊丝，采用的焊剂通常为熔炼型焊剂。最新研究表明，对 1.25Cr-0.5Mo 和 2.25Cr-1Mo 钢而言，焊缝金属最佳的含碳量应控制在 0.08%～0.12%，此时，焊缝金属具有较高的冲击韧性和与母材相当的蠕变强度。为了降低焊缝金属的回火脆性，研制出了降低焊缝 S、P 含量的烧结型焊剂，同时应严格限制焊丝中 P、S、Sn、Sb 及 As 等有害杂质的含量，以满足厚壁容器对抗回火脆性的严格要求。

随着技术的进步，CO_2 或 $Ar+CO_2$ 熔化极气体保护焊方法的应用正逐渐扩大。一些重要的高温、高压耐热钢管道，普遍采用 TIG 焊接方法进行封底焊接。管子的全位置焊接，特别是大直径管道的安装焊接，都采用实心焊丝的熔化极气体保护焊，所用的保护气体是 $Ar+CO_2$（20%）。在保护气体的选用上，主要是考虑熔滴的过渡形式和电弧的稳定燃烧，以及保证熔透和良好的焊道成形。平焊时，主要采用喷射过渡；全位置焊接时，则采用短路过渡或脉冲喷射过渡。若采用 CO_2 气体保护焊，则飞溅较大，焊缝金属的氧含量增高，冲击韧性降低，应尽量少采用或不采用。

近年来，耐热钢用药芯焊丝气体保护焊在国外得到应用，其中钛型 Cr-Mo 耐热钢药芯焊丝 T50T1-1CM、T62T1-2CM 等应用最多。它具有飞溅小、脱渣容易、电弧燃烧稳定及熔滴喷射过渡等优点，氧含量及扩散氢含量均不高。我国的一些锅炉厂也正在逐渐推广应用。

在焊接大刚度构件、补焊焊接缺陷、焊后不能热处理或焊接 12Cr5Mo 等焊接性较差的耐热钢时，可采用强度低、塑性好的 Cr-Ni 奥氏体型焊材，它不需要预热，并能释放焊接应力，提高接头韧性，防止焊接裂纹。但对于承受循环加热和冷却工作条件下的结构，不宜采用 Cr-Ni 奥氏体型焊材，以免由于两种材质线胀系数相差太大，在使用过程中产生热应力而引起开裂。这时建议采用镍基合金焊材，如 ERNiCr-3 焊丝、ENiCrFe-2 焊条等。

对于铬钼耐热钢而言，除了特殊情况，焊后热处理是必须采取的。这里指的热处理主要是回火处理，它是把工件加热到 A_{c1} 以下某个温度（通常 $650 \sim 700℃$），经过适当保温，然后冷却到室温。回火处理的目的在于减少内应力，稳定组织，获得所需要的力学性能及其他性能。因为回火后的组织决定了焊接接头的性能和寿命，所以获得理想的回火组织是焊后热处理的主要目的。

一、高压锅炉用无缝钢管焊条选配

高压锅炉用无缝钢管的焊条选配见表 3-8。

二、石油裂化用无缝钢管焊条选配

石油裂化用无缝钢管的焊条选配见表 3-9。

第六节　低温钢及超低温钢焊条选配

通常情况下，焊缝的含 Ni 量应与母材相当或稍高。应当注意到，焊态下的焊缝，当其 Ni 含量大于 2.5% 时，焊缝组织中可能出现粗大的板条贝氏体或马氏体，使韧性降低。焊后需要经过适当的热处理，才能使焊缝的韧性得到恢复。添加少量的 Ti 可以细化 2.5Ni 钢焊缝金属的组织，提高其韧性，添加少量的 Mo 有助于克服其回火脆性。两种不同的低温钢焊接时，应选择与低温韧性较高钢材相匹配的焊材。确有必要时，可选用适应性较强、塑性和韧性优良的焊接材料，如不锈钢焊材或 Ni 基合金焊材等。

焊接 9Ni 钢时，常用的焊接材料有如下四种类型：Ni 含量大于 60% 的 Inconel 型、Ni 含量=40% 的 Fe-Ni 型、Ni13-Cr16 型的不锈钢及 Ni 含量等于 11% 的铁素体型焊材。铁素体型焊材是与母材同质的焊接材料，主要用于氩弧焊。在其他三种焊接材料中，Ni 基和 Fe-Ni 基焊接材料的低温韧性好，线胀系数与 9Ni 钢相近，但成本高，强度特别是屈服强度偏低。Ni13-Cr16 型不锈钢焊接材料，成本低，屈服强度高，但低温韧性较低，线胀系数与 9Ni 钢有较大差异。

常用的焊接方法有焊条电弧焊、埋弧焊、钨极氩弧焊及熔化极气体保护焊等。为避免焊缝金属及近缝区形成粗大组织而使焊缝及热影响区的韧性恶化，焊接时，焊条尽量不摆动，采用窄焊道、多道多层焊，焊接电流不宜过大。采用快速多道焊可以减轻焊道过热，并通过多层焊的重复热作用细化晶粒。多道焊时，要控制道间温度，采用小的焊接热输入。焊条电弧焊的热输入应控制在 20kJ/cm 以下，熔化极气体保护焊的焊接热输入应控制在 25kJ/cm 左右。埋弧焊时，焊接热输入可控制在 $28 \sim 45$kJ/cm。焊接低温钢时，一般不需要预热，如果需要预热，应严格控制预热温度。为了消除应力，提高接头的抗脆性断裂能力，

表 3-8　高压锅炉用无缝钢管（GB/T 5310—2017）焊条选配

序号	母材牌号	传统选配				AI 选配		
		简明焊接材料选用手册		钢铁材料焊接施工概览		牌号	型号	匹配度
		型号	牌号	型号	牌号			
1	20G	E4303 E4301	J422 J423	E4319 E4303 E4315 E4316 E5003 E5015 E5016 E5018 E5028	J423 J422 J427 J426 J502 J507 J506 J506Fe J506Fe16、J507Fe16	THJ422GM（大桥） TB-24（神钢） CJ422（铁锚） THJ422（大桥） THJ427（大桥）	GB/T 5117 E4303 JIS Z 3211 E4303 GB/T 5117 E4303 GB/T 5117 E4303 GB/T 5117 E4315	0.951 0.936 0.935 0.934 0.921
2	20MnG	—	—	—	—	BÖHLER FOX OHV（伯乐） Phoenix Sh Gelb R（伯乐） UTP COMET J 50 N（伯乐） CHE427（大西洋） CHE427R（大西洋）	AWS A5.1 E6013 AWS A5.1 E6013 AWS A5.1 E7016 GB/T 5117 E4315 GB/T 5117 E4315	0.931 0.929 0.928 0.918 0.912
3	25MnG	—	—	—	—	Phoenix Cel 80（伯乐） THJ557（大桥） JQ·J507NP（金桥） Phoenix SH Schwarz 3 MK（伯乐）	AWS A5.5 E8010-P1 GB/T 5117 E5515-G GB/T 5117 E5015 AWS A5.5 E7018-A1	0.953 0.939 0.930 0.993
4	15MoG	E5003-A1 E5018-A1 E5015-A1	R102 R106Fe R107	—	—	CM-A76（神钢） FRW-R107（孚尔姆） CHH107（大西洋） THR107（大桥） THR106Fe（大桥）	JIS Z 3223 E4916-1M3 GB/T 5118 E5015-1M3 GB/T 5118 E5015-1M3 GB/T 5118 E5015-1M3 GB/T 5118 E5018-1M3	0.958 0.911 0.908 0.904 0.895
5	20MoG	—	—	—	—	CROMOCORD 55（奥林康） CM-A76（神钢） BÖHLER FOX CEL Mo（伯乐） Phoenix SH Schwarz 3 MK（伯乐）	AWS A5.5 E8018-B1 JIS Z 3223 E4916-1M3 AWS A5.5 E7010-A1 AWS A5.5 E7018-A1	0.958 0.954 0.947 0.945

续表

序号	母材牌号	传统选配 简明焊接材料选用手册 型号	牌号	钢铁材料焊接施工概览 型号	牌号	AI选配 牌号	型号	匹配度
6	12CrMoG	E5503-B1	R202	—	—	CHH202（大西洋）	GB/T 5118 E5503-CM	0.909
		E5500-B1	R200			THR202（大桥）	GB/T 5118 E5503-CM	0.907
		E5515-B1	R207			THR207（大桥）	GB/T 5118 E5515-CM	0.907
						CROMOCORD 55（奥林康）	AWS A5.5 E8018-B1	0.907
						GER-207（京雷）	GB/T 5118 E5515-CM	0.906
7	15CrMoG	—	—	—	—	CROMOCORD 55（奥林康）	AWS A5.5 E8018-B1	0.952
						Phoenix Chromo 1（伯乐）	AWS A5.5 E8018-B2	0.945
						CM-A96（神钢）	JIS Z 3223 E5516-1CM	0.936
						R307BH（金桥）	GB/T 5118 E5515-1CM	0.932
						CHH307JH（大西洋）	GB/T 5118 E5515-1CM	0.930
8	12Cr2MoG	E6000-B3	R400	—	—	R407（金桥）	GB/T 5118 E6215-2C1M	0.994
		E6018-B3	R406Fe			THR407（大桥）	GB/T 5118 E6215-2C1M	0.994
		E6015-B3	R407			FRW-R407（孚尔姆）	GB/T 5118 E6215-2C1M	0.994
						CHH407JH（大西洋）	GB/T 5118 E6215-2C1M	0.994
						N-2S（日本制铁）	AWS A5.5 E9016-B3	0.994
9	12Cr1MoVG	E5500-B2-V	R310	—	—	EASYARC JR-815B2V（伯乐）	GB/T 5118 E5515-B2-V	0.926
		E5503-B2-V	R312			THR317Y（大桥）	GB/T 5118 E5515-1CMV	0.925
		E5515-B2-V	R317			NJR317（林肯电气）	GB/T 5118 E5515-B2-V	0.924
		E5518-B2-V	R316Fe			SH·R317（锦州特种焊条）	GB/T 5118 E5515-B2-V	0.922
						R317（金威）	GB/T 5118 E5515-1CMV	0.921
10	12Cr2MoWVTiB	E5500-B3-VWB	R340	—	—	CJR347（铁锚）	GB/T 5118 E5515-2CMWVB	0.938
		E5515-B3-VWB	R347			CHH347R（大西洋）	GB/T 5118 E5515-2CMWVB	0.920
						THR347（大桥）	GB/T 5118 E5515-2CMWVB	0.918
						SH·R347（锦州特种焊条）	GB/T 5118 E5515-B2-VWB	0.911
11	07Cr2MoW2VNbB	—	—	—	—	CM-A96（神钢）	JIS Z 3223 E5516-1CM	0.913
						Phoenix SH Chromo 2 KS（伯乐）	AWS A5.5 E9015-B3	0.883
						CM-2CW（神钢）	AWS A5.5 E9016-G	0.871
						CHH427（大西洋）	GB/T 5118 E6215-G	0.870

续表

序号	母材牌号	传统选配 简明焊接材料选用手册 型号	牌号	钢铁材料焊接施工概览 型号	牌号	AI选配 牌号	型号	匹配度
12	12Cr3MoVSiTiB	E5515-B3-VNb	R417Fe	—	—	CHH417R（大西洋）	GB/T 5118 E5515-2CMVNb	0.925
						CJR417（铁锚）	GB/T 5118 E5515-2CMVNb	0.924
						THR417（大桥）	GB/T 5118 E5515-2CMVNb	0.922
						CHH417（大西洋）	GB/T 5118 E5515-2CMVNb	0.921
						SH·R417（锦州特种焊条）	GB/T 5118 E5515-B3-VNb	0.921
13	15Ni1MnMoNbCu	—	—	—	—	TENACITO 65R（奥林康）	AWS A5.5 E9018-G-H4	0.986
						FRW-J607（孚尔姆）	GB/T 32533 E5915-3M2	0.986
						JQ.J36G（金桥）	AWS A5.5 E9018-G	0.986
						J557HR（威尔）	GB/T 5117 E5516-G	0.986
14	10Cr9Mo1VNbN	—	R717	—	—	CHH736（大西洋）	AWS A5.5 E8016-B8	0.879
						GER-718（京雷）	GB/T 5118 E6218-9C1MV	0.870
						CHROMET 91VNB（曼彻特）	BS EN ISO 3580-A E CrMo91 B32H5	0.869
						R717（金威）	GB/T 5118 E6215-9C1MV	0.866
15	10Cr9MoW2VNbBN	—	—	—	—	CHROMET 12MV（曼彻特）	BS EN ISO 3580-AECrMoWV12B32 H5	0.895
						CHH727（大西洋）	AWS A5.5 E9015-B92	0.895
						R727（锦州特种焊条）	GB/T 5118 E6015-G	0.894
						GER-728（京雷）	GB/T 5118 E6218-G	0.892
						GER-92（京雷）	AWS A5.5 E9015-B92	0.890
16	10Cr11MoW2VNbCu1BN	—	—	—	—	YT-HCM12A（日本制铁）	JIS Z 3317 W69-10CMWV-Cu	0.877
						N-HCM12A（日本制铁）	—	0.874
						CHH727B（大西洋）	GB/T 5118 E6215-G	0.866
17	11Cr9Mo1W1VNbBN	—	—	—	—	CROMOCORD 92（奥林康）	AWS A5.5 E9018-G	0.961
						GER-92（京雷）	AWS A5.5M E6215-B92	0.958
						CHH727B（大西洋）	GB/T 5118 E6215-G	0.910
						BÖHLER FOX P 92（伯乐）	AWS A5.5 E9015-B9	0.907
						CHROMET 10MW（曼彻特）	AWS A5.5M E9015-G H4 [E911]	0.902

续表

序号	母材牌号	传统选配				AI选配		匹配度
		简明焊接材料选用手册		钢铁材料焊接施工概览		牌号	型号	
		型号	牌号	型号	牌号			
18	07Cr19Ni10	E347-16 E347-15	—	—	—	A102（金桥）	GB/T 983 E308-16	0.982
						GES-308Z（京雷）	GB/T 983 E308-15	0.981
						FRW-S308（孚尔姆）	GB/T 983 E308-16	0.981
						GES-308（京雷）	GB/T 983 E308-16	0.980
						A102（金威）	GB/T 983 E308-16	0.980
19	10Cr18Ni9NbCu3BN	—	—	—	—	CHS107H（大西洋）	GB/T 983 E308H-15	0.889
						FRW-S308H（孚尔姆）	GB/T 983 E308H-16	0.846
						A102H（锦州特种焊条）	GB/T 983 E308H-16	0.844
						CHS102H（大西洋）	GB/T 983 E308H-16	0.843
20	07Cr25Ni21	—	—	—	—	SUPRANOX 310（奥林康）	AWS A5.4 E310-16	0.979
						S-310.16（韩国现代）	AWS A5.4 E310-16	0.978
						A407（金桥）	GB/T 983 E310-15	0.977
						CHS407（大西洋）	GB/T 983 E310-15	0.976
						CJA407（铁锚）	GB/T 983 E310-15	0.974
21	07Cr25Ni21NbN	—	—	—	—	GES-310Nb（京雷）	GB/T 983 E310Nb-16	0.989
						CHS402Nb（大西洋）	GB/T 983 E310Nb-16	0.989
						E310-16（A402）（威尔）	GB/T 983 E310-16	0.931
						CHS407（大西洋）	GB/T 983 E310-15	0.928
						CJA407（铁锚）	GB/T 983 E310-15	0.917
22	07Cr19Ni11Ti	E347-16 E347-15	A132 A132	E347-16 E347H-16	A132	E347H-16（威尔）	GB/T 983 E347-16	0.958
						RNY347HT（油脂）	JIS Z3221 ES347-16	0.958
						SANDVIK 19.9.NBR-16（347-16）（山特维克）	AWS A5.4/SFA-5.4 E347-16	0.957
						BASINOX 347（奥林康）	AWS A5.4 E347-15	0.956
						THA132Y（大桥）	GB/T 983 E347-16	0.955

续表

序号	母材牌号	传统选配				AI 选配		匹配度
		简明焊接材料选用手册		钢铁材料焊接施工概览		牌号	型号	
		型号	牌号	型号	牌号			
23	07Cr18Ni11Nb	E347-16 E347-15	A132/A132A A137	—	—	E347H-16（威尔）	GB/T 983 E347-16	0.958
						RNY347HT（油脂）	JIS Z3221 ES347-16	0.957
						SANDVIK 19.9.NBR-16（347-16）（山特维克）	AWS A5.4/SFA-5.4 E347-16	0.957
						BASINOX 347（奥林康）	AWS A5.4 E347-15	0.956
						THA132Y（大桥）	GB/T 983 E347-16	0.955
24	08Cr18Ni11NbFG	—	—	—	—	E347H-16（威尔）	GB/T 983 E347-16	0.988
						NC-37（神钢）	JIS Z 3221 ES347-16	0.988
						CHS137HR（大西洋）	GB/T 983 E347-15	0.987
						THA132F（大桥）	GB/T 983 E347-16	0.986
						THA132Y（大桥）	GB/T 983 E347-16	0.985

表 3-9　石油裂化用无缝钢管（GB/T 9948—2013）焊条选配

序号	母材牌号	传统选配				AI 选配		匹配度
		简明焊接材料选用手册		钢铁材料焊接施工概览		牌号	型号	
		型号	牌号	型号	牌号			
1	10	—	—	—	—	Hobart 335A（合伯特）	AWS A5.1 E6011	0.944
						CJ427A（铁锚）	—	0.941
						G-300（日本制铁）	JIS Z 3211 E4319	0.931
						Z-1Z（神钢）	JIS Z 3211 E4340	0.910
						B-10（神钢）	JIS Z 3211 E4319	0.908
2	20	—	—	—	—	Hobart 447C（合伯特）	AWS A5.1 E6013	0.965
						NJ421（林肯电气）	GB/T 5117 E4313	0.961
						B-33（神钢）	JIS Z 3211 E4313	0.961
						Z-15（英国 ZIKA）	EN ISO 2560-A E380RR12	0.959
						THJ422GM（大桥）	GB/T 5117 E4303	0.951
3	12CrMo	—	—	—	—	FRW-R207（孚尔姆）	GB/T 5118 E5515-CM	0.916
						CHH207（大西洋）	GB/T 5118 E5515-CM	0.913
						THR207（大桥）	GB/T 5118 E5515-CM	0.912
						CHH202（大西洋）	GB/T 5118 E5503-CM	0.910
						GER-207（京雷）	GB/T 5118 E5515-CM	0.910
4	15CrMo	—	—	—	—	CROMOCORD 55（奥林康）	AWS A5.5 E8018-B1	0.952
						Phoenix Chromo 1（伯乐）	AWS A5.5 E8018-B2	0.945
						CM-A96（神钢）	JIS Z 3223 E5516-1CM	0.936
						R307BH（金桥）	GB/T 5118 E5515-1CM	0.933
						CHH307JH（大西洋）	GB/T 5118 E5515-1CM	0.931
5	12Cr1Mo	—	—	—	—	CM-A96（神钢）	JIS Z 3223 E5516-1CM	0.923
						CROMOCORD Kb（奥林康）	AWS A5.5 E8018-B2 H4	0.917
						CM-A96MB（神钢）	AWS A5.5 E8016-B2	0.912
						R307BH（金桥）	GB/T 5118 E5515-1CM	0.908
						R307CL（威尔）	GB/T 5118 E5516-1CM	0.900

续表

序号	母材牌号	传统选配 简明焊接材料选用手册 型号	牌号	钢铁材料焊接施工概览 型号	牌号	AI 选配 牌号	型号	匹配度
6	12Cr1MoV	—	—	—	—	EASYARC JR-815B2V（林肯电气）	GB/T 5118 E5515-B2-V	0.948
						NJR317（林肯电气）	GB/T 5118 E5515-B2-V	0.944
						THR317Y（大桥）	GB/T 5118 E5515-1CMV	0.937
						SH·R317（锦州特种焊条）	GB/T 5118 E5515-B2-V	0.932
7	12Cr2Mo	E6000-B3	R400	—	—	N-2SM（日本制铁）	AWS A5.5 E9016-B3	0.972
		E6018-B3	R406Fe			CM-A106N（神钢）	JIS Z 3223 E6216-2C1M	0.958
		E6015-B3	R407			Phoenix SH Chromo 2 KS（伯乐）	AWS A5.5 E9015-B3	0.940
						CHH407JH（大西洋）	GB/T 5118 E6215-2C1M	0.934
						R407C（威尔）	GB/T 5118 E6216-2C1M	0.931
8	12Cr5MoI	—	—	—	—	CHROMET 5（曼彻特）	AWS A5.5M E8015-B6 H4	0.911
						ATOM ARC 8018-B6L（伊萨）	AWS A5.5 E8018-B6 LH4R	0.888
						EASYARC JS-502V（林肯电气）	GB/T 5118 E5515-G	0.877
						R517（威尔）	GB/T 5516 E5516-5CM	0.870
						CM-5（神钢）	JIS Z 3223 E5516-5CM	0.868
9	12Cr5MoNT	—	—	—	—	ATOM ARC 8018-B6L（伊萨）	AWS A5.5 E8018-B6 LH4R	0.920
						CHROMET 5（曼彻特）	AWS A5.5M E8015-B6 H4	0.916
						R517（威尔）	GB/T 5516 E5516-5CM	0.907
						GER-507（京雷）	GB/T 5515 E5515-5CM	0.904
						HOBALLOY 8018B6（合伯特 Tri-Mark）	AWS A5.5 E8018-B6 H4R	0.904
10	12Cr9MoI	—	—	—	—	CHROMET 9（曼彻特）	BS EN ISO 3580-B E6216-9C1M	0.932
						Z-505（ZIKA）	EN ISO 3580-A ECrMo9 B32 H5	0.893
						ATOM ARC 8018-B8（伊萨）	AWS A5.5 E8018-B8 H4R	0.893
						BÖHLER FOX C9MV-B9（伯乐）	GB/T 5118 E6215-9C1MV	0.887

续表

序号	母材牌号	传统选配 简明焊接材料选用手册 型号	传统选配 简明焊接材料选用手册 牌号	传统选配 钢铁材料焊接施工概览 型号	传统选配 钢铁材料焊接施工概览 牌号	AI选配 牌号	AI选配 型号	匹配度
11	12Cr9MoNT	—	—	—	—	BÖHLER FOX CM 9 Kb（伯乐）	AWS A5.5 E8018-B8	0.944
						CHH736（大西洋）	AWS A5.5 E8016-B8	0.918
						ATOM ARC 8018-B8（伊萨）	AWS A5.5 E8018-B8 H4R	0.916
12	07Cr19Ni10	—	—	—	—	E308H-16（威尔）	GB/T 983 E308H-16	0.988
						GES-308H（京雷）	GB/T 983 E308H-16	0.985
						A102H（锦州特种焊条）	GB/T 983 E308H-16	0.984
						GES-308Z（京雷）	GB/T 983 E308-15	0.982
						A102（金桥）	GB/T 983 E308-16	0.982
13	07Cr18Ni11Nb	E347-16 E347-15	—	—	A132/A132A A137	E347H-16（威尔）	GB/T 983 E347-16	0.980
						NC-37（神钢）	JIS Z 3221 ES347-16	0.976
						BASINOX 347（奥林康）	AWS A5.4 E347-15	0.974
						CHS137HR（大西洋）	GB/T 983 E347-15	0.970
						S-347·R（日本制铁）	JIS Z 3221 ES347-16	0.967
14	07Cr19Ni11Ti	E347-16.15 E347-16 E347-15	—	—	A132/A137 A132 A132	E347H-16（威尔）	GB/T 983 E347-16	0.98
						NC-37（神钢）	JIS Z 3221 ES347-16	0.976
						BASINOX 347（奥林康）	AWS A5.4 E347-15	0.974
						CHS137HR（大西洋）	GB/T 983 E347-15	0.970
						S-347·R（日本制铁）	JIS Z 3221 ES347-16	0.967
15	022Cr17Ni12Mo2	—	—	—	—	E316L-16（A022）（威尔）	GB/T 983 E316L-16	0.984
						BÖHLER FOX 316L（伯乐-苏州）	GB/T 983 E316L-16	0.983
						S-316L.17（韩国现代）	AWS A5.4 E316L-16	0.982
						ARCALOY 316LF5-15（伊萨）	AWS A5.4 E316-15/E316L-15	0.980
						CHS316LHRF（大西洋）	ASME SFA-5.4 E316L-16	0.980

低温钢焊接接头应进行消除应力热处理，对于 16MnDR、09Mn2VDR、15MnNiDR 和 09MnNiDR 钢，焊后热处理的加热温度为 580～620℃，2.5Ni 和 3.5Ni 钢焊后热处理的加热温度为 595～635℃。

一、低温压力容器用镍合金钢板焊条选配

低温压力容器用镍合金钢板的焊条选配见表 3-10。

表 3-10 低温压力容器用镍合金钢板（GB/T 24510—2017）焊条选配

序号	母材牌号	AI 选配		匹配度
		牌号	型号	
1	1.5Ni	THW707Ni（大桥）	GB/T 5117 E5515-N5	0.935
		CHL607R（大西洋）	GB/T 5117 E5015-G P	0.928
		GER-N26（京雷）	GB/T 5117 E5516-N5 P	0.928
		TENACITO 38R（奥林康）	AWS A5.5 E7018-GH4	0.927
		NB-1SJ（神钢）	JIS Z 3211 E5516-3N3 APL	0.927
2	3.5Ni	TENAX 76C2L（奥林康）	AWS A5.5 E7016-C2L H4	0.953
		GER-N38L（京雷）	GB/T 5117 E5018-N7 P	0.941
		GER-N36L（京雷）	GB/T 5117 E5016-N7 P	0.931
		NB-3J（神钢）	JIS Z 3211 E4916-N7 APL	0.924
		W107Ni（金桥）	GB/T 5117 E5015-N7 P	0.917
3	5Ni	SANICRO 60（山特维克）	AWS A5.11 ENiCrMo-3	0.942
		ENiCrMo-4（金威）	GB/T 13814 ENi6276	0.888
		INCO-WELD C-276（SMC）	AWS A5.11 ENiCrMo-4	0.879
		ENiCrMo-4（锦州特种焊条）	GB/T 13814 ENi6276	0.872
		CHNiCrMo-4（大西洋）	GB/T 13814 ENi6276	0.867
4	9Ni	SUPRANEL C276（奥林康）	AWS A5.11 ENiCrMo-4	0.914
		UTP 6222 Mo（伯乐）	AWS A5.11 ENiCrMo-3	0.914
		Thermanit 625（伯乐）	AWS A5.11 ENiCrMo-3	0.914
		SUPRANEL 625（奥林康）	AWS A5.11 ENiCrMo-3	0.914
		SANICRO 60（山特维克）	AWS A5.11 ENiCrMo-3	0.912

二、低温管道用大直径焊接钢管焊条选配

低温管道用大直径焊接钢管的焊条选配见表 3-11。

表3-11　低温管道用大直径焊接钢管（GB/T 37577—2019）焊条选配

序号	母材牌号	传统选配				AI选配		匹配度
		简明焊接材料选用手册		钢铁材料焊接施工概览		牌号	型号	
		型号	牌号	型号	牌号			
1	16MnDR	E5015-G	J507NiTiB J507TiBMA J507RH J507NiMA	E5003、E5019 E5015、E5016 E5015-G E5018 E5028	J502、J503 J507、J506 J507GR、J507RH J506Fe、J507Fe J506Fe16	GEL-57RH（京雷）	GB/T 5117 E5015-G	0.926
		E5016-G	J506NiMA J506RH			THJ506R（大桥）	GB/T 5117 E5016-G	0.926
						CHE507NiLHR（大西洋）	GB/T 5117 E5015-N1 P	0.924
						NJ507FeNi（林肯电气）	GB/T 5118 E5018-G	0.924
						J507DR（威尔）	GB/T 5117 E5015-G	0.923
2	15MnNiDR			—		W607DR（威尔）	GB/T 5117 E5015-G	0.951
						THJ557R（大桥）	GB/T 5117 E5515-G	0.94
						J507DR（锦州特种焊条）	GB/T 5117 E5016-G AP	0.936
						GEL-56RH（京雷）	GB/T 5117 E5015-G	0.932
3	15MnNiNbDR	—	—	—		THJ557RH（大桥）	GB/T 5117 E5515-G	0.928
						GEL-56RH（京雷）	GB/T 5117 E5016-G AP	0.927
						CHE557RH（大西洋）	GB/T 5117 E5515-N1 P	0.927
						W607DR（威尔）	GB/T 5117 E5015-G	0.927
4	09MnNiDR	E5015-G E5515-C1 — E5515-C1 E5515-G	W607 W607H W707 W707Ni W807	W607	—	GER-N28L（京雷）	GB/T 5117 E5018-N5 P	0.896
						CHL707（大西洋）	GB/T 5117 E5015-N5 P	0.871
						W707Q（金威）	GB/T 5117 E5015-G	0.871
						W707Ni（金威）	GB/T 5117 E5015-G	0.865
						W707DR（威尔）	GB/T 5117 E5516-N5	0.864
5	08Ni3DR	—	—	—		TENAX 76C2L（奥林康）	AWS A5.5 E7016-C2L H4	0.945
						GER-N38L（京雷）	GB/T 5117 E5018-N7 P	0.935
						NB-3J（神钢）	JIS Z 3211 E4916-N7 APL	0.922
						W107（金威）	GB/T E5015-N7	0.919
						W107DR（威尔）	GB/T 5117 E5015-N7	0.916
6	06Ni9DR	—	—	—		UTP 6222 Mo（伯乐）	AWS A5.11 ENiCrMo-3	0.914
						Thermanit 625（伯乐）	AWS A5.11 ENiCrMo-3	0.914
						SR-625（韩国现代）	AWS A5.11 ENiCrFe-3	0.900
						CHNiCrFe-9（大西洋）	GB/T 13814 ENi6094	0.898
						THNiCrMo-3（大桥）	GB/T 13814 ENi6625	0.878

第七节　耐大气腐蚀及硫化氢腐蚀钢焊材选配

一般焊接结构用耐大气腐蚀钢中含 P 量不大于 0.035%，这类钢以 Cu-Cr 和 Cu-Cr-Ni 系为主，具有优良的焊接性能和低温韧性。焊接这类钢时应采用与钢材成分相接近的焊接材料，包括焊条或焊丝。

焊接含 P 量高的钢种时，可以采用含 P 量高的焊接材料，也可以采用含 P 量低的焊接材料，而用适量的 Cr、Ni 元素来替代 P。大部分耐候钢的焊接性与屈服强度为 235～345MPa 级的热轧钢或正火钢相当，所以其焊接施工可参考相同强度级别热轧钢或正火钢的焊接施工条件。但是，对于调质状态交货的 Q460NH 钢，建议参考低合金低碳调质钢的焊接施工条件。对于 P 含量较高的耐候钢，需采用母材稀释率较小的焊接方法，以便防止焊接裂纹的产生。薄板焊接时应注意控制焊接热输入及道间温度，确保焊缝金属的抗拉强度及焊接接头的冲击韧性。

一、耐大气腐蚀结构钢焊条选配

耐大气腐蚀结构钢的焊条选配见表 3-12。

表 3-12　耐大气腐蚀结构钢（GB/T 34560.5—2017）焊条选配

序号	母材牌号	传统选配		AI 选配		匹配度
		简明焊接材料选用手册		牌号	型号	
		型号	牌号			
1	Q235WC/Q235WD	—	—	J422CrCu（金桥） J427CrCu（金桥）	GB/T 5117 E4303-G GB/T 5117 E4315-G	0.874 0.874
2	Q235NHB/Q235NHC/Q235NHD	—	—	J422CrCu（金桥） J427CrCu（金桥）	GB/T 5117 E4303-G GB/T 5117 E4315-G	0.855 0.852
3	Q235NHE	—	—	J427CrCu（金桥） THJ506NiCu（大桥）	GB/T 5117 E4315-G GB/T 5117 E5016-G	0.885 0.854
4	Q295NHB/Q295GNHB	E4301 E4303 E4315 E4316	J423 J422 J427 J426	TB-W52B（神钢） J422CrCu（金桥） J427CrCu（金桥） CHE502WCu（大西洋） GER-C16（京雷）	JIS Z 3214 E4903-CC A GB/T 5117 E4303-G GB/T 5117 E4315-G GB/T 5117 E5003-G GB/T 5117 E5018-NCC2	0.911 0.906 0.896 0.895 0.888
5	Q295NHC/Q295NHD/Q295GNHC/Q295GNHD			J422CrCu（金桥） J427CrCu（金桥） CHE502WCu（大西洋） GER-C16（京雷） THJ506NH（大桥）	GB/T 5117 E4303-G GB/T 5117 E4315-G GB/T 5117 E5003-G GB/T 5117 E5018-NCC2 GB/T 5117 E5016-G	0.924 0.923 0.923 0.922 0.921

续表

序号	母材牌号	传统选配		AI选配		匹配度
		简明焊接材料选用手册		牌号	型号	
		型号	牌号			
6	Q295NHE/ Q295GNHE	E4301 E4303 E4315 E4316	J423 J422 J427 J426	THJ502NiCrCu（大桥） THJ502NiCu（大桥） THJ502WCu（大桥） CHE506NiCrCu（大西洋） THJ506NiCu（大桥）	GB/T 5117 E5003-G GB/T 5117 E5003-G GB/T 5117 E5003-G GB/T 5117 E5018-1 GB/T 5117 E5016-G	0.921 0.921 0.918 0.918 0.917
7	Q355WC	—	—	1NiCu.B（曼彻特） THJ552NiCrCu（大桥） Z-3W（ZIKA） LB-W52（神钢） J556NiCrCu（金桥）	BS EN ISO 2560-B E5518-NCC1 A GB/T 5117 E5503-G EN ISO 2560-A E502B32H5 JIS Z 3214 E4916-NCAUH15 TB 2374 E5516-G	0.935 0.927 0.927 0.897 0.896
8	Q355WD	—	—	GER-C16（京雷） J427CrCu（金桥） THJ506NH（大桥） CHE502WCu（大西洋）	GB/T 5117 E5018-NCC2 GB/T 5117 E5503-G GB/T 5117 E5016-G GB/T 5117 E5003-G	0.916 0.914 0.911 0.909
9	Q355WPC	—	—	1NiCu.B（曼彻特） LB-O52（神钢） THJ552NiCrCu（大桥） GER-C60（京雷） LB-W52B（神钢）	AWS A5.5M E8018-W2 H4 JIS Z 3211 E4916-G GB/T 5117 E5503-G GB/T 5117 E5518-NCC1 JIS Z 3214 E4916-NCAUH15	0.93 0.920 0.917 0.908 0.900
10	Q355WPD	—	—	J427CrCu（金桥） GER-C16（京雷） CHE502WCu（大西洋） S-7018.W（韩国现代） J556NH（锦州特种焊条）	GB/T 5117 E4315-G GB/T 5117 E5018-NCC2 GB/T 5117 E5003-G AWS A5.5 E7018-W1 GB/T 5117-2012 E5516-G	0.949 0.949 0.940 0.931 0.925

二、铁道车辆用耐大气腐蚀钢焊条选配

铁道车辆用耐大气腐蚀钢的焊条选配见表 3-13。

表 3-13　铁道车辆用耐大气腐蚀钢（TB/T 1979—2014）焊条选配

序号	母材牌号	传统选配		AI选配		匹配度
		简明焊接材料选用手册		牌号	型号	
		型号	牌号			
1	Q295NQR2	E4301 E4303 E4315 E4316	J423 J422 J427 J426	THJ502NiCu（大桥） CHE507NHQ（大西洋） THJ502NiCrCu（大桥） J422CrCu（金桥）	GB/T 5117 E5003-G GB/T 5117 E5015-G TB/T 2374 E5003-G GB/T 5117 E4303-G	0.928 0.921 0.921 0.92

续表

序号	母材牌号	传统选配 简明焊接材料选用手册		AI 选配		匹配度
		型号	牌号	牌号	型号	
2	Q295NQR3	E4303 E4315 E4316	J422 J427 J426	THJ502NiCu（大桥）	GB/T 5117 E5003-G	0.928
				CHE507NHQ（大西洋）	GB/T 5117 E5015-G	0.913
				THJ502NiCrCu（大桥）	TB/T 2374 E5003-G	0.888
				NJ502WCu（林肯电气）	GB/T 5118 E5003-G	0.887
3	Q345NQR2			THJ502NiCrCu（大桥）	TB/T 2374 E5003-G	0.892
				J422CrCu（金桥）	GB/T 5117 E4303-G	0.891
				THJ502NiCu（大桥）	GB/T 5117 E5003-G	0.888
				CHE507NHQ（大西洋）	GB/T 5117 E5015-G	0.881
				CHE506NiCrCu（大西洋）	GB/T 5117 E5018-1	0.879
4	Q345NQR3	—	—	THJ502NiCu（大桥）	TB/T 2374 E5003-G	0.924
				THJ502WCu（大桥）	TB/T 2374 E5003-G	0.906
				THJ502NiCrCu（大桥）	TB/T 2374 E5003-G	0.905
				J506NiCu（金桥）	TB/T 2374 E5016-G	0.902
				NJ502WCu（林肯电气）	GB/T 5118 E5003-G	0.896
5	Q345NQR4			THJ502NiCu（大桥）	TB/T 2374 E5003-G	0.920
				THJ502NiCrCu（大桥）	TB/T 2374 E5003-G	0.903
				THJ502WCu（大桥）	TB/T 2374 E5003-G	0.901
				J506NiCu（金桥）	TB/T 2374 E5016-G	0.896
				J502NiCu（金桥）	TB/T 2374 E5003-G	0.893
6	Q350EWR1	—	—	THJ502NiCu（大桥）	TB/T 2374 E5003-G	0.875
				THJ502WCu（大桥）	TB/T 2374 E5003-G	0.867
				THJ502NiCrCu（大桥）	TB/T 2374 E5003-G	0.858
				J506NiCu（金桥）	TB/T 2374 E5016-G	0.849
				NJ502WCu（林肯电气）	GB/T 5118 E5003-G	0.839
7	Q400NQR1	—	—	CHE506NiCrCu（大西洋）	GB/T 5117 E5018-1	0.915
				THJ502NiCrCu（大桥）	TB/T 2374 E5003-G	0.910
				THJ502NiCu（大桥）	TB/T 2374 E5003-G	0.904
				THJ502NiCrCu（大桥）	GB/T 5117 E5003-G	0.91
				CHE507NHQ（大西洋）	GB/T 5117 E5015-G	0.902
8	Q450NQR1	—	—	CHE506NiCrCu（大西洋）	GB/T 5117 E5018-1	0.917
				THJ502NiCrCu（大桥）	TB/T 2374 E5003-G	0.917
				J506NiCrCu（锦州特种焊条）	GB/T 5117 E5016-G	0.906
				1NiCu.B（曼彻特）	AWS A5.5M E8018-W2 H4	0.903
				THJ556NiCrCu（大桥）	TB/T 2374 E5516-G	0.898
9	Q450EWR1	—	—	CHE506NiCrCu（大西洋）	GB/T 5117 E5018-1	0.872
				THJ502NiCrCu（大桥）	TB/T 2374 E5003-G	0.859
				J506NiCrCu（锦州特种焊条）	GB/T 5117 E5016-G	0.853
				1NiCu.B（曼彻特）	AWS A5.5M E8018-W2 H4	0.839
				THJ556NiCrCu（大桥）	TB/T 2374 E5516-G	0.832

序号	母材牌号	传统选配 简明焊接材料选用手册		AI 选配		匹配度
		型号	牌号	牌号	型号	
10	Q500NQR1	E7015-G	J707Ni、J707RH、J707NiW	1NiCu.B（曼彻特）	AWS A5.5M E8018-W2 H4	0.941
				J556NiCrCu（锦州特种焊条）	GB/T 5117 E5516-G	0.933
				CHE556NiCrCu（大西洋）	GB/T 5117 E5516-G	0.924
				THJ556NiCrCu（大桥）	TB/T 2374 E5516-G	0.907
				CHE606NiCrCu（大西洋）	TB/T 2374 E6016-G	0.902
11	Q550NQR1			CHE606NiCrCu（大西洋）	TB/T 2374 E6016-G	0.940
				1NiCu.B（曼彻特）	AWS A5.5M E8018-W2 H4	0.931
				J556NiCrCu（锦州特种焊条）	GB/T 5117 E5516-G	0.928
				CHE556NiCrCu（大西洋）	GB/T 5117 E5516-G	0.918
				CJ557QNH（铁锚）	GB/T 5117 E5515-G	0.908
12	Q265NQL2	—	—	THJ502NiCrCu（大桥）	TB/T 2374 E5003-G	0.914
				J422CrCu（金桥）	GB/T 5117 E4303-G	0.910
				THJ502NiCu（大桥）	GB/T 5117 E5003-G	0.908
				NJ502WCu（林肯电气）	GB/T 5118 E5003-G	0.898
13	Q310NQL2	—	—	THJ502NiCrCu（大桥）	TB/T 2374 E5003-G	0.921
				J422CrCu（金桥）	GB/T 5117 E4303-G	0.917
				THJ502NiCu（大桥）	GB/T 5117 E5003-G	0.912
				NJ502WCu（林肯电气）	GB/T 5118 E5003-G	0.907
14	Q310NQL3	—	—	THJ502NiCrCu（大桥）	TB/T 2374 E5003-G	0.923
				J422CrCu（金桥）	GB/T 5117 E4303-G	0.918
				THJ502NiCu（大桥）	GB/T 5117 E5003-G	0.916
				NJ502WCu（林肯电气）	GB/T 5118 E5003-G	0.909

三、耐硫化氢腐蚀钢焊条选配

临氢设备用铬钼合金钢钢板的焊条选配见表 3-14。

表 3-14 临氢设备用铬钼合金钢钢板（GB/T 35012—2018）焊条选配

序号	母材牌号	传统选配 简明焊接材料手册		AI 选配		匹配度
		型号	牌号	牌号	型号	
1	15CrMoR（H）	—	—	R307BH（金桥）	GB/T 5118 E5515-1CM	0.934
				R307C（威尔）	GB/T 5118 E5516-1CM	0.921
				CHH307JH（大西洋）	GB/T 5118 E5515-1CM	0.920
				R307CL（威尔）	GB/T 5118 E5516-1CM	0.915
				CROMOCORD 55（奥林康）	AWS A5.5 E8018-B1	0.915

续表

序号	母材牌号	传统选配		AI选配		匹配度
		简明焊接材料手册		牌号	型号	
		型号	牌号			
2	14Cr1MoR（H）	—	—	CHROMET 1L（曼彻特） CM-A96MB（神钢） CHH307LR（大西洋） R307G（威尔） R307BL（金桥）	AWS A5.5M 7015-B2L H4 JIS Z 3223 E5516-1CM GB/T 5118 E5215-1CML GB/T 5118 E5516-1CM GB/T 5118 E5515-1CM	0.949 0.923 0.922 0.917 0.908
3	12Cr2Mo1R（H）	E6000-B3 E6018-B3 E6015-B3	R400 R406Fe R407	CROMOCORD KV3HR（奥林康） R407C（威尔） CROMO E 225（奥林康） CHH417JH（大西洋） R417（威尔）	AWS A5.5 E9018-B3 H4R GB/T 5118 E6216-2C1M AWS A5.5 E9015-B3-H4 GB/T 5118 E5515-2CMVNb GB/T 5118 E6215-2C1MV	0.952 0.950 0.942 0.928 0.926
4	12Cr2Mo1VR（H）	—	—	CROMOCORD KV3HR（奥林康） CHROMET 2X（曼彻特） R417（威尔） CROMO E 225V（奥林康） CHH407AR（大西洋）	AWS A5.5 E9018-B3 H4R AWS A5.5M E9018-B3 H4 GB/T 5118 E5515-2CMVNb AWS A5.5 E9015-G GB/T 5118 E6215-2C1M	0.967 0.960 0.953 0.943 0.936

第八节　不锈钢焊材选配

选择不锈钢焊接材料时，首先要考虑足够的耐腐蚀性，然后再考虑力学性能、易加工程度、可焊性和价格等因素。

奥氏体不锈钢用焊材的选择原则是在无裂纹的前提下，保证焊缝金属的耐蚀性能及力学性能与母材基本相当，或略高，尽可能保证其合金成分大致与母材成分一致或相近。在不影响耐蚀性能的前提下，希望含一定量的铁素体，这样既能保证良好的抗裂性能，又有良好的抗腐蚀性能。但在某些特殊介质中，如尿素设备用的 316L 型奥氏体不锈钢焊缝金属，是不允许铁素体存在的，否则会降低其耐蚀性。对于长期在高温下运行的奥氏体不锈钢焊件，要限制焊缝金属内铁素体含量不超过 5%，以防止在使用过程中铁素体发生脆性转变。对于焊条电弧焊，根据耐腐蚀性及接头韧性的要求，可选用酸性或碱性焊条。当对焊缝金属的耐腐蚀性能有特殊要求时，还应采用超级双相钢成分的焊条。对于药芯焊丝，当要求焊缝光滑，接头成形美观时，可采用金红石型或 Ti-Ca 型药芯焊丝；当要求较高的冲击韧性或在较大的拘束条件下焊接时，宜采用碱度较高的药芯焊丝。

选择铁素体不锈钢用焊接材料时，应采用含有害元素（如 C、N、S、P 等）低的产品，以便改善焊接性能和焊缝韧性。焊缝成分可采用与 Cr17 系同质成分，这样焊后可采用热处理，恢复耐蚀性能，并改善接头塑性；但在拘束度大时，容易产生裂纹。也可采用奥氏体型高 Cr、Ni 焊材，提高接头抗裂能力，如 309（24-13）型和 310（26-21）型奥氏体不锈钢焊材。奥氏体焊缝金属基本上与铁素体母材等强，但在某些腐蚀介质中，耐蚀性可能与母材有所不同，这一点在焊材选用时要注意。

对于 Cr13 型马氏体不锈钢，其焊接性较差，因此，除采用与母材化学成分、力学性能相当的同种材质焊接材料外，还经常采用奥氏体型的焊接材料。对于含碳量较高的马氏体钢或在难以实施焊前预热、焊后热处理难，以及接头拘束度较大的情况下，通常采用奥氏体型焊接材料，以提高焊接接头的塑韧性、防止焊接裂纹的发生。当焊缝金属为奥氏体组织或以奥氏体为主的组织时，焊接接头在强度方面通常为低强匹配，而且由于焊缝金属在化学成分、金相组织、热物理性能及其他力学性能方面与母材有很大的差异，焊接残余应力不可避免地会对焊接接头使用性能产生不利的影响。例如，焊接残余应力可能引起应力腐蚀破坏或高温蠕变破坏。因此，在采用奥氏体型焊接材料时，应根据对焊接接头性能的要求，严格选择焊接材料与评定焊接接头性能。有时还采用镍基焊接材料，使焊缝金属的热胀系数与母材相接近，尽量降低焊接残余应力及在高温状态使用时的热应力。

对于低碳以及超级马氏体不锈钢，由于其良好的焊接性，一般采用同材质焊接材料，通常不需要预热或仅需要低温预热，但必须进行焊后热处理，以保证焊接接头的塑韧性。在接头拘束度较大，难以实施焊前预热和后热的情况下，也采用其他类型的焊接材料，如奥氏体型 00Cr23Ni12、00Cr18Ni12Mo 焊接材料。国内研制的 0Cr17Ni6MnMo 焊接材料，常用于大厚度 0Cr13Ni4-6Mo 马氏体不锈钢的焊接，其优点是焊接预热温度低，焊缝金属的韧性高、抗裂纹性能好。

析出硬化不锈钢的焊接，通常是在进行析出硬化之前的固溶处理状态下进行的。这种状态下的马氏体析出硬化不锈钢虽然硬度高，但仍有中等程度的延性。而半奥氏体和奥氏体析出硬化不锈钢则很软，延性也很好。因为焊缝金属冷却很快，实际上不发生析出反应，所以，在焊态下其组织、性能与固溶处理的母材没有什么不同，但是，焊缝金属不像母材那样均匀。除高磷含量的析出硬化奥氏体不锈钢 17-10P 外，焊条电弧焊、熔化极惰性气体保护焊（MIG/MAG）、非熔化极惰性气体保护焊（TIG）等熔化焊工艺方法，都可用于析出硬化不锈钢的焊接。

对于其他析出硬化的不锈钢的焊接，目前还缺乏标准化及商品化的同材质焊接材料，可采用普通奥氏体不锈钢焊接材料，较常用的有 S304XX（Cr18Ni9）和 S316XX（Cr18Ni12Mo2）型的焊接材料，不足之处是焊接接头为低强匹配。焊缝与热影响区均没有明显的裂纹敏感性。

不锈钢热轧钢板和钢带的焊材选配对照见表 3-15。

表3-15　不锈钢热轧钢板和钢带（GB/T 4237—2015）焊材选配对照

序号	母材牌号	传统选配				AI选配		匹配度
		简明焊接材料选用手册		钢铁材料焊接施工概览				
		型号	牌号	型号	牌号	牌号	型号	
1	022Cr17Ni7	E308L-16 E308L-17 E308L-15	—	—	—	CRISTAL E308L（奥林康）	—	0.921
						A002（金威）	GB/T 983 E308L-16	0.934
						NC-38L（神钢）	JIS Z 3221 ES308L-16	0.914
						ULTRAMET 308L（曼彻特）	AWS A5.4M E308L-16	0.913
						CHS002HR（大西洋）	GB/T 983 E308L-16	0.913
2	12Cr17Ni7	—	—	—	—	E304N-16（金威）	—	0.94
						JQ·E304（金桥）	—	0.934
						GES-308（京雷）	GB/T 983 E308-16	0.921
						FRW-S308（孚尔姆）	GB/T 983 E308-16	0.921
						A102（金威）	GB/T E308-16	0.92
3	022Cr17Ni7N	—	—	—	—	CRISTAL E308L（奥林康）	—	0.921
						A002（金威）	GB/T 983 E308L-16	0.934
						NC-38L（神钢）	JIS Z 3221 ES308L-16	0.914
						ULTRAMET 308L（曼彻特）	AWS A5.4M E308L-16	0.913
						CHS002HR（大西洋）	GB/T 983 E308L-16	0.913
4	12Cr18Ni9	— E347-16	A112 A132	—	—	GES-308Z（京雷）	GB/T 983 E308-15	0.978
						NC-38（神钢）	JIS Z 3221 ES308-16	0.978
						E304N-16（金威）	—	0.976
						GES-308（京雷）	GB/T 983 E308-16	0.975
						FRW-S308（孚尔姆）	GB/T 983 E308-16	0.974
5	12Cr18Ni9Si3	—	—	—	—	CHS102SiN（大西洋）	DGS K 401.141-201	0.927
						E253MA（金威）	—	0.924
						Avesta 253 MA（伯乐）	EN ISO 3581-A E 21 10 R	0.909
6	022Cr19Ni10	—	A002 A002A A001G15	—	—	BÖHLER FOX 308LT（伯乐-苏州）	GB/T 983 E308L-16	0.993
						BÖHLER FOX 308L（伯乐-苏州）	GB/T 983 E308L-16	0.991
						ARCALOY 308L-15（伊萨）	AWS A5.4 E308L-15/E308L-15	0.988
						JQ·A002NP（金桥）	GB/T 983 E308L-16	0.988
						ARCALOY 308L-16（伊萨）	AWS A5.4 E308-16/E308L-16	0.986

续表

序号	母材牌号	传统选配				AI选配		匹配度
		简明焊接材料选用手册		钢铁材料焊接施工概览		牌号	型号	
		型号	牌号	型号	牌号			
7	06Cr19Ni10	E308L-16	A002	—	—	NC-38（神钢）	JIS Z 3221 ES308-16	0.983
		E308L-17	A002A			GES-308Z（京雷）	GB/T 983 E308-15	0.981
		E308L-15	A001G15			A102（金桥）	GB/T 983 E308-16	0.979
						GES-308（京雷）	GB/T 983 E308-16	0.979
8	07Cr19Ni10	—	—	—	—	NC-38（神钢）	JIS Z 3221 ES308-16	0.981
						GES-308Z（京雷）	GB/T 983 E308-15	0.981
						GES-308（京雷）	GB/T 983 E308-16	0.980
						Thermanit ATS 4（伯乐）	AWS A5.4 E308H-15	0.980
								0.979
9	022Cr19Ni10N	E308L-16	A002	E3008L-16	A002	BÖHLER FOX 308LT（伯乐-苏州）	GB/T 983 E308L-16	0.993
		E308L-17	A002A			BÖHLER FOX 308L（伯乐-苏州）	GB/T 983 E308L-16	0.991
		E308L-15	A001G15			ARCALOY 308L-15（伊萨）	AWS A5.4 E308L-15/E308L-15	0.988
						JQ·A002NP（金桥）	GB/T 983 E308L-16	0.988
						ARCALOY 308L-16（伊萨）	AWS A5.4 E308L-16/E308L-16	0.987
10	06Cr19Ni10N	E308L-16	A002	—	—	NC-38（神钢）	JIS Z 3221 ES308-16	0.983
		E308L-17	A002A			GES-308Z（京雷）	GB/T 983 E308-15	0.981
		E308L-15	A001G15			A132（金桥）	GB/T 983 E347-16	0.981
						GES-308H（京雷）	GB/T 983 E308H-16	0.981
						NC-38L（神钢）	JIS Z 3221 ES308L-16	0.980
11	06Cr19Ni9NbN	—	—	—	—	A132（金桥）	GB/T 983 E347-16	0.970
						GES-347Z（京雷）	GB/T 983 E347-15	0.966
						SANDVIK 19.9.NBR-16（347-16）（山特维克）	AWS A5.4/SFA-5.4 E347-16	0.965
						NC-37L（神钢）	JIS Z 3221 ES347L-16	0.963
						A137（金桥）	GB/T 983 E347-15	0.961

续表

序号	母材牌号	传统选配				AI 选配		匹配度
		简明焊接材料选用手册		钢铁材料焊接施工概览		牌号	型号	
		型号	牌号	型号	牌号			
12	10Cr18Ni12	—	—	—	—	BÖHLER FOX 309L（伯乐-苏州）	GB/T 983 E309L-16	0.970
						SANDVIK 24.13.LR-16（山特维克）	AWS A5.4 E309L-16	0.969
						THA307（大桥）	GB/T 983 E309-15	0.966
						THA302F（大桥）	GB/T 983 E309-16	0.964
						S-309.16N（韩国现代）	AWS A5.4 E309-16	0.963
13	06Cr23Ni13	E309-16 E309-15	A302/A301/A302A A307	E309-16	A302	A302Fe（金桥）	GB/T 983 E309-16	0.987
						ARCALOY 309/309H-16（伊萨）	AWS A5.4 E309-16	0.984
						CHS307R（大西洋）	GB/T 983 E309-15	0.98
						309 Sterling AP（麦凯）	AWS A5.4 E309-16	0.979
						S-309·R（日本制铁）	JIS Z 3221 ES309-16	0.979
14	06Cr25Ni20	E310H-16 — E310-16 E310-15	A432 A462 A402 A407	E310-16 E310-15	A402 A407	SUPRANOX 310（奥林康）	AWS A5.4 E310-16	0.959
						E310-16（A402）（威尔）	GB/T 983 E310-16	0.959
						S-310.16（韩国现代）	AWS A5.4 E310-16	0.958
						BASINOX 310（奥林康）	AWS A5.4 E310-15	0.954
						A402（金桥）	GB/T 983 E310-16	0.952
15	022Cr25Ni22Mo2N	—	—	—	—	A412（金威）	GB/T 983 E310Mo-16	0.965
						THA412（大桥）	GB/T 983 E310Mo-16	0.963
						CJA412（铁锚）	GB/T 983 E310Mo-16	0.962
						CHS412（大西洋）	GB/T 983 E310Mo-16	0.961
						CHS412R（大西洋）	GB/T 983 E310Mo-16	0.961
16	022Cr17Ni12Mo2	—	—	E316L-16 E317L-16	A022	BÖHLER FOX 316L（伯乐-苏州）	GB/T 983 E316L-16	0.985
						E316L-16（A022）（威尔）	GB/T 983 E316L-16	0.982
						ARCALOY 316LF5-15（伊萨）	AWS A5.4 E316-15/E316L-15	0.982
						BÖHLER FOX 316LT（伯乐-苏州）	GB/T 983 E316L-16	0.979
						BASINOX 316L T（奥林康）	AWS A5.4 E316L-15	0.979

续表

序号	母材牌号	传统选配				AI 选配		匹配度
		简明焊接材料选用手册		钢铁材料焊接施工概览				
		型号	牌号	型号	牌号	牌号	型号	
17	06Cr17Ni12Mo2	E316-16 E318V-16.15	A201/A202/A232 A201/A202/A232	—	—	GES-316（京雷） E316-16（A202）（威尔） A202（金桥） ARCALOY 316/316H-16（伊萨） 316 Sterling AP（麦凯）	GB/T 983 E316-16 GB/T 983 E316-16 GB/T 983 E316-16 AWS A5.4 E316-16/E316H-16 AWS A5.4 E316-16	0.985 0.985 0.982 0.977 0.975
18	07Cr17Ni12Mo2	—	—	—	—	GES-316（京雷） E316-16（A202）（威尔） A202（金桥） ARCALOY 316/316H-16（伊萨） 316 Sterling AP（麦凯）	GB/T 983 E316-16 GB/T 983 E316-16 GB/T 983 E316-16 AWS A5.4 E316-16/E316H-16 AWS A5.4 E316-16	0.985 0.985 0.982 0.977 0.975
19	022Cr17Ni12Mo2N	—	—	E316L-16 E317L-16	A022	BÖHLER FOX 316L（伯乐-苏州） E316L-16（A022）（威尔） ARCALOY 316LF5-15（伊萨） BÖHLER FOX 316LT（伯乐-苏州） BASINOX 316L T（奥林康）	GB/T 983 E316L-16 GB/T 983 E316L-16 AWS A5.4 E316-15/E316L-15 GB/T 983 E316L-16 AWS A5.4 E316L-15	0.985 0.982 0.982 0.979 0.979
20	06Cr17Ni12Mo2N	E316-16 E318V-16.15	A201/A202/A232 A201/A202/A232	—	—	GES-316（京雷） E316-16（A202）（威尔） A202（金桥） ARCALOY 316/316H-16（伊萨） 316 Sterling AP（麦凯）	GB/T 983 E316-16 GB/T 983 E316-16 GB/T 983 E316-16 AWS A5.4 E316-16/E316H-16 AWS A5.4 E316-16	0.985 0.985 0.982 0.977 0.975
21	06Cr17Ni12Mo2Ti	E316-16 E318V-16.15	A201/A202/A232 A201/A202/A232	E316-16 E318-16	A316L-16 A212	GES-316（京雷） E316-16（A202）（威尔） A202（金桥） ARCALOY 316/316H-16（伊萨） 316 Sterling AP（麦凯）	GB/T 983 E316-16 GB/T 983 E316-16 GB/T 983 E316-16 AWS A5.4 E316-16/E316H-16 AWS A5.4 E316-16	0.985 0.985 0.982 0.977 0.975

续表

序号	母材牌号	传统选配				AI 选配		匹配度
		简明焊接材料选用手册		钢铁材料焊接施工概览		牌号	型号	
		型号	牌号	型号	牌号			
22	06Cr17Ni12Mo2Nb	—	—	E316-16	A316L-16	NC-318（神钢）	JIS Z 3221 ES318-16	0.967
				E318-16	A212	THA212Y（大桥）	GB/T 983 E318-16	0.965
						GES-318（京雷）	GB/T 983 E318-16	0.964
						FRW-S318（孚尔姆）	GB/T 983 E318-16	0.964
						A212（金威）	GB/T 983 E318-16	0.962
23	06Cr18Ni12Mo2Cu2	—	—	—	—	THA222（大桥）	GB/T 983 E317MoCu-16	0.949
						CHS222R（大西洋）	GB/T 983 E317MoCu-16	0.940
						CHS222（大西洋）	GB/T 983 E317MoCu-16	0.940
						S-316CL·R（日本制铁）	JIS Z 3221 ES316LCu-16	0.936
24	022Cr19Ni3Mo3	—	—	—	—	ARCALOY 317L-16（伊萨）	AWS A5.4 E317-16/E317L-1	0.984
						S-317L·R（日本制铁）	JIS Z 3221 ES317L-16	0.982
						NC-317L（神钢）	JIS Z 3221 ES317L-16	0.972
						ULTRAMET 317L（曼彻特）	BS EN ISO 3581 E19134NLR32	0.972
25	06Cr19Ni13Mo3	E317-16	A242	E317-16	A242	THA242（大桥）	GB/T 983 E317-16	0.974
				E317L-16	A032Mo	GES-317（京雷）	GB/T 983 E317-16	0.968
						THA242Y（大桥）	GB/T 983 E317-16	0.960
						SUPRANOX 317（奥林康）	AWS A5.4 E317-16	0.955
26	022Cr19Ni16Mo5N	—	—	—	—	ENiCrMo-3（金威）	GB/T 13814 ENi6625	0.928
						NA 112（油脂）	JIS ENi6625	0.920
						GEN-CM3（京雷）	GB/T 13814 ENi6625	0.918
						Ni625（威尔）	GB/T 13814 ENi6625	0.915
27	022Cr19Ni13Mo4N	—	—	—	—	ARCALOY 317L-16（伊萨）	AWS A5.4 E317L-16/E317L-16	0.984
						S-317L·R（日本制铁）	JIS Z 3221 ES317L-16	0.982
						NC-317L（神钢）	JIS Z 3221 ES317L-16	0.972
						ULTRAMET 317L（曼彻特）	BS EN ISO 3581 E19134NLR32	0.972
						317L AC-DC（麦凯）	AWS A5.4 E317L-17	0.968

续表

序号	母材牌号	传统选配				AI选配		匹配度
		简明焊接材料选用手册		钢铁材料焊接施工概览				
		型号	牌号	型号	牌号	牌号	型号	
28	015Cr21Ni26Mo5Cu2	—	—	—	—	E904L（威尔）	GB/T E385-16	0.979
						Avesta 904L（伯乐）	AWS A5.4 E385-17	0.972
						FRW-S385（孚尔姆）	—	0.971
						GES-385（京雷）	AWS A5.4/SFA-5.4 E385-17（mod.）	0.970
						BASINOX 904L（奥林康）	AWS A5.4/SFA-5.4 E385-16	0.968
29	06Cr18Ni11Ti	E347-16 E347-15	A132/A132A A137	E347-16 E347H-16	A132	BÖHLER FOX SAS 2（伯乐）	AWS A5.4 E347-15	0.975
						THA137（大桥）	GB/T 983 E347-15	0.972
						CHS137HR（大西洋）	GB/T 983 E347-15	0.971
						SANDVIK 19.9.NBR-16（347-16）（山特维克）	AWS A5.4/SFA-5.4 E347-16	0.971
						S-347L·R（日本制铁）	JIS Z 3221 ES347L-16	0.970
30	07Cr19Ni11Ti	—	—	—	—	BÖHLER FOX SAS 2（伯乐）	AWS A5.4 E347-15	0.956
						THA137（大桥）	GB/T 983 E347-15	0.955
						CHS137HR（大西洋）	GB/T 983 E347-15	0.954
						SANDVIK 19.9.NBR-16（347-16）（山特维克）	AWS A5.4/SFA-5.4 E347-16	0.954
31	022Cr24Ni17Mo5Mn6NbN	—	—	—	—	ENiCrMo-3（金威）	GB/T 13814 ENi6625	0.936
						NA 112（油脂）	JIS ENi6625	0.923
						GEN-CM3（京雷）	GB/T 13814 ENi6625	0.916
						Ni625（威尔）	GB/T 13814 ENi6625	0.914
32	06Cr18Ni11Nb	—	—	E347-16 E347H-16	A132	E347H-16（威尔）	GB/T 983 E347-16	0.97
						NC-37（神钢）	JIS Z 3221 ES347-16	0.969
						E347L-16（威尔）	GB/T 983 E347-16	0.964
						CHS137HR（大西洋）	GB/T 983 E347-15	0.963
								0.962

续表

序号	母材牌号	传统选配				AI选配		匹配度
		简明焊接材料选用手册		钢铁材料焊接施工概览		牌号	型号	
		型号	牌号	型号	牌号			
33	07Cr18Ni11Nb	E347-16 E347-15	A132/A132A A137	—	—	E347H-16（威尔）	GB/T 983 E347-16	0.970
						NC-37（神钢）	JIS Z 3221 ES347-16	0.969
						E347L-16（威尔）	GB/T 983 E347-16	0.964
						CHS137HR（大西洋）	GB/T 983 E347-15	0.963
34	022Cr21Ni25Mo7N	—	—	—	—	INCO-WELD 686CPT（SMC）	AWS A5.11 ENiCrMo-14	0.962
						INCONEL 122（SMC）	AWS A5.11 ENiCrMo-10	0.961
35	015Cr20Ni25Mo7CuN	—	—	—	—	INCO-WELD 686CPT（SMC）	AWS A5.11 ENiCrMo-14	0.962
						INCONEL 122（SMC）	AWS A5.11 ENiCrMo-10	0.961
36	022Cr19Ni5Mo3Si2N	—	—	—	—	S-DP8（日本制铁）	JIS Z 3221 ES2209-16	0.875
						E2209（铁锚）	GB/T 983 E2209-16	0.87
						E2209-16（威尔）	GB/T 983 E2209-16	0.867
						THAF2209（大桥）	GB/T 983 E2209-16	0.867
						THAF2209Y（大桥）	GB/T 983 E2209-16	0.867
37	022Cr23Ni5Mo3N	—	—	—	—	E2209（铁锚）	GB/T 983 E2209-16	0.902
						S-DP8（日本制铁）	JIS Z 3221 ES2209-16	0.898
						E2209-16（威尔）	GB/T 983 E2209-16	0.893
						THAF2209（大桥）	GB/T 983 E2209-16	0.893
						THAF2209Y（大桥）	GB/T 983 E2209-16	0.893
38	12Cr21Ni5Ti	E2209	—	—	—	S-DP8（日本制铁）	JIS Z 3221 ES2209-16	0.901
						E2209（铁锚）	GB/T 983 E2209-16	0.877
						E2209-16（威尔）	GB/T 983 E2209-16	0.842
39	022Cr22Ni5Mo3N	—	—	—	—	THAF2209Y（大桥）	GB/T 983 E2209-16	0.894
						E2209-16（威尔）	GB/T 983 E2209-16	0.893
						GES-2595Z（京雷）	GB/T 983 E2595-15	0.893
						BÖHLER FOX 2209R（伯乐-苏州）	GB/T 983 E2209-16	0.891
						Avesta 2205 basic（伯乐）	AWS A5.4 E2209-15	0.891

续表

序号	母材牌号	传统选配 简明焊接材料选用手册 型号	传统选配 简明焊接材料选用手册 牌号	传统选配 钢铁材料焊接施工概览 型号	传统选配 钢铁材料焊接施工概览 牌号	AI选配 牌号	AI选配 型号	匹配度
40	022Cr23Ni2N	—	—	E2209	—	S-DP8（日本制铁）	JIS Z 3221 ES2209-16	0.901
						E2209（铁锚）	GB/T 983 E2209-16	0.877
						E2209-16（威尔）	GB/T 983 E2209-16	0.842
41	022Cr24Ni4Mn3Mo2CuN	—	—	—	—	S-DP8（日本制铁）	JIS Z 3221 ES2209-16	0.901
						E2209（铁锚）	GB/T 983 E2209-16	0.877
						E2209-16（威尔）	GB/T 983 E2209-16	0.842
42	022Cr25Ni6Mo2N	E309L-16	A072	—	—	CHS2553（大西洋）	GB/T 983 E2553-16	0.908
		ENi-0	A062			THA2553（大桥）	GB/T 983 E2553-16	0.898
		ENiCrMo-0	Ni112			GES-2553（京雷）	GB/T 983 E2553-16	0.898
		ENiCrFe-3	Ni307			FRW-S2553（孚尔姆）	GB/T 983 E2553-16	0.896
43	022Cr25Ni7Mo4N	—	—	—	—	GES-2594Z（京雷）	GB/T 983 E2594-15	0.931
						GES-2594（京雷）	GB/T 983 E2594-16	0.929
						CHS2594R（大西洋）	GB/T 983 E2594-16	0.924
						NC-2594（神钢）	JIS Z 3221 ES329J4L-16	0.922
44	03Cr25Ni6Mo3Cu2N	—	—	—	—	GES-2594Z（京雷）	GB/T 983 E2594-15	0.843
						GES-2594（京雷）	GB/T 983 E2594-16	0.839
						CHS2594R（大西洋）	GB/T 983 E2594-16	0.834
						NC-2594（伯乐）	AWS A5.9 ER2594	0.831
45	022Cr25Ni7Mo4WCuN	—	—	E2595	—	GES-2595（京雷）	GB/T 983 E2595-16	0.930
						GES-2595Z（京雷）	GB/T 983 E2595-15	0.926
46	022Cr11Ti	—	—	—	—	CR-40Cb（神钢）	JIS Z 3221 ES409 Nb-16	0.933
47	022Cr11NbTi	—	—	—	—	CR-40Cb（神钢）	JIS Z 3221 ES409 Nb-16	0.932
48	022Cr12	E410-16	G202	—	—	CHK207R（大西洋）	GB/T 983 E410-15	0.974
		E410-15	G207/G217			CHK207（大西洋）	GB/T 983 E410-15	0.974
						G207（金威）	GB/T 983 E410-16	0.973
						GES-410（京雷）	GB/T 983 E410-16	0.973
						FRW-S410（孚尔姆）	GB/T 983 E410-16	0.972

续表

序号	母材牌号	传统选配				AI选配		匹配度
		简明焊接材料选用手册		钢铁材料焊接施工概览		牌号	型号	
		型号	牌号	型号	牌号			
49	022Cr12Ni	E410-16	G202	—	—	E309L-17（威尔）	GB/T 983 E309L-17	0.971
		E410-15	G207/G217			CRISTAL E309L（奥林康）	AWS A5.4 E309L-17	0.966
		E309-16	A302			A312（金威）	GB/T 983 E309Mo-16	0.965
		E309-15	A307			G207（金威）	GB/T 983 E410-15	0.961
		E310-16、	A402、A407			CHK207R（大西洋）	GB/T 983 E410-15	0.954
		E310-15						
50	06Cr13Al	E410-16	G202	—	—	CHK307（大西洋）	GB/T 983 E430-15	0.965
		E410-15	G207/G217			CJG302（铁锚）	GB/T 983 E430-16	0.963
						CJG307（铁锚）	GB/T 983 E430-15	0.958
51	10Cr15	—	—	—	—	CHK307（大西洋）	GB/T 983 E430-15	0.974
						CJG302（铁锚）	GB/T 983 E430-16	0.972
						CJG307（铁锚）	GB/T 983 E430-15	0.965
52	022Cr15NbTi	—	—	—	—	CR-40Cb（神钢）	JIS Z 3221 ES409 Nb-16	0.971
						CJG302（铁锚）	GB/T 983 E430-16	0.959
						CJG307（铁锚）	GB/T 983 E430-15	0.954
53	10Cr17	E430-16	G302	E430-16	G302	CHK307（大西洋）	GB/T 983 E430-15	0.977
		E430-15	G307	E430-15	G307	CJG302（铁锚）	GB/T 983 E430-16	0.975
		E316-16.15	A202/A207	E308-16	A102	CJG307（铁锚）	GB/T 983 E430-15	0.968
		E309-16.15	A302/A307	E316-16	A202			
		E310-16.15	A402/A407					
54	022Cr17NbTi	—	—	—	—	CR-40Cb（神钢）	JIS Z 3221 ES409 Nb-16	0.978
						CHK307（大西洋）	GB/T 983 E430-15	0.977
						CJG302（铁锚）	GB/T 983 E430-16	0.977
						CJG307（铁锚）	GB/T 983 E430-15	0.969
55	10Cr17Mo	E430-16	G302	E430-16	G302	CHK307（大西洋）	GB/T 983 E430-15	0.942
		E430-15	G307	E430-15	G307	CJG302（铁锚）	GB/T 983 E430-16	0.941
		E316-16.15	A202/A207	E308-16	A102	CJG307（铁锚）	GB/T 983 E430-15	0.937
		E309-16.15	A302/A307	E316-16	A202			
		E310-16.15	A402/A407					

续表

序号	母材牌号	传统选配				AI 选配		匹配度
		简明焊接材料选用手册		钢铁材料焊接施工概览				
		型号	牌号	型号	牌号	牌号	型号	
56	022Cr18Ti	E430-16 E430-15 E316-16.15 E309-16.15 E310-16.15	G302 G307 A202/A207 A302/A307 A402/A407	E309L-16	A062	CJG307（铁锚）	GB/T 983 E430-15	0.936
						GES-410（京雷）	GB/T 983 E410-16	0.933
						G207（金威）	GB/T 983 E410-15	0.932
						FRW-S410（孚尔姆）	GB/T 983 E410-16	0.932
						CHK207R（大西洋）	GB/T 983 E410-15	0.928
57	022Cr18Nb	—	—	—	—	CHK307（大西洋）	GB/T 983 E430-15	0.978
						CJG302（铁锚）	GB/T 983 E430-16	0.976
						CJG307（铁锚）	GB/T 983 E430-15	0.968
						GES-410（京雷）	GB/T 983 E410-16	0.962
						FRW-S410（孚尔姆）	GB/T 983 E410-16	0.961
58	12Cr12	E410-16 E410-15	G202 G207/G217	—	—	G207（金威）	GB/T 983 E410-15	0.984
						CHK207R（大西洋）	GB/T 983 E410-15	0.983
						CHK207（大西洋）	GB/T 983 E410-15	0.983
						410 AC-DC（麦凯）	AWS A5.4 E410-16	0.976
						G207（金桥）	GB/T 983 E410-15	0.976
59	06Cr13	E410-16 E410-15	G202 G207/G217	—	—	G207（金威）	GB/T 983 E410-16	0.974
						GES-410（京雷）	GB/T 983 E410-15	0.974
						CHK207R（大西洋）	GB/T 983 E410-15	0.973
						CHK207（大西洋）	GB/T 983 E410-15	0.973
						FRW-S410（孚尔姆）	GB/T 983 E410-16	0.973
60	12Cr13			E410-16 E410-15 E308-16 E309-16	G202 G207 A102 A302	CHK207R（大西洋）	GB/T 983 E410-15	0.974
						CHK207（大西洋）	GB/T 983 E410-15	0.974
						G207（金威）	GB/T 983 E410-15	0.973
						GES-410（京雷）	GB/T 983 E410-16	0.973
						FRW-S410（孚尔姆）	GB/T 983 E410-16	0.972

续表

序号	母材牌号	传统选配				AI选配		匹配度
		简明焊接材料选用手册		钢铁材料焊接施工概览		牌号	型号	
		型号	牌号	型号	牌号			
61	04Cr13Ni5Mo	—	—	—	—	410NiMo AC-DC（麦凯）	AWS A5.4 E410NiMo-16	0.983
						CHK242（大西洋）	GB/T 983 E410NiMo-16	0.980
						13.4.Mo.L.B（曼彻特）	BS EN ISO 3581E134B62	0.980
						E410NiMo-16（G232）（威尔）	GB/T 983 E410NiMo-16	0.979
						CHK232（大西洋）	GB/T 983 E410NiMo-16	0.979
62	20Cr13	E410-16	G202	E410-16	G202	GES-410（京雷）	GB/T 983 E410-16	0.973
		E410-15	G207/G217	E410-15	G207	G207（金威）	GB/T 983 E410-15	0.972
				E308-16	A102	CHK207R（大西洋）	GB/T 983 E410-15	0.972
				E309-16	A302	CHK207（大西洋）	GB/T 983 E410-15	0.972
						FRW-S410（孚尔姆）	GB/T 983 E410-16	0.972
63	17Cr16Ni2	—	—	—	—	13.1.BMP（曼彻特）	AWS A5.4 E410-15	0.943
						CHK207NiHR（大西洋）	AWS A5.4 E410-15	0.940
						CHK207Ni（大西洋）	AWS A5.4 E410-15	0.940
						G207（金威）	GB/T 983 E410-15	0.928
64	04Cr13Ni8Mo2Al	—	—	—	—	17.4.Cu.R（曼彻特）	AWS A5.4 E630-16	0.918
65	07Cr17Ni7Al	—	—	—	—	17.4.Cu.R（曼彻特）	AWS A5.4 E630-16	0.918
66	06Cr17Ni7AlTi	—	—	—	—	17.4.Cu.R（曼彻特）	AWS A5.4 E630-16	0.918

第四章

焊接材料的化学
成分及力学性能

我国钢材用的焊接材料标准，分为非合金钢及细晶粒钢、高强钢、热强钢和不锈钢四个类别。几乎所有的焊材标准都采用ISO相关标准进行制定或修订，我国的焊接材料标准已经形成完整的与ISO标准相对应的标准体系，主要的焊接材料标准见表4-1。

本章收录了国家标准中技术上成熟，且用量较大的几类钢用焊条、气体保护焊实心焊丝、药芯焊丝、埋弧焊丝的标准，分别介绍了其熔敷金属的化学成分、力学性能等指标要求，供焊接施工中选用。

表 4-1   我国主要焊接材料标准与 ISO 标准对照表

序号	标准编号	标准名称	采标号	采标程度	国外现行版本
1	GB/T 5117—2012	非合金钢及细晶粒钢焊条	ISO 2560:2009	修改	ISO 2560:2020
2	GB/T 5118—2012	热强钢焊条	ISO 3580:2010	修改	ISO 3580:2017
3	GB/T 32533—2016	高强钢焊条	ISO 18275:2011	修改	ISO 18275:2018
4	GB/T 983—2012	不锈钢焊条	ISO 3581:2003	修改	ISO 3581:2016
5	GB/T 8110—2020	熔化极气体保护电弧焊用非合金钢及细晶粒钢实心焊丝	ISO 14341:2010	修改	ISO 14341:2020
6	GB/T 39280—2020	钨极惰性气体保护电弧焊用非合金钢及细晶粒钢实心焊丝	ISO 636:2017	修改	ISO 636:2017
7	GB/T 39279—2020	气体保护电弧焊用热强钢实心焊丝	ISO 21952:2012	修改	ISO 21952:2012
8	GB/T 39281—2020	气体保护电弧焊用高强钢实心焊丝	ISO 16834:2012	修改	ISO 16834:2012
9	GB/T 29713—2013	不锈钢焊丝和焊带	ISO 14343:2009	修改	ISO 14343:2017
10	GB/T 10045—2018	非合金钢及细晶粒钢药芯焊丝	ISO 17632:2015	修改	ISO 17632:2015
11	GB/T 17493—2018	热强钢药芯焊丝	ISO 17634:2015	修改	ISO 17634:2015
12	GB/T 36233—2018	高强钢药芯焊丝	ISO 18276:2017	修改	ISO 18276:2017
13	GB/T 17853—2018	不锈钢药芯焊丝	ISO 17633:2010	修改	ISO 17633:2017

序号	标准编号	标准名称	采标号	采标程度	国外现行版本
14	GB/T 5293—2018	埋弧焊用非合金钢及细晶粒钢实心焊丝、药芯焊丝和焊丝-焊剂组合分类要求	ISO 14171:2016	修改	ISO 14171:2016
15	GB/T 12470—2018	埋弧焊用热强钢实心焊丝、药芯焊丝和焊丝-焊剂组合分类要求	ISO 24598:2012	修改	ISO 24598:2019
16	GB/T 36034—2018	埋弧焊用高强钢实心焊丝、药芯焊丝和焊丝-焊剂组合分类要求	ISO 26304:2011	修改	ISO 26304:2017
17	GB/T 17854—2018	埋弧焊用不锈钢焊丝-焊剂组合分类要求	GB/T 29713—2013、JIS Z 3324:2010	—	ISO 14343:2017

第一节　碳素结构钢焊接材料

一、碳钢及微合金钢焊条

该类焊条包括最小抗拉强度为 430～570MPa 级的碳钢、微合金钢及相应强度的 Mn-Mo 钢焊条等，GB/T 5117—2012 标准中讲述了该部分焊条的化学成分及力学性能等。碱性焊条的熔敷金属化学成分和力学性能节选分别见表 4-2 和表 4-3。酸性及其他类型的焊条未予列入。

表 4-2　碱性焊条熔敷金属的化学成分（GB/T 5117—2012）

焊条型号	化学成分（质量分数）/%									
	C	Mn	Si	P	S	Ni	Cr	Mo	V	其他
E5015	0.15	1.60	0.75	0.035	0.035	0.30	0.20	0.30	0.08	—
E5016	0.15	1.60	0.75	0.035	0.035	0.30	0.20	0.30	0.08	—
E5016-1	0.15	1.60	0.75	0.035	0.035	0.30	0.20	0.30	0.08	—
E5018	0.15	1.60	0.90	0.035	0.035	0.30	0.20	0.30	0.08	—
E5018-1	0.15	1.60	0.90	0.035	0.035	0.30	0.20	0.30	0.08	—
E5028	0.15	1.60	0.90	0.035	0.035	0.30	0.20	0.30	0.08	—
E5048	0.15	1.60	0.90	0.035	0.035	0.30	0.20	0.30	0.08	—
E5716	0.12	1.60	0.90	0.03	0.03	1.00	0.30	0.35	—	—
E5728	0.12	1.60	0.90	0.03	0.03	1.00	0.30	0.35	—	—
E5518-P2	0.12	0.90～1.70	0.80	0.03	0.03	1.00	0.20	0.50	0.05	—
E5545-P2	0.12	0.90～1.70	0.80	0.03	0.03	1.00	0.20	0.50	0.05	—
E5015-1M3	0.12	0.90	0.60	0.03	0.03	—	—	0.40～0.65	—	—
E5016-1M3	0.12	0.90	0.60	0.03	0.03	—	—	0.40～0.65	—	—
E5018-1M3	0.12	0.90	0.80	0.03	0.03	—	—	0.40～0.65	—	—
E5518-3M2	0.12	1.00～1.75	0.80	0.03	0.03	0.90		0.25～0.45		

焊条型号	化学成分（质量分数）/%									
	C	Mn	Si	P	S	Ni	Cr	Mo	V	其他
E5515-3M3	0.12	1.00～1.80	0.80	0.03	0.03	0.90	—	0.40～0.65	—	—
E5516-3M3	0.12	1.00～1.80	0.80	0.03	0.03	0.90	—	0.40～0.65	—	—
E5518-3M3	0.12	1.00～1.80	0.80	0.03	0.03	0.90	—	0.40～0.65	—	—
E50XX-G[a]	—	—	—	—	—	—	—	—	—	—

注：表中单值均为最大值。

[a] 焊条型号中的"XX"代表焊条的药皮类型。

表 4-3　碱性焊条熔敷金属的力学性能（GB/T 5117—2012）

焊条型号	抗拉强度 R_m/MPa	屈服强度 [a]R_{eL}/MPa	断后伸长率 A/%	≥27J 的冲击试验温度/℃
E5015	≥490	≥400	≥20	−30
E5016	≥490	≥400	≥20	−30
E5016-1	≥490	≥400	≥20	−45
E5018	≥490	≥400	≥20	−30
E5018-1	≥490	≥400	≥20	−45
E5028	≥490	≥400	≥20	−20
E5048	≥490	≥400	≥20	−30
E5716	≥570	≥490	≥16	−30
E5728	≥570	≥490	≥16	−20
E5518-P2	≥550	≥460	≥17	−30
E5545-P2	≥550	≥460	≥17	−30
E5015-1M3	≥490	≥400	≥20	—
E5016-1M3	≥490	≥400	≥20	—
E5018-1M3	≥490	≥400	≥20	—
E5518-3M2	≥550	≥460	≥17	−50
E5515-3M3	≥550	≥460	≥17	−50
E5516-3M3	≥550	≥460	≥17	−50
E5518-3M3	≥550	≥460	≥17	−50
E50XX-G[b]	≥490	≥400	≥20	—

[a] 当屈服发生不明显时，应测定规定塑性延伸强度 $R_{p0.2}$。

[b] 焊条型号中"XX"代表焊条的药皮类型。

二、碳钢及微合金钢气体保护焊用实心焊丝

标准 GB/T 8110—2020《熔化极气体保护电弧焊用非合金钢及细晶粒钢焊丝》涉及了碳钢及微合金钢用气体保护焊实心焊丝的内容，其用于焊接碳钢及微合金钢等。包括熔化极气体保护电弧焊及等离子弧焊等方法采用的焊丝，保护气体有 CO_2 及 Ar 与 CO_2 等不同比例的混合气体。气体保护焊焊丝的化学成分见表 4-4，熔敷金属抗拉强度见表 4-5。

表 4-4 碳钢及微合金钢用气体保护焊焊丝焊化学成分（GB/T 8110—2020）

序号	化学成分分类	焊丝成分代号	化学成分（质量分数）[a]/%											
			C	Mn	Si	P	S	Ni	Cr	Mo	V	Cu[b]	Al	Ti+Zr
1	S2	ER50-2	0.07	0.90~1.40	0.40~0.70	0.025	0.025	0.15	0.15	0.15	0.03	0.50	0.05~0.15	Ti: 0.05~0.15 Zr: 0.02~0.12
2	S3	ER50-3	0.06~0.15	0.90~1.40	0.45~0.75	0.025	0.025	0.15	0.15	0.15	0.03	0.50	—	—
3	S4	ER50-4	0.06~0.15	1.00~1.50	0.65~0.85	0.025	0.025	0.15	0.15	0.15	0.03	0.50	—	—
4	S6	ER50-6	0.06~0.15	1.40~1.85	0.80~1.15	0.025	0.025	0.15	0.15	0.15	0.03	0.50	—	—
5	S7	ER50-7	0.07~0.15	1.50~2.00	0.50~0.80	0.025	0.025	0.15	0.15	0.15	0.03	0.50	—	—
6	S10	ER49-1	0.11	1.80~2.10	0.65~0.95	0.025	0.025	0.30	0.20	—	—	0.50	—	—
7	S11	—	0.02~0.15	1.40~1.90	0.55~1.10	0.030	0.030	—	—	—	—	0.50	—	0.02~0.30
8	S12	—	0.02~0.15	1.25~1.90	0.55~1.00	0.030	0.030	—	—	—	—	0.50	—	—
9	S13	—	0.02~0.15	1.35~1.90	0.55~1.10	0.030	0.030	—	—	—	—	0.50	0.10~0.50	0.02~0.30
10	S14	—	0.02~0.15	1.30~1.60	1.00~1.35	0.030	0.030	—	—	—	—	0.50	—	—
11	S15	—	0.02~0.15	1.00~1.60	0.40~1.00	0.030	0.030	—	—	—	—	0.50	—	0.02~0.15
12	S16	—	0.02~0.15	0.90~1.60	0.40~1.00	0.030	0.030	—	—	—	—	0.50	—	—
13	S17	—	0.02~0.15	1.50~2.10	0.20~0.55	0.030	0.030	—	—	—	—	0.50	—	0.02~0.30
14	S18	—	0.02~0.15	1.60~2.40	0.50~1.10	0.030	0.030	—	—	—	—	0.50	—	0.02~0.30

[a] 化学分析时应按表中规定的元素进行分析，如果在分析过程中发现其他元素，这些元素的总量（铁除外）不应超过 0.5%。

[b] Cu 的含量包括镀铜层中的含量。

表 4-5 熔敷金属抗拉强度代号（GB/T 8110—2020）

抗拉强度代号ª	抗拉强度 R_m/MPa	屈服强度 bR_{eL}/MPa	断后伸长率 A/%
43×	430~600	≥330	≥20
49×	490~670	≥390	≥18
55×	550~740	≥460	≥17
57×	570~770	≥490	≥17

a "×"代表"A"，"P"或者"AP"，"A"表示在焊态条件下试验；"P"表示在焊后热处理条件下试验；"AP"表示在焊态和焊后热处理条件下试验均可。

b 当屈服发生不明显时，应测定规定塑性延伸强度 $R_{p0.2}$。

三、碳钢及微合金钢钨极气体保护焊用填充丝

碳钢及微合金钢钨极气体保护焊用填充丝，在标准 GB/T 39280—2020《钨极惰性气体保护电弧焊用非合金钢及细晶粒钢实心焊丝》中有详细的介绍，其适用于钨极气体保护电弧焊焊接碳钢及微合金钢等。焊丝的化学成分见表 4-6，熔敷金属抗拉强度见表 4-7。

表4-6 焊丝化学成分（GB/T 39280—2020）

序号	化学成分分类	焊丝成分分代号	化学成分（质量分数）ᵃ/%											
---	---	---	C	Mn	Si	P	S	Ni	Cr	Mo	V	Cuᵇ	Al	Ti+Zr
1	2	ER50-2	0.07	0.90~1.40	0.40~0.70	0.025	0.025	0.15	0.15	0.15	0.03	0.50	0.05~0.15	Ti: 0.05~0.15 Zr: 0.02~0.12
2	3	ER50-3	0.06~0.15	0.90~1.40	0.45~0.75	0.025	0.025	0.15	0.15	0.15	0.03	0.50	—	—
3	4	ER50-4	0.07~0.15	1.00~1.50	0.65~0.85	0.025	0.025	0.15	0.15	0.15	0.03	0.50	—	—
4	6	ER50-6	0.06~0.15	1.40~1.85	0.80~1.15	0.025	0.025	0.15	0.15	0.15	0.03	0.50	—	—
5	10	ER49-1	0.11	1.80~2.10	0.65~0.95	0.025	0.025	0.30	0.20	—	—	0.50	—	—
6	12	—	0.02~0.15	1.25~1.90	0.55~1.00	0.030	0.030	—	—	—	—	0.50	—	—
7	16	—	0.02~0.15	0.90~1.60	0.40~1.00	0.030	0.030	—	—	—	—	0.50	—	—
8	1M3	ER49-A1	0.12	1.30	0.30~0.70	0.025	0.025	0.20	—	0.40~0.65	—	0.35	—	—
9	2M3	—	0.12	0.60~1.40	0.30~0.70	0.025	0.025	—	—	0.40~0.65	—	0.50	—	—
10	2M31	—	0.12	0.80~1.50	0.30~0.90	0.025	0.025	—	—	0.40~0.65	—	0.50	—	—
11	2M32	—	0.05	0.80~1.40	0.30~0.90	0.025	0.025	—	—	0.40~0.65	—	0.50	—	—
12	3M1T	—	0.12	1.40~2.10	0.40~1.00	0.025	0.025	—	—	0.10~0.45	—	0.50	—	Ti: 0.02~0.30
13	3M3	—	0.12	1.10~1.60	0.60~0.90	0.025	0.025	—	—	0.40~0.65	—	0.50	—	—
14	4M3	—	0.12	1.50~2.00	0.30	0.025	0.025	—	—	0.40~0.65	—	0.50	—	—
15	4M31	—	0.07~0.12	1.60~2.10	0.50~0.80	0.025	0.025	—	—	0.40~0.60	—	0.50	—	—
16	4M3T	—	0.12	1.60~2.20	0.50~0.80	0.025	0.025	—	—	0.40~0.65	—	0.50	—	Ti: 0.02~0.30

ᵃ 化学分析应按表中规定的元素进行分析，如果在分析过程中发现其他元素，这些元素的总量（铁除外）不应超过0.5%。
ᵇ Cu的含量包括镀铜层中的含量。

表 4-7　熔敷金属抗拉强度代号（GB/T 39280—2020）

抗拉强度代号[a]	抗拉强度/MPa	屈服强度[b]/MPa	断后伸长率/%
43×	430～600	≥330	≥20
49×	490～670	≥390	≥18
55×	550～740	≥460	≥17
57×	570～770	≥490	≥17

[a] "×"代表"A"或者"P"，"A"表示在焊态条件下试验；"P"表示在焊后热处理条件下试验；"AP"表示在焊态和焊后热处理条件下试验均可。

[b] 当屈服发生不明显时，应测定规定塑性延伸强度 $R_{p0.2}$。

四、碳钢及微合金钢气体保护焊和自保护焊用药芯焊丝

碳钢及微合金钢气体保护焊和自保护焊用药芯焊丝，在标准 GB/T 10045—2018 中有详细的介绍，其熔敷金属在焊态或焊后热处理状态下，最小抗拉强度等级不大于 570MPa。焊丝特性说明见表 4-8，熔敷金属的化学成分列于表 4-9 中，熔敷金属的抗拉强度和冲击性能列于表 4-10 与表 4-11 中。

本标准中焊丝型号示例如下：

示例 1：

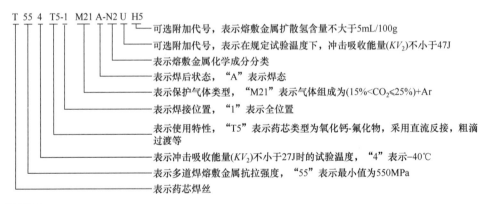

示例 2：

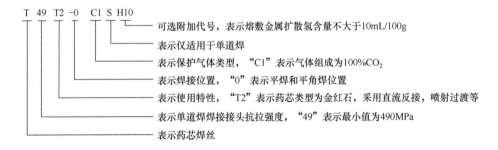

示例3：

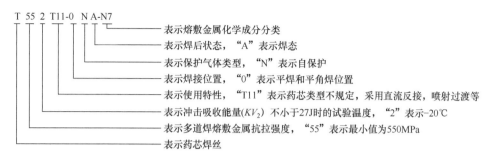

表示熔敷金属化学成分分类
表示焊后状态，"A"表示焊态
表示保护气体类型，"N"表示自保护
表示焊接位置，"0"表示平焊和平角焊位置
表示使用特性，"T11"表示药芯类型不规定，采用直流反接，喷射过渡等
表示冲击吸收能量（KV_2）不小于27J时的试验温度，"2"表示-20℃
表示多道焊熔敷金属抗拉强度，"55"表示最小值为550MPa
表示药芯焊丝

表4-8　焊丝使用特性说明（GB/T 10045—2018）

使用特性代号	保护气体	熔滴过渡形式	药芯类型	焊接位置	特性
T1	要求	喷射过渡	金红石	0或1	飞溅少，平或微凸焊道，熔敷速度高
T2	要求	喷射过渡	金红石	0	与T1相似，高Mn，或加Si，以提高性能
T3	不要求	粗滴过渡	不规定	0	焊接速度极高
T4	不要求	粗滴过渡	碱性	0	熔敷速度极高，抗热裂纹性能优异，熔深小
T5	要求	粗滴过渡	氧化钙-氟化物	0或1	焊道微凸，不能完全覆盖焊道的薄渣，与T1相比冲击韧性高，抗冷、热裂纹性能较好
T6	不要求	喷射过渡	不规定	0	冲击韧性高。焊缝根部熔透性好，脱渣优良
T7	不要求	细熔滴到喷射过渡	不规定	0或1	熔敷速度高，抗热裂纹性能优异
T8	不要求	细熔滴或喷射过渡	不规定	0或1	良好的低温冲击韧性
T10	不要求	细熔滴过渡	不规定	0	任何厚度上都具有高的熔敷速度
T11	不要求	喷射过渡	不规定	0或1	通常仅用于薄板焊接
T12	要求	喷射过渡	金红石	0或1	与T1相似，Mn含量要低，高的冲击性能
T13	不要求	短路过渡	不规定	0或1	用于有根部间隙的焊道焊接
T14	不要求	喷射过渡	不规定	0或1	在有涂层、镀层的薄板上进行高速焊接
T15	要求	微细熔滴喷射过渡	金属粉型	0或1	焊芯含有合金和铁粉，熔渣覆盖率低
TG	供需双方协定				

表4-9　熔敷金属的化学成分（GB/T 10045—2018 节选）

化学成分分类	化学成分（质量分数）[a]/%										
	C	Mn	Si	P	S	Ni	Cr	Mo	V	Cu	Al[b]
无标记	0.18[c]	2.00	0.90	0.030	0.030	0.50[d]	0.20[d]	0.30[d]	0.08[d]	—	2.0
K	0.20	1.60	1.00	0.030	0.030	0.50[d]	0.20[d]	0.30[d]	0.08[d]	—	—

注：以上单值均为最大值。

[a] 如有意添加B元素，应进行分析。

[b] 只适于自保护焊。

[c] 对于自保护焊，C<0.30%。

[d] 这些元素如果是有意添加的，应进行分析。

表 4-10　药芯焊丝多道焊熔敷金属抗拉强度（GB/T 10045—2018）

抗拉强度代号	抗拉强度/MPa	屈服强度 [a]/MPa	断后伸长率/%
43	430～600	≥330	≥20
49	490～670	≥390	≥18

[a] 当屈服发生不明显时，应测定规定塑性延伸强度 $R_{p0.2}$。

表 4-11　药芯焊丝多道焊熔敷金属冲击性能（GB/T 10045—2018 节选）

冲击试验温度代号	冲击吸收能量（KV_2）不小于 27J 时的试验温度/℃
Z	不要求
Y	+20
0	0
2	−20
3	−30
4	−40
5	−50

注：在型号中附加字母 U 时，表示在规定试验温度下最小平均冲击能量不小于 47J。

五、碳钢及微合金钢埋弧焊用实心焊丝

碳钢及微合金钢埋弧焊焊丝，在标准 GB/T 5293—2018 中有详细的介绍，其化学成分列于表 4-12 中。

表 4-12　埋弧焊实心焊丝的化学成分（GB/T 5293—2018）

焊丝型号	冶金牌号分类	化学成分（质量分数）[a]/%								
		C	Mn	Si	P	S	Ni	Cr	Mo	Cu[b]	其他
SU08	H08	0.10	0.25～0.60	0.10～0.25	0.030	0.030	—	—	—	0.35	—
SU08A[c]	H08A[c]	0.10	0.40～0.65	0.03	0.030	0.030	0.30	0.20	—	0.35	—
SU08E[c]	H08E[c]	0.10	0.40～0.65	0.03	0.020	0.020	0.30	0.20	—	0.35	—
SU08C[c]	H08C[c]	0.10	0.40～0.65	0.03	0.015	0.015	0.10	0.10	—	0.35	—

注：表中单个值均为最大值。

[a] 化学分析应按表中规定的元素进行分析，如果在分析过程中发现其他元素，这些元素的总量（铁除外）不应超过 0.5%。

[b] Cu 的含量包括镀铜层中的含量。

[c] 根据供需双方协议，此类焊丝非沸腾钢允许硅含量不大于 0.07%。

第二节　低合金高强度钢焊接材料

一、低合金高强度钢焊条

关于低合金高强度钢焊条的国家标准可见 GB/T 32533—2016，该标准中涉及熔敷金属抗拉强度不小于 590MPa 的高强钢焊条，其熔敷金属化学成分及力学性能分别列于表 4-13 和表 4-14 中。

另外，碳钢和低合金钢用盘条的牌号及其化学成分见表 4-15。

表4-13　高强钢焊条熔敷金属的化学成分（GB/T 32533—2016）

焊条型号	化学成分（质量分数）/%									
	C	Mn	Si	P	S	Ni	Cr	Mo	V	Cu
E5915-3M2	0.12	1.00~1.75	0.60	0.03	0.03	0.90	—	0.25~0.45	—	—
E5916-3M2	0.12	1.00~1.75	0.60	0.03	0.03	0.90	—	0.25~0.45	—	—
E5918-3M2	0.12	1.00~1.75	0.60	0.03	0.03	0.90	—	0.25~0.45	—	—
E5916-N1M1	0.12	0.70~1.50	0.80	0.03	0.03	0.30~1.00	—	0.10~0.40	—	—
E5916-N5M1	0.12	0.60~1.20	0.80	0.03	0.03	2.00~2.75	—	0.30	—	—
E5918-N1M1	0.12	0.70~1.50	0.80	0.03	0.03	0.30~1.00	—	0.10~0.40	—	—
E6210-P1	0.20	1.20	0.60	0.03	0.03	1.00	0.30	0.50	0.10	—
E6218-P2	0.12	0.90~1.70	0.80	0.03	0.03	1.00	0.20	0.50	0.05	—
E6215-N13L	0.05	0.40~1.00	0.50	0.03	0.03	6.00~7.25	—	—	—	—
E6215-3M2	0.12	1.00~1.75	0.60	0.03	0.03	0.90	—	0.25~0.45	—	—
E6216-3M2	0.12	1.00~1.75	0.60	0.03	0.03	0.90	—	0.20~0.50	—	—
E6216-N1M1	0.12	0.70~1.50	0.80	0.03	0.03	0.30~1.00	—	0.10~0.40	—	—
E6215-N2M1	0.12	0.70~1.50	0.80	0.03	0.03	0.80~1.50	—	0.10~0.40	—	—
E6216-N2M1	0.12	0.70~1.50	0.80	0.03	0.03	0.80~1.50	—	0.10~0.40	—	—
E6216-N4M1	0.12	0.75~1.35	0.80	0.03	0.03	1.30~2.30	—	0.10~0.30	—	—
E6215-N5M1	0.12	0.60~1.20	0.80	0.03	0.03	2.00~2.75	—	0.30	—	—
E6216-N5M1	0.12	0.60~1.20	0.80	0.03	0.03	2.00~2.75	—	0.30	—	—
E6218-3M2	0.12	1.00~1.75	0.80	0.03	0.03	0.90	—	0.25~0.45	—	—
E6218-3M3	0.12	1.00~1.80	0.80	0.03	0.03	0.90	—	0.40~0.65	—	—
E6218-N1M1	0.12	0.70~1.50	0.80	0.03	0.03	0.30~1.00	—	0.10~0.40	—	—
E6218-N2M1	0.12	0.70~1.50	0.80	0.03	0.03	0.80~1.50	—	0.10~0.40	—	—
E6218-N3M1	0.10	0.60~1.25	0.80	0.030	0.030	1.40~1.80	0.15	0.35	0.05	—
E6218-P2	0.12	0.90~1.70	0.80	0.03	0.03	1.00	0.20	0.50	0.05	—
E6245-P2	0.12	0.90~1.70	0.80	0.03	0.03	1.00	0.20	0.50	0.05	—
E6915-4M2	0.15	1.65~2.00	0.60	0.03	0.03	0.90	—	0.25~0.45	—	—
E6916-4M2	0.15	1.65~2.00	0.60	0.03	0.03	0.90	—	0.25~0.45	—	—
E6916-N3CM1	0.12	1.20~1.70	0.80	0.03	0.03	1.20~1.70	0.10~0.30	0.10~0.30	—	—

续表

化学成分（质量分数）/%

焊条型号	C	Mn	Si	P	S	Ni	Cr	Mo	V	Cu
E6916-N4M3	0.12	0.70~1.50	0.80	0.03	0.03	1.50~2.50	—	0.35~0.65	—	—
E6916-N7CM3	0.12	0.80~1.40	0.80	0.03	0.03	3.00~3.80	0.10~0.40	0.30~0.60	—	—
E6918-4M2	0.15	1.65~2.00	0.80	0.03	0.03	0.90	—	0.25~0.45	—	—
E6918-N3M2	0.10	0.75~1.70	0.60	0.030	0.030	1.40~2.10	0.35	0.25~0.50	0.05	—
E6945-P2	0.12	0.90~1.70	0.80	0.03	0.03	1.00	0.20	0.50	0.05	—
E7315-11MoVNi	0.19	0.5~1.0	0.50	0.035	0.030	0.60~0.90	9.5~11.5	0.60~0.90	0.20~0.40	0.5
E7316-11MoVNi	0.19	0.5~1.0	0.50	0.035	0.030	0.60~0.90	9.5~11.5	0.60~0.90	0.20~0.40	0.5
E7315-11MoVNiW	0.19	0.5~1.0	0.50	0.035	0.030	0.40~1.10	9.5~12.0	0.80~1.00	0.20~0.40	Cu: 0.5 W: 0.40~0.70
E7316-11MoVNiW	0.19	0.5~1.0	0.50	0.035	0.030	0.40~1.10	9.5~12.0	0.80~1.00	0.20~0.40	Cu: 0.5 W: 0.40~0.70
E7618-N4M2	0.10	1.30~1.80	0.60	0.030	0.030	1.25~2.50	0.40	0.25~0.50	0.05	—
E7816-N4CM2	0.12	1.20~1.80	0.80	0.03	0.03	1.50~2.10	0.10~0.40	0.25~0.55	—	—
E7816-N4C2M1	0.12	1.00~1.50	0.80	0.03	0.03	1.50~2.50	0.50~0.90	0.10~0.40	—	—
E7816-N5M4	0.12	1.40~2.00	0.80	0.03	0.03	2.10~2.80	—	0.50~0.80	—	—
E7816-N5CM3	0.12	1.00~1.50	0.80	0.03	0.03	2.10~2.80	0.10~0.40	0.35~0.65	—	—
E7816-N9M3	0.12	1.00~1.80	0.80	0.03	0.03	4.20~5.00	—	0.35~0.65	—	—
E8318-N4C2M2	0.10	1.30~2.25	0.60	0.030	0.030	1.75~2.50	0.30~1.50	0.30~0.55	0.05	—
E8318-N7CM1	0.10	0.80~1.60	0.65	0.015	0.012	3.00~3.80	0.65	0.20~0.30	0.05	—
EXXYY-G^a	—	≥1.00	≥0.80	—	—	≥0.50	≥0.30	≥0.20	≥0.10	≥0.20

注：表中未特殊注明的单值均为最大值。

a 对于化学成分分类代号为"G"的焊条，"XX"代表熔敷金属抗拉强度级别（59、62、69、76、78、83、88、98）；"YY"代表药皮类型（10、11、13、15、16、18）。此类焊条的熔敷金属化学成分中应至少有一个元素满足要求。其他的化学成分要求，应由供需双方协议确定。

表 4-14 高强钢焊条熔敷金属的力学性能 (GB/T 32533—2016)

焊条型号	焊后状态代号 a	抗拉强度 R_m/MPa	屈服强度 b R_{eL}/MPa	断后伸长率 A/%	>27J 的冲击试验温度/℃
E5915-3M2	—/P/AP	590	490	16	-20
E5916-3M2	—/P/AP	590	490	16	-20
E5918-3M2	—/P/AP	590	490	16	-20
E5916-N1M1	—/P/AP	590	490	16	-20
E5916-N5M1	—/P/AP	590	490	16	-60
E5918-N1M1	—/P/AP	590	490	16	-20
E6210-P1	—	620	530	15	-30
E6215-N13L	P	620	530	15	-115
E6215-3M2	P	620	530	15	-50
E6216-3M2	—/P/AP	620	530	15	-20
E6216-N1M1	—/P/AP	620	530	15	-20
E6215-N2M1	—/P/AP	620	530	15	-20
E6216-N2M1	—/P/AP	620	530	15	-20
E6216-N4M1	—/P/AP	620	530	15	-40
E6215-N5M1	—/P/AP	620	530	15	-60
E6216-N5M1	—/P/AP	620	530	15	-60
E6218-3M2	P	620	530	15	-50
E6218-3M3	P	620	530	15	-50
E6218-N1M1	—/P/AP	620	530	15	-20
E6218-N2M1	—/P/AP	620	530	15	-20
E6218-N3M1	—	620	540~620 c	21	-50
E6218-P2	—	620	530	15	-30
E6245-P2	—	620	530	15	-30
E6915-4M2	P	690	600	14	-50
E6916-4M2	P	690	600	14	-50
E6916-N3CM1	—	690	600	14	-20
E6916-N4M3	—/P/AP	690	600	14	-20
E6916-N7CM3	—	690	600	14	-60
E6918-4M2	P	690	600	14	-50

续表

焊条型号	焊后状态代号 a	抗拉强度 R_m/MPa	屈服强度 b R_{eL}/MPa	断后伸长率 A/%	>27J的冲击试验温度/℃
E6945-P2	—	690	600	14	-30
E6918-N3M2	—	690	610~690 c	18	-50
E7315-11MoVNi	—/P/AP	730	—	15	—
E7316-11MoVNi	—/P/AP	730	—	15	—
E7315-11MoVNiW	—/P/AP	730	—	15	—
E7316-11MoVNiW	—/P/AP	730	—	15	—
E7618-N4M2	—	760	680~760 c	18	-50
E7816- N4CM2	—	780	690	13	-20
E7816- N4C2M1	—	780	690	13	-40
E7816-N5M4	—	780	690	13	-60
E7816-N5CM3	—/P/AP	780	690	13	-20
E7816-N9M3	—	780	690	13	-80
E8318-N4C2M2	—	830	745~830 c	16	-50
E8318-N7CM1	—	830	745~830 c	16	—
E5915-G	—/P/AP	590	490	16	-20
E62YY-G d	—/P/AP	620	530	15	—
E69YY-G d	—/P/AP	690	600	14（E6913-G:11）	—
E76YY-G d	—/P/AP	760	670	13（E7613-G:11）	—
E7815-G	—/P/AP	780	690	13	—
E83YY-G d	—/P/AP	830	740	12（E8313-G:10）	-40
E8815/16/18-G	—/P/AP	880	780	12	—
E9815/16/18-G	—/P/AP	980	880	12	—

注：表中单值均为最小值。

a 焊后状态代号中，"—"为无标记，表示焊态；"P"表示热处理状态；"AP"表示焊态和热处理状态均可，如何标注由制造商确定。

b 屈服发生不明显时，应采用规定塑性延伸强度 $R_{p0.2}$。

c 对于 ϕ2.5（2.4/2.6）mm 的焊条，上限值可再扩大 35MPa。

d 对于化学成分分类代号为"G"的焊条，"YY"代表药皮类型（10、11、13、15、16、18）。

表4-15 碳钢和低合金钢用盘条的牌号及其化学成分（GB/T 3429—2015）

组号	序号	牌号	化学成分（质量分数）/%										
			C	Si	Mn	Cr	Ni	Mo	Cu	其他元素	P	S	其他参与元素总量
											不大于		
1	1	H04E	<0.04	<0.10	0.30~0.60	—	—	—	—	—	0.015	0.010	—
	2	H08A	<0.10	<0.03	0.40~0.65	<0.20	<0.30	—	<0.20	—	0.030	0.030	—
	3	H08E	<0.10	<0.03	0.40~0.65	<0.20	<0.30	—	<0.20	—	0.020	0.020	—
	4	H08C	<0.10	<0.03	0.40~0.65	<0.10	<0.10	—	<0.10	—	0.015	0.015	—
	5	H15	0.11~0.18	<0.03	0.35~0.65	<0.20	<0.30	—	<0.20	—	0.030	0.030	—
	6	H08Mn	<0.10	<0.07	0.80~1.10	<0.20	<0.30	—	<0.20	—	0.030	0.030	—
2	7	H10Mn	0.05~0.15	0.10~0.35	0.80~1.25	<0.15	<0.15	<0.15	<0.20	—	0.025	0.025	0.50
	8	H10Mn2	<0.12	<0.07	1.50~1.90	<0.20	<0.30	—	<0.20	—	0.030	0.030	—
	9	H11Mn	<0.15	0.15	0.20~0.90	<0.15	<0.15	<0.15	<0.20	—	0.025	0.025	0.50
	10	H12Mn	<0.15	0.15	0.80~1.40	<0.15	<0.15	<0.15	<0.20	—	0.025	0.025	0.50
	11	H13Mn2	<0.17	<0.05	1.80~2.20	<0.20	<0.30	—	—	—	0.030	0.030	—
	12	H15Mn	0.11~0.18	<0.03	0.80~1.10	<0.20	<0.30	—	<0.20	—	0.030	0.030	—
	13	H15Mn2	0.10~0.20	<0.15	1.60~2.30	<0.15	<0.15	<0.15	<0.20	—	0.025	0.025	—
3	14	H08MnSi	<0.11	0.40~0.70	1.20~1.50	<0.20	<0.30	—	<0.20	—	0.030	0.030	—
	15	H08Mn2Si	<0.11	0.65~0.95	1.80~2.10	<0.20	<0.30	—	<0.20	—	0.030	0.030	—
	16	H09MnSi	0.06~0.15	0.45~0.75	0.90~1.40	<0.15	<0.15	<0.15	<0.20	V<0.03	0.025	0.025	—
	17	H09Mn2Si	0.02~0.15	0.50~1.10	1.60~2.40	—	—	—	<0.20	Ti+Zr：0.02~0.30	0.030	0.030	—
	18	H10MnSi	<0.15	0.60~0.90	0.80~1.10	<0.20	<0.30	—	<0.20	—	0.030	0.030	—
	19	H11MnSi	0.06~0.15	0.65~0.85	1.00~1.50	<0.15	<0.15	<0.15	<0.20	V<0.03	0.025	0.025	—
	20	H11Mn2Si	0.06~0.15	0.80~1.15	1.40~1.85	<0.15	<0.15	<0.15	<0.20	V<0.03	0.025	0.025	—

续表

组号	序号	牌号	化学成分（质量分数）/%										不大于		其他参与元素总量
			C	Si	Mn	Cr	Ni	Mo	Cu	其他元素	P	S			
4	21	H10MnNi3	≤0.13	0.05~0.30	0.60~1.20	≤0.15	3.10~3.80	—	≤0.20	—	0.020	0.020			0.50
	22	H10Mn2Ni	≤0.12	≤0.30	1.40~2.00	≤0.20	0.10~0.50	—	≤0.20	—	0.025	0.025			—
	23	H11MnNi	≤0.15	≤0.30	0.75~1.40	≤0.20	0.75~1.25	≤0.15	≤0.20	—	0.020	0.020			0.50
	24	H08MnMo	≤0.10	≤0.25	1.20~1.60	≤0.20	≤0.30	0.30~0.50	≤0.20	Ti: 0.05~0.15	0.030	0.030			—
5	25	H08Mn2Mo	0.06~0.11	≤0.25	1.60~1.90	≤0.20	≤0.30	0.50~0.70	≤0.20	Ti: 0.05~0.15	0.030	0.030			—
	26	H08Mn2MoV	0.06~0.11	≤0.25	1.60~1.90	≤0.20	≤0.30	0.50~0.70	≤0.20	V: 0.06~0.12 Ti: 0.05~0.15	0.030	0.030			—

二、高强钢气体保护焊用焊丝和填充丝

在国家标准 GB/T 39281—2020 中，对于高强钢用气体保护焊焊丝的要求，是熔敷金属的最小抗拉强度等级大于 570MPa。焊丝的化学成分列于表 4-16 中，熔敷金属的拉伸及冲击性能要求列于表 4-17、表 4-18 中。各国标准中高强钢用气体保护焊焊丝型号对照见表 4-19。

表 4-16 焊丝化学成分 (GB/T 39281—2020)

序号	化学成分分类	焊丝成分分代号	化学成分（质量分数）[a]/%									
			C	Mn	Si	P	S	Ni	Cr	Mo	Cu[b]	其他
1	2M3	—	0.12	0.60~1.40	0.30~0.70	0.025	0.025	—	—	0.40~0.65	0.50	—
2	3M1	—	0.05~0.15	1.40~2.10	0.40~1.00	0.025	0.025	—	—	0.10~0.45	0.50	—
3	3M1T	—	0.12	1.40~2.10	0.40~1.00	0.025	0.025	—	—	0.10~0.45	0.50	Ti: 0.02~0.30
4	3M3	—	0.12	1.10~1.60	0.60~0.90	0.025	0.025	—	—	0.40~0.65	0.50	—
5	3M31	—	0.12	1.00~1.85	0.30~0.90	0.025	0.025	—	—	0.40~0.65	0.50	—
6	3M3T	—	0.12	1.00~1.80	0.40~1.00	0.025	0.025	—	—	0.40~0.65	0.50	Ti: 0.02~0.30
7	4M3	—	0.12	1.50~2.00	0.30	0.025	0.025	—	—	0.40~0.65	0.50	—
8	4M31	ER62-D2	0.07~0.12	1.60~2.10	0.50~0.80	0.025	0.025	0.15	—	0.40~0.60	0.50	—
9	4M3T	—	0.12	1.60~2.20	0.50~0.80	0.025	0.025	—	—	0.40~0.65	0.50	Ti: 0.02~0.30
10	N1M2T	—	0.12	1.70~2.30	0.60~1.00	0.025	0.025	0.40~0.80	—	0.20~0.60	0.50	Ti: 0.02~0.30
11	N1M3	—	0.12	1.00~1.80	0.20~0.80	0.025	0.025	0.30~0.90	—	0.40~0.65	0.50	—
12	N2M1T	—	0.12	1.10~1.90	0.30~0.80	0.025	0.025	0.80~1.60	—	0.1~0.45	0.50	Ti: 0.02~0.30
13	N2M2T	—	0.05~0.15	1.00~1.80	0.30~0.90	0.025	0.025	0.70~1.20	—	0.20~0.60	0.50	Ti: 0.02~0.30
14	N2M3	—	0.12	1.10~1.60	0.30	0.025	0.025	0.80~1.20	—	0.40~0.65	0.50	—
15	N2M3T	—	0.05~0.15	1.40~2.10	0.30~0.90	0.025	0.025	0.70~1.20	—	0.40~0.65	0.50	Ti: 0.02~0.30

续表

序号	化学成分分类	焊丝成分代号	化学成分（质量分数）[a]/%									
			C	Mn	Si	P	S	Ni	Cr	Mo	Cu[b]	其他
16	N2M4T	—	0.12	1.70~2.30	0.50~1.00	0.025	0.025	0.80~1.30	—	0.55~0.85	0.50	Ti: 0.02~0.30
17	N3M2	ER69-1	0.08	1.25~1.80	0.20~0.55	0.010	0.010	1.40~2.10	0.30	0.25~0.55	0.25	Ti: 0.10 V: 0.05 Zr: 0.10 Al: 0.10
18	N4M2	ER76-1	0.09	1.40~1.80	0.20~0.55	0.010	0.010	1.90~2.60	0.50	0.25~0.55	0.25	Ti: 0.10 V: 0.04 Zr: 0.10 Al: 0.10
19	N4M3T	—	0.12	1.40~1.90	0.45~0.90	0.025	0.025	1.50~2.10	—	0.40~0.65	0.50	Ti: 0.01~0.30
20	N4M4T	—	0.12	1.60~2.10	0.40~0.90	0.025	0.025	1.90~2.50	—	0.40~0.90	0.50	Ti: 0.02~0.30
21	N5M3	ER83-1	0.10	1.40~1.80	0.25~0.60	0.010	0.010	2.00~2.80	0.60	0.30~0.65	0.25	Ti: 0.10 V: 0.03 Zr: 0.10 Al: 0.10
22	N5M3T	—	0.12	1.40~2.00	0.40~0.90	0.025	0.025	2.40~3.10	—	0.40~0.70	0.50	Ti: 0.02~0.30
23	N7M4T	—	0.12	1.30~1.70	0.30~0.70	0.025	0.025	3.20~3.80	0.30	0.60~0.90	0.50	Ti: 0.02~0.30
24	C1M1T	—	0.02~0.15	1.10~1.60	0.50~0.90	0.025	0.025	—	0.30~0.60	0.10~0.45	0.40	Ti: 0.02~0.30
25	N3C1M4T	—	0.12	1.25~1.70	0.35~0.75	0.025	0.025	1.30~1.80	0.30~0.60	0.50~0.75	0.50	Ti: 0.02~0.30
26	N4CM2T	—	0.12	1.30~1.80	0.20~0.60	0.025	0.025	1.50~2.10	0.20~0.50	0.30~0.60	0.50	Ti: 0.02~0.30
27	N4CM21T	—	0.12	1.10~1.70	0.20~0.70	0.025	0.025	1.80~2.30	0.05~0.35	0.25~0.60	0.50	Ti: 0.02~0.30
28	N4CM22T	—	0.12	1.90~2.40	0.65~0.95	0.025	0.025	2.00~2.30	0.10~0.30	0.35~0.55	0.50	Ti: 0.02~0.30

续表

序号	化学成分分类	焊丝成分代号	化学成分（质量分数）[a]/%								
			C	Mn	Si	P	S	Ni	Cr	Mo	Cu[b]	其他
29	N5CM3T	—	0.12	1.10~1.70	0.20~0.70	0.025	0.025	2.40~2.90	0.05~0.35	0.35~0.70	0.50	Ti: 0.02~0.30
30	N5C1M3T	—	0.12	1.40~2.00	0.40~0.90	0.025	0.025	2.40~3.00	0.40~0.60	0.40~0.70	0.50	Ti: 0.02~0.30
31	N6CM2T	—	0.12	1.50~1.80	0.30~0.60	0.025	0.025	2.80~3.00	0.05~0.30	0.25~0.50	0.50	Ti: 0.02~0.30
32	N6C1M4	—	0.12	0.90~1.40	0.25	0.025	0.025	2.65~3.15	0.20~0.50	0.55~0.85	0.50	—
33	N6C2M2T	—	0.12	1.50~1.90	0.20~0.50	0.025	0.025	2.50~3.10	0.70~1.00	0.30~0.60	0.50	Ti: 0.02~0.30
34	N6C2M4	—	0.12	1.80~2.00	0.40~0.60	0.025	0.025	2.80~3.00	1.00~1.20	0.50~0.80	0.50	Ti: 0.04
35	N6CM3T	—	0.12	1.20~1.50	0.30~0.70	0.025	0.025	2.70~3.30	0.10~0.35	0.40~0.65	0.50	Ti: 0.02~0.30
36	Z[c]	—	其他协定成分								

注：1. 表中单值为最大值。

2. 化学分析应按表中规定的元素进行分析。如在分析过程中发现其他元素，这些元素的总量（除铁外）不应超过 0.50%。

[a] 表中列出的"焊丝成分代号"是为便于实际使用对照。

[b] Cu 含量包括镀铜层中的含量。

[c] 表中未列出的分类可用相类似的分类表示，词头加字母"Z"，化学成分范围不进行规定，两种分类之间不可替换。

表 4-17　熔敷金属抗拉强度代号（GB/T 39281—2020）

抗拉强度代号 [a]	抗拉强度 R_m/MPa	屈服强度 [b]R_{eL}/MPa	断后伸长率 A/%
59×	590～790	≥490	≥16
62×	620～820	≥530	≥15
69×	690～890	≥600	≥14
76×	760～960	≥680	≥13
78×	780～980	≥680	≥13
83×	830～1030	≥745	≥12
90×	900～1100	≥790	≥12
96×	960～1160	≥870	≥12

[a] "×"代表"A""P"或者"AP"，"A"表示在焊态条件下试验；"P"表示在焊后热处理条件下试验；"AP"表示在焊态和焊后热处理条件下试验均可。

[b] 当屈服发生不明显时，应测定规定塑性延伸强度 $R_{p0.2}$。

表 4-18　冲击试验温度代号（GB/T 39281—2020）

冲击试验温度代号	冲击吸收能量（KV_2）不小于 27J 时的试验温度/℃
Z	无要求
Y	+20
0	0
2	−20
3	−30
4	−40
4H	−45
5	−50
6	−60
7	−70
8	−80
9	−90
10	−100

注：1. 冲击试验温度按表 4-17 要求，测定五个冲击试样的冲击吸收能量（KV_2）。在计算五个冲击吸收能量（KV_2）的平均值时，应去掉一个最大值和一个最小值。余下的三个值中有两个应不小于 27J，另一个可小于 27J，但不应小于 20J，三个值的平均值不应小于 27J。

2. 如果型号中附加了可选代号"U"，夏比 V 型缺口冲击试验温度按表 4-17 要求，测定三个冲击试样的冲击吸收能量（KV_2）。三个值中有一个值可小于 47J，但不应小于 32J，三个值的平均值不应小于 47J。

表 4-19　各国标准中高强钢焊丝型号对照表

序号	GB/T 39281—2020	ISO 16834:2012（B 系列）	ANSI/AWS A5.28M:2005（R2015）	GB/T 8110—2008
1	××××2M3	××××2M3	—	—
2	××××3M1	××××3M1	—	—

序号	GB/T 39281—2020	ISO 16834:2012（B 系列）	ANSI/AWS A5.28M:2005（R2015）	GB/T 8110—2008
3	××××3M1T	××××3M1T	—	—
4	××××3M3	××××3M3	—	—
5	××××3M31	××××3M31	—	—
6	××××3M3T	××××3M3T	—	—
7	××××4M3	××××4M3	—	—
8	×62A3×4M31	×62A3×4M31	ER62S-D2	ER62-D2
9	××××4M3T	××××4M3T	—	—
10	××××N1M2T	××××N1M2T	—	—
11	××××N1M3	××××N1M3	—	—
12	××××N2M1T	××××N2M1T	—	—
13	××××N2M2T	××××N2M2T	—	—
14	××××N2M3	××××N2M3	—	—
15	××××N2M3T	××××N2M3T	—	—
16	××××N2M4T	××××N2M4T	—	—
17	×69A5M13N3M2	×69A5M13N3M2	ER69S-1	ER69-1
18	×76A5M13N4M2	×76A5M13N4M2	ER76S-1	ER76-1
19	××××N4M3T	××××N4M3T	—	—
20	××××N4M4T	××××N4M4T	—	—
21	×83A5M13N5M3	×83A5M13N5M3	ER83S-1	ER83-1
22	××××N5M3T	××××N5M3T	—	—
23	××××N7M4T	××××N7M4T	—	—
24	××××C1M1T	××××C1M1T	—	—
25	××××N3C1M4T	××××N3C1M4T	—	—
26	××××N4CM2T	××××N4CM2T	—	—
27	××××N4CM21T	××××N4CM21T	—	—
28	××××N4CM22T	××××N4CM22T	—	—
29	××××N5CM3T	××××N5CM3T	—	—
30	××××N5C1M3T	××××N5C1M3T	—	—
31	××××N6CM2T	××××N6CM2T	—	—
32	××××N6C1M4	××××N6C1M4	—	—
33	××××N6C2M2T	××××N6C2M2T	—	—
34	××××N6C2M4	××××N6C2M4	—	—
35	××××N6CM3T	××××N6CM3T	—	—

三、高强钢气体保护焊和自保护焊用药芯焊丝

在 GB/T 36233—2018 中，药芯焊丝的熔敷金属在焊态或焊后热处理状态下，其最小抗拉强度等级为不小于 590MPa。熔敷金属的化学成分列于表 4-20 中，金属的抗拉强度见表 4-21，熔敷金属的冲击性能代号参见表 4-11。焊丝的完整型号示例如下。

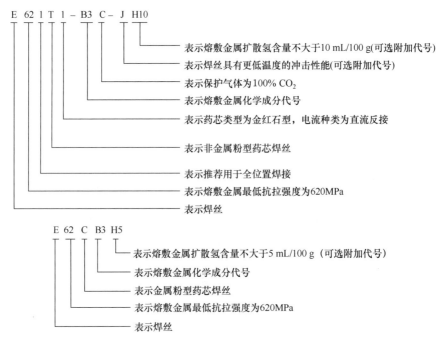

表 4-20　药芯焊丝熔敷金属化学成分（GB/T 36233—2018）

化学成分分类	化学成分（质量分数）[a,b]/%								
	C	Mn	Si	P	S	Ni	Cr	Mo	V
N2	0.15	1.00～2.00	0.40	0.030	0.030	0.50～1.50	0.20	0.20	0.05
N5	0.12	1.75	0.80	0.030	0.030	1.75～2.75	—	—	—
N51	0.15	1.00～1.75	0.80	0.030	0.030	2.00～2.75	—	—	—
N7	0.12	1.75	0.80	0.030	0.030	2.75～3.75	—	—	—
3M2	0.12	1.25～2.00	0.80	0.030	0.030	—	—	0.25～0.55	—
3M3	0.12	1.00～1.75	0.80	0.030	0.030	—	—	0.40～0.65	—
4M2	0.15	1.65～2.25	0.80	0.030	0.030	—	—	0.25～0.55	—
N1M2	0.15	1.00～2.00	0.80	0.030	0.030	0.40～1.00	0.20	0.50	0.05
N2M1	0.15	2.25	0.80	0.030	0.030	0.40～1.50	0.20	0.35	0.05
N2M2	0.15	2.25	0.80	0.030	0.030	0.40～1.50	0.20	0.20～0.65	0.05
N3M1	0.15	0.50～1.75	0.80	0.030	0.030	1.00～2.00	0.15	0.35	0.05

续表

化学成分分类	化学成分（质量分数）[a,b]/%								
	C	Mn	Si	P	S	Ni	Cr	Mo	V
N3M11	0.15	1.00	0.80	0.030	0.030	1.00~2.00	0.15	0.35	0.05
N3M2	0.15	0.75~2.25	0.80	0.030	0.030	1.25~2.60	0.15	0.25~0.65	0.05
N3M21	0.15	1.50~2.75	0.80	0.030	0.030	0.75~2.00	0.20	0.50	0.05
N4M1	0.12	2.25	0.80	0.030	0.030	1.75~2.75	0.20	0.35	0.05
N4M2	0.15	2.25	0.80	0.030	0.030	1.75~2.75	0.20	0.20~0.65	0.05
N4M21	0.12	1.25~2.25	0.80	0.030	0.030	1.75~2.75	0.20	0.50	—
N5M2	0.07	0.50~1.50	0.60	0.015	0.015	1.30~3.75	0.20	0.50	0.05
N3C1M2	0.10~0.25	0.60~1.60	0.80	0.030	0.030	0.75~2.00	0.20~0.70	0.15~0.55	0.05
N4C1M2	0.15	1.20~2.25	0.80	0.030	0.030	1.75~2.60	0.20~0.60	0.20~0.65	0.03
N4C2M2	0.15	2.25	0.80	0.030	0.030	1.75~2.75	0.60~1.00	0.20~0.65	0.05
N6C1M4	0.12	2.25	0.80	0.030	0.030	2.50~3.50	1.00	0.40~1.00	0.05
GX	—	≥1.75[c]	≥0.80[c]	0.030	0.030	≥0.50[c]	≥0.30[c]	≥0.20[c]	≥0.10[c]

注：表中单值均为最大值。

[a] 化学分析应按表中规定的元素进行分析。如在分析过程中发现其他元素，这些元素的总量（除铁外）不应超过0.50%。

[b] 对于自保护焊丝，Al<1.8%。

[c] 至少有一个元素满足要求，其他化学成分要求应由供需双方协定。

表4-21　高强钢药芯焊丝熔敷金属的拉伸性能（GB/T 36233—2018）

代号	R_{eL} 或 $R_{P0.2}$（最小值）/MPa	R_m/MPa	A（最小值）/%
59	490	590~790	16
62	530	620~820	15
69	600	690~890	14
76	680	760~960	13
78	680	780~980	13
83	745	830~1030	12

四、埋弧焊用高强钢实心焊丝

关于埋弧焊用高强钢实心焊丝的国家标准可见 GB/T 36034—2018，该标准中规定的焊丝化学成分见表4-22。

表 4-22　埋弧焊用高强钢实心焊丝化学成分（GB/T 36034—2018）

焊丝型号	冶金牌号分类	化学成分（质量分数）ᵃ/%									
		C	Mn	Si	P	S	Ni	Cr	Mo	Cuᵇ	其他
SUM3	H08MnMo	0.10	1.20~1.60	0.25	0.030	0.030	0.30	0.20	0.30~0.50	0.35	Ti: 0.05~0.15
SUM31	H08Mn2Mo	0.06~0.11	1.60~1.90	0.25	0.030	0.030	0.30	0.20	0.50~0.70	0.35	Ti: 0.05~0.15
SUM3V	H08Mn2MoV	0.06~0.11	1.60~1.90	0.25	0.030	0.030	0.30	0.20	0.50~0.70	0.35	V: 0.06~0.12 Ti: 0.05~0.15
SUM4	H10Mn2Mo	0.08~0.13	1.70~2.00	0.40	0.030	0.030	0.30	0.20	0.60~0.80	0.35	Ti: 0.05~0.15
SUM4V	H10Mn2MoV	0.08~0.13	1.70~2.00	0.40	0.030	0.030	0.30	0.20	0.60~0.80	0.35	V: 0.06~0.12 Ti: 0.05~0.15
SUN1M3	H13Mn2NiMo	0.10~0.18	1.70~2.40	0.20	0.025	0.025	0.40~0.80	0.20	0.40~0.65	0.35	—
SUN2M1	H10MnNiMo	0.12	1.20~1.60	0.05~0.30	0.020	0.020	0.75~1.25	0.20	0.10~0.30	0.40	—
SUN2M2	H11MnNiMo	0.07~0.15	0.90~1.70	0.15~0.35	0.025	0.025	0.95~1.60	—	0.25~0.55	0.35	—
SUN2M3	H12MnNiMo	0.15	0.80~1.40	0.25	0.020	0.020	0.80~1.20	0.20	0.40~0.65	0.40	—
SUN2M31	H11Mn2NiMo	0.15	1.30~1.90	0.25	0.020	0.020	0.80~1.20	0.20	0.40~0.65	0.40	—
SUN2M32	H12Mn2NiMo	0.15	1.60~2.30	0.25	0.020	0.020	0.80~1.20	0.20	0.40~0.65	0.40	—
SUN2M33	H14Mn2NiMo	0.10~0.18	1.70~2.40	0.30	0.025	0.025	0.70~1.10	—	0.40~0.65	0.35	—
SUN3M2	H09Mn2Ni2Mo	0.10	1.25~1.80	0.20~0.60	0.010	0.015	1.40~2.10	0.30	0.25~0.55	0.25	Ti: 0.10 Zr: 0.10 Al: 0.10 V: 0.05
SUN3M3	H11MnNi2Mo	0.15	0.80~1.40	0.25	0.020	0.020	1.20~1.80	0.20	0.40~0.65	0.40	—
SUN3M31	H11MnNi2Mo	0.15	1.30~1.90	0.25	0.020	0.020	1.20~1.80	0.20	0.40~0.65	0.40	—
SUN4M1	H15MnNi2Mo	0.12~0.19	0.60~1.00	0.10~0.30	0.015	0.030	1.60~2.10	0.20	0.10~0.30	0.35	—

续表

焊丝型号	冶金牌号分类	化学成分（质量分数）ᵃ/%									
		C	Mn	Si	P	S	Ni	Cr	Mo	Cuᵇ	其他
SUN4M3	H12Mn2Ni2Mo	0.15	1.30~1.90	0.25	—	—	1.80~2.40	—	0.40~0.65	0.40	—
SUN4M31	H13Mn2Ni2Mo	0.15	1.60~2.30	0.25	—	—	1.80~2.40	—	0.40~0.65	0.40	—
SUN4M2	H08Mn2Ni2Mo	0.10	1.40~1.80	0.20~0.60	0.010	0.015	1.90~2.60	0.55	0.25~0.65	0.25	Ti: 0.10 Zr: 0.10 Al: 0.10 V: 0.04
SUN5M3	H08Mn2Ni3Mo	0.10	1.40~1.80	0.20~0.60	0.010	0.015	2.00~2.80	0.60	0.30~0.65	0.25	Ti: 0.10 Zr: 0.10 Al: 0.10 V: 0.03
SUN5M4	H13Mn2Ni3Mo	0.15	1.60~2.30	0.25	—	—	2.20~3.00	0.20	0.40~0.90	—	—
SUN6M1	H11MnNi3Mo	0.15	0.80~1.40	0.25	—	—	2.40~3.70	—	0.15~0.40	—	—
SUN6M11	H11Mn2Ni3Mo	0.15	1.30~1.90	0.25	—	—	2.40~3.70	—	0.15~0.40	—	—
SUN6M3	H12MnNi3Mo	0.15	0.80~1.40	0.25	—	—	2.40~3.70	—	0.40~0.65	—	—
SUN6M31	H12Mn2Ni3Mo	0.15	1.30~1.90	0.25	—	—	2.40~3.70	—	0.40~0.65	—	—
SUN1C1M1	H20MnNiCrMo	0.16~0.23	0.60~0.90	0.15~0.35	0.025	0.030	0.40~0.80	0.40~0.60	0.15~0.30	0.35	—
SUN2C1M3	H12Mn2NiCrMo	0.15	1.30~2.30	0.40	—	—	0.40~1.75	0.05~0.70	0.30~0.80	—	—
SUN2C2M3	H11Mn2Ni2CrMo	0.15	1.00~2.30	0.40	—	—	0.40~1.75	0.50~1.20	0.30~0.90	—	—
SUN3C2M1	H08CrNi2Mo	0.05~0.10	0.50~0.85	0.10~0.30	0.030	0.025	1.40~1.80	0.70~1.00	0.20~0.40	0.35	—
SUN4C2M3	H12Mn2Ni2CrMo	0.15	1.20~1.90	0.40	—	—	1.50~2.25	0.50~1.20	0.30~0.80	—	—
SUN4C1M3	H13Mn2Ni2CrMo	0.15	1.20~1.90	0.40	0.018	0.018	1.50~2.25	0.20~0.65	0.30~0.80	0.40	—

续表

焊丝型号	冶金牌号分类	化学成分（质量分数）ª/%									
		C	Mn	Si	P	S	Ni	Cr	Mo	Cuᵇ	其他
SUN4C1M31	H15Mn2Ni2CrMo	0.10~0.20	1.40~1.60	0.10~0.30	0.020	0.020	2.00~2.50	0.50~0.80	0.35~0.55	0.35	—
SUN5C2M3	H08Mn2Ni3CrMo	0.10	1.30~2.30	0.40	—	—	2.10~3.10	0.60~1.20	0.30~0.70	—	—
SUN5CM3	H13Mn2Ni3CrMo	0.10~0.17	1.70~2.20	0.20	0.010	0.015	2.30~2.80	0.25~0.50	0.45~0.65	0.50	—
SUN7C3M3	H13MnNi4Cr2Mo	0.08~0.18	0.20~1.20	0.40	—	—	3.00~4.00	1.00~2.00	0.30~0.70	0.40	—
SUN10C1M3	H13MnNi6CrMo	0.08~0.18	0.20~1.20	0.40	—	—	4.50~5.50	0.30~0.70	0.30~0.70	0.40	—
SUN2M2C1	H10Mn2NiMoCu	0.12	1.25~1.80	0.20~0.60	0.010	0.010	0.80~1.25	0.30	0.20~0.55	0.35~0.65	Ti: 0.10 Zr: 0.10 Al: 0.10 V: 0.05
SUN1C1C	H08MnCrNiCu	0.10	1.20~1.60	0.60	0.025	0.020	0.20~0.60	0.30~0.90	—	0.20~0.50	—
SUNCC1	H10MnCrNiCu	0.12	0.35~0.65	0.20~0.35	0.025	0.030	0.40~0.80	0.50~0.80	0.15	0.30~0.80	—
SUG	HG	其他协定成分									

注：表中单值均为最大值。

ª 化学分析应按表中规定的元素进行分析，如果在分析过程中发现其他元素，这些元素的总量（铁除外）不应超过 0.5%。

ᵇ Cu 的含量包括镀铜层中的含量。

第三节　低合金及中合金铬钼耐热钢焊接材料

一、铬钼耐热钢焊条

在铬钼耐热钢焊条的标准 GB/T 5118—2012 中，含有碳钼系和铬钼系列的热强钢焊条的内容，其熔敷金属的化学成分及力学性能分别列列于于表 4-23 和表 4-24 中。

表 4-23　热强钢焊条熔敷金属的化学成分（GB/T 5118—2012）

化学成分（质量分数）/%

焊条型号	C	Mn	Si	P	S	Cr	Mo	V	其他ᵃ
EXXXX-1M3	0.12	1.00	0.80	0.030	0.030	—	0.40~0.65	—	—
EXXXX-CM	0.05~0.12	0.90	0.80	0.030	0.030	0.40~0.65	0.40~0.65	—	—
EXXXX-C1M	0.07~0.15	0.40~0.70	0.30~0.60	0.030	0.030	0.40~0.60	1.00~1.25	0.05	—
EXXXX-1CM	0.05~0.12	0.90	0.80	0.030	0.030	1.00~1.50	0.40~0.65	—	—
EXXXX-1CML	0.05	0.90	1.00	0.030	0.030	1.00~1.50	0.40~0.65	—	—
EXXXX-1CMV	0.05~0.12	0.90	0.60	0.030	0.030	0.80~1.50	0.40~0.65	0.10~0.35	—
EXXXX-1CMVNb	0.05~0.12	0.90	0.60	0.030	0.030	0.80~1.50	0.70~1.00	0.15~0.40	Nb: 0.10~0.25
EXXXX-1CMWV	0.05~0.12	0.70~1.10	0.60	0.030	0.030	0.80~1.50	0.70~1.00	0.20~0.35	W: 0.25~0.50
EXXXX-2C1M	0.05~0.12	0.90	1.00	0.030	0.030	2.00~2.50	0.90~1.20	—	—
EXXXX-2C1ML	0.05	0.90	1.00	0.030	0.030	2.00~2.50	0.90~1.20	—	—
EXXXX-2CML	0.05	0.90	1.00	0.030	0.030	1.75~2.25	0.40~0.65	—	—
EXXXX-2CMWVB	0.05~0.12	1.00	0.60	0.030	0.030	1.50~2.50	0.30~0.80	0.20~0.60	W: 0.20~0.60 B: 0.001~0.003
EXXXX-2CMVNb	0.05~0.12	1.00	0.60	0.030	0.030	2.40~3.00	0.70~1.00	0.25~0.50	Nb: 0.35~0.65

续表

焊条型号	化学成分（质量分数）/%								
	C	Mn	Si	P	S	Cr	Mo	V	其他ª
EXXXXX-2C1MV	0.05~0.15	0.40~1.50	0.60	0.030	0.030	2.00~2.60	0.90~1.20	0.20~0.40	Nb: 0.010~0.050
EXXXXX-3C1MV	0.05~0.15	0.40~1.50	0.60	0.030	0.030	2.60~3.40	0.90~1.20	0.20~0.40	Nb: 0.010~0.050
EXXXXX-5CM	0.05~0.10	1.00	0.90	0.030	0.030	4.0~6.0	0.45~0.65	—	Ni: 0.40
EXXXXX-5CML	0.05	1.00	0.90	0.030	0.030	4.0~6.0	0.45~0.65	—	Ni: 0.40
EXXXXX-5CMV	0.12	0.5~0.9	0.50	0.030	0.030	4.5~6.0	0.40~0.70	0.10~0.35	Cu: 0.5
EXXXXX-7CM	0.05~0.10	1.00	0.90	0.030	0.030	6.0~8.0	0.45~0.65	—	Ni: 0.40
EXXXXX-7CML	0.05	1.00	0.90	0.030	0.030	6.0~8.0	0.45~0.65	—	Ni: 0.40
EXXXXX-9C1M	0.05~0.10	1.00	0.90	0.030	0.030	8.0~10.5	0.85~1.20	—	Ni: 0.40
EXXXXX-9C1ML	0.05	1.00	0.90	0.030	0.030	8.0~10.5	0.85~1.20	—	Ni: 0.40
EXXXXX-9C1MV	0.08~0.13	1.25	0.30	0.01	0.01	8.0~10.5	0.85~1.20	0.15~0.30	Ni: 1.0 Mn+Ni≤1.50 Cu: 0.25 Al: 0.04 Nb: 0.02~0.10 N: 0.02~0.07
EXXXXX-9C1MV1ᵇ	0.03~0.12	1.00~1.80	0.60	0.025	0.025	8.0~10.5	0.80~1.20	0.15~0.30	Ni: 1.0 Cu: 0.25 Al: 0.04 Nb: 0.02~0.10 N: 0.02~0.07

注：表中单值均为最大值。

a 如果有意添加表中未列出的元素，则应进行报告。这些添加元素和在常规化学分析中发现的其他元素的总量不应超过 0.50%。

b Ni 与 Mn 复合加入能降低 A_{C1} 点温度 A_{C1} 点，所要求的焊后热处理温度可能接近或超过了焊缝金属的 A_{C1} 点。

表 4-24　热强钢焊条熔敷金属的力学性能（GB/T 5118—2012）

焊条型号 [a]	抗拉强度 R_m/MPa	屈服强度 [b] R_{eL}/MPa	断后伸长率 A/%	预热和道间温度/℃	焊后热处理 [c] 热处理温度/℃	保温时间 [d]/min
E50XX-1M3	≥490	≥390	≥22	90～110	605～645	60
E50YY-1M3	≥490	≥390	≥20	90～110	605～645	60
E55XX-CM	≥550	≥460	≥17	160～190	675～705	60
E5540-CM	≥550	≥460	≥14	160～190	675～705	60
E5503-CM	≥550	≥460	≥14	160～190	675～705	60
E55XX-C1M	≥550	≥460	≥17	160～190	675～705	60
E55XX-1CM	≥550	≥460	≥17	160～190	675～705	60
E5513-1CM	≥550	≥460	≥14	160～190	675～705	60
E52XX-1CML	≥520	≥390	≥17	160～190	675～705	60
E5540-1CMV	≥550	≥460	≥14	250～300	715～745	120
E5515-1CMV	≥550	≥460	≥15	250～300	715～745	120
E5515-1CMVNb	≥550	≥460	≥15	250～300	715～745	300
E5515-1CMWV	≥550	≥460	≥15	250～300	715～745	300
E62XX-2C1M	≥620	≥530	≥15	160～190	675～705	60
E6240-2C1M	≥620	≥530	≥12	160～190	675～705	60
E6213-2C1M	≥620	≥530	≥12	160～190	675～705	60
E55XX-2C1ML	≥550	≥460	≥15	160～190	675～705	60
E55XX-2CML	≥550	≥460	≥15	160～190	675～705	60
E5540-2CMWVB	≥550	≥460	≥14	250～300	745～775	120
E5515-2CMWVB	≥550	≥460	≥15	320～360	745～775	120
E5515-2CMVNb	≥550	≥460	≥15	250～300	715～745	240
E62XX-2C1MV	≥620	≥530	≥15	160～190	725～755	60
E62XX-3C1MV	≥620	≥530	≥15	160～190	725～755	60
E55XX-5CM	≥550	≥460	≥17	175～230	725～755	60
E55XX-5CML	≥550	≥460	≥17	175～230	725～755	60
E55XX-5CMV	≥550	≥460	≥14	175～230	740～760	240
E55XX-7CM	≥550	≥460	≥17	175～230	725～755	60
E55XX-7CML	≥550	≥460	≥17	175～230	725～755	60
E62XX-9C1M	≥620	≥530	≥15	205～260	725～755	60
E62XX-9C1ML	≥620	≥530	≥15	205～260	725～755	60
E62XX-9C1MV	≥620	≥530	≥15	200～315	745～775	120
E62XX-9C1MV1	≥620	≥530	≥15	205～260	725～755	60

[a] 焊条型号中"XX"代表药皮类型 15、16 或 18，"YY"代表药皮类型 10、11、19、20 或 27。

[b] 当屈服发生不明显时，应测定规定塑性延伸强度 $R_{p0.2}$。

[c] 试件放入炉内时，以 85～275℃/h 的速率加热到规定温度。达到保温时间后，以不大于 200℃/h 的速率随炉冷却至 300℃ 以下。试件冷却至 300℃ 以下的任意温度时，允许从炉中取出，在静态大气中冷却至室温。

[d] 保温时间公差为 0～10min。

二、气体保护焊用热强钢焊丝和填充丝

根据国家标准 GB/T 39279—2020，气体保护焊用热强钢焊丝和填充丝的化学成分列于表 4-25 中，熔敷金属力学性能列于表 4-26 中，各国标准中热强钢焊丝型号对照见表 4-27。

表 4-25 气体保护焊用热强钢焊丝化学成分（GB/T 39279—2020）

序号	化学成分分类	焊丝成分代号	C	Mn	Si	P	S	Ni	Cr	Mo	Ti	V	Cu[b]	其他
1	1M3	—	0.12	1.30	0.30~0.70	0.025	0.025	0.20	—	0.40~0.65	—	—	0.35	—
2	3M3[c]	—	0.12	1.10~1.60	0.60~0.90	0.025	0.025	—	—	0.40~0.65	—	—	0.50	—
3	3M3T[c]	—	0.12	1.00~1.80	0.40~1.00	0.025	0.025	—	—	0.40~0.65	0.02~0.30	—	0.50	—
4	CM	—	0.12	0.20~1.00	0.10~0.40	0.025	0.025	—	0.40~0.90	0.40~0.65	—	—	0.40	—
5	CMT[c]	—	0.12	1.00~1.80	0.30~0.90	0.025	0.025	—	0.30~0.70	0.40~0.65	0.02~0.30	—	0.40	—
6	1CM	ER55-B2	0.07~0.12	0.40~0.70	0.40~0.70	0.025	0.025	—	1.20~1.50	0.40~0.65	—	—	0.35	—
7	1CM1	—	0.12	0.60~0.90	0.20~0.50	0.025	0.025	—	1.00~1.60	0.30~0.65	—	—	0.40	—
8	1CM2	—	0.05~0.15	1.60~2.00	0.15~0.40	0.025	0.025	—	1.00~1.60	0.40~0.65	—	—	0.40	—
9	1CM3	—	0.12	0.80~1.50	0.30~0.90	0.025	0.025	—	1.00~1.60	0.40~0.65	—	—	0.40	—
10	1CM4V	ER55-B2-MnV	0.06~0.10	1.20~1.60	0.60~0.90	0.030	0.025	0.25	1.00~1.30	0.50~0.70	—	0.20~0.40	0.35	—
11	1CM4	ER55-B2-Mn	0.06~0.10	1.20~1.70	0.60~0.90	0.030	0.025	0.25	0.90~1.20	0.45~0.65	—	—	0.35	—
12	1CML	ER49-B2L	0.05	0.40~0.70	0.40~0.70	0.025	0.025	0.20	1.20~1.50	0.40~0.65	—	—	0.35	—
13	1CML1	—	0.05	0.80~1.40	0.20~0.80	0.025	0.025	—	1.00~1.60	0.40~0.65	—	—	0.40	—
14	1CMT	—	0.05~0.15	0.80~1.50	0.30~0.90	0.025	0.025	—	1.00~1.60	0.40~0.65	0.02~0.30	—	0.40	—
15	1CMT1	—	0.12	1.20~1.90	0.30~0.90	0.025	0.025	—	1.00~1.60	0.40~0.65	0.02~0.30	—	0.40	—
16	2CMWV	—	0.12	0.20~1.00	0.10~0.70	0.020	0.010	—	2.00~2.60	0.40~0.65	—	0.10~0.50	0.40	Nb: 0.01~0.08 W: 1.00~2.00

续表

序号	化学成分分类	焊丝成分代号	化学成分（质量分数）[a]/%											
			C	Mn	Si	P	S	Ni	Cr	Mo	Ti	V	Cu[b]	其他
17	2CMWV-Ni	—	0.12	0.80~1.60	0.10~0.70	0.020	0.010	0.30~1.00	2.00~2.60	0.05~0.30	—	0.10~0.50	0.40	Nb：0.01~0.08 W：1.00~2.00
18	2C1M	ER62-B3	0.07~0.12	0.40~0.70	0.40~0.70	0.025	0.025	0.20	2.30~2.70	0.90~1.20	—	—	0.35	—
19	2C1M1	—	0.05~0.15	0.30~0.60	0.10~0.50	0.025	0.025	—	2.10~2.70	0.85~1.20	—	—	0.40	—
20	2C1M2	—	0.05~0.15	0.50~1.20	0.10~0.60	0.025	0.025	—	2.10~2.70	0.85~1.20	—	—	0.40	—
21	2C1M3	—	0.12	0.75~1.50	0.30~0.90	0.025	0.025	—	2.10~2.70	0.90~1.20	—	—	0.40	—
22	2C1ML	ER55-B3L	0.05	0.40~0.70	0.40~0.70	0.025	0.025	0.20	2.30~2.70	0.90~1.20	—	—	0.35	—
23	2C1ML1	—	0.05	0.80~1.40	0.30~0.90	0.025	0.025	—	2.10~2.70	0.90~1.20	—	—	0.40	—
24	2C1MV	—	0.05~0.15	0.20~1.00	0.10~0.50	0.025	0.025	—	2.10~2.70	0.85~1.20	—	0.15~0.50	0.40	—
25	2C1MV1	—	0.12	0.80~1.60	0.10~0.70	0.025	0.025	—	2.10~2.70	0.90~1.20	—	0.15~0.50	0.40	—
26	2C1MT	—	0.05~0.15	0.75~1.50	0.35~0.80	0.025	0.025	—	2.10~2.70	0.90~1.20	0.02~0.30	—	0.40	—
27	2C1MT1	—	0.04~0.12	1.60~2.30	0.20~0.80	0.025	0.025	—	2.10~2.70	0.90~1.20	0.02~0.30	—	0.40	—
28	3C1M	—	0.12	0.50~1.20	0.10~0.70	0.025	0.025	—	2.75~3.75	0.90~1.20	—	—	0.40	—
29	3C1MV	—	0.05~0.15	0.20~1.00	0.50	0.025	0.025	—	2.75~3.75	0.90~1.20	—	0.15~0.50	0.40	—
30	3C1MV1	—	0.12	0.80~1.60	0.10~0.70	0.025	0.025	—	2.75~3.75	0.90~1.20	—	0.15~0.50	0.40	—
31	5CM	ER55-B6	0.10	0.40~0.70	0.50	0.025	0.025	0.60	4.50~6.00	0.45~0.65	—	—	0.35	—

续表

序号	化学成分分类	焊丝成分代号	化学成分（质量分数）ᵃ/%											
			C	Mn	Si	P	S	Ni	Cr	Mo	Ti	V	Cuᵇ	其他
32	9C1M	ER55-B8	0.10	0.40~0.70	0.50	0.025	0.025	0.50	8.00~10.50	0.80~1.20	—	—	0.35	
33	9C1MV	ER62-B9	0.07~0.13	1.20	0.15~0.50	0.010	0.010	0.80	8.00~10.50	0.85~1.20	—	0.15~0.30	0.20	Nb: 0.02~0.10 Al: 0.04 N: 0.03~0.07 Mn+Ni: 1.50
34	9C1MV1	—	0.12	0.50~1.25	0.50	0.025	0.025	0.10~0.80	8.00~10.50	0.80~1.20	—	0.10~0.35	0.40	Nb: 0.01~0.12 N: 0.01~0.05
35	9C1MV2	—	0.12	1.20~1.90	0.10~0.60	0.025	0.025	0.20~1.00	8.00~10.50	0.80~1.20	—	0.15~0.50	0.40	Nb: 0.01~0.12 N: 0.01~0.05
36	10CMV	—	0.05~0.15	0.20~1.00	0.10~0.70	0.025	0.025	0.30~1.00	9.00~11.50	0.40~0.65	—	0.10~0.50	0.40	Nb: 0.04~0.16 N: 0.02~0.07
37	10CMWV-Co	—	0.12	0.20~1.00	0.10~0.70	0.020	0.020	0.30~1.00	9.00~11.50	0.20~0.55	—	0.10~0.50	0.40	Co: 0.80~1.20 Nb: 0.01~0.08 W: 1.00~2.00 N: 0.02~0.07
38	10CMWV-Co1	—	0.12	0.80~1.50	0.10~0.70	0.020	0.020	0.30~1.00	9.00~11.50	0.25~0.55	—	0.10~0.50	0.40	Co: 1.00~2.00 Nb: 0.01~0.08 W: 1.00~2.00 N: 0.02~0.07
39	10CMWV-Cu	—	0.05~0.15	0.20~1.00	0.10~0.70	0.020	0.020	0.70~1.40	9.00~11.50	0.20~0.50	—	0.10~0.50	1.00~2.00	Nb: 0.01~0.08 W: 1.00~2.00 N: 0.02~0.07
40	Zxᵈ	—	其他协定成分											

注：1. 表中单值均为最大值。

2. 表中列出的"焊丝成分代号"是为便于实际使用对照。

ᵃ 化学分析应按表中规定的元素进行分析。如在分析过程中发现其他元素，这些元素的总量（除铁外）不应超过0.50%。

ᵇ Cu含量包括镀铜层中的含量。

ᶜ 该分类中含有约0.5%的Mo，不含Cr，当Mn的含量显著超过1%时，可能无法提供最佳的抗蠕变性能。

ᵈ 表中未列出的分类可用相类似的分类表示，词头加字母"Z"。化学成分范围不进行规定，两种分类之间不可替换。

表 4-26　熔敷金属力学性能要求（GB/T 39279—2020）

焊丝型号	抗拉强度 R_m/MPa	规定塑性延伸强度 $R_{p0.2}$/MPa	断后伸长率 A/%	预热温度和道间温度/℃	焊后热处理 热处理温度/℃	保温时间/min
×52×1M3	≥520	≥400	≥17	135～165	620±15	60^{+15}_0
×49×3M3 ×49×3M3T	≥490	≥390	≥22	135～165	620±15	60^{+15}_0
×55×CM ×55×CMT	≥550	≥470	≥17	135～165	620±15	60^{+15}_0
×55×1CM	≥550	≥470	≥17	135～165	620±15	60^{+15}_0
×55×1CM1 ×55×1CM2 ×55×1CM3 ×55×1CMT ×55×1CMT1	≥550	≥470	≥17	135～165	690±15	60^{+15}_0
×55×1CM4V	≥550	≥440	≥19	135～165	730±15	60^{+15}_0
×55×1CM4	≥550	≥440	≥20	135～165	700±15	60^{+15}_0
×52×1CML	≥520	≥400	≥17	135～165	620±15	60^{+15}_0
×52×1CML1	≥520	≥400	≥17	135～165	690±15	60^{+15}_0
×52×2CMWV	≥520	≥400	≥17	160～190	715±15	120^{+15}_0
×57×2CMWV-Ni	≥570	≥490	≥15	160～190	715±15	120^{+15}_0
×62×2C1M ×62×2C1M1 ×62×2C1M2 ×62×2C1M3 ×62×2C1MT ×62×2C1MT1	≥620	≥540	≥15	185～215	690±15	60^{+15}_0
×55×2C1ML ×55×2C1ML1	≥550	≥470	≥15	185～215	690±15	60^{+15}_0
×55×2C1MV ×55×2C1MV1	≥550	≥470	≥15	185～215	690±15	60^{+15}_0
×62×3C1M	≥620	≥530	≥15	185～215	690±15	60^{+15}_0
×62×3C1MV ×62×3C1MV1	≥620	≥530	≥15	185～215	690±15	60^{+15}_0
×55×5CM	≥550	≥470	≥15	175～235	745±15	60^{+15}_0
×55×9C1M	≥550	≥470	≥15	205～260	745±15	60^{+15}_0
×62×9C1MV ×62×9C1MV1 ×62×9C1MV2	≥620	≥410	≥15	205～320	760±15	120^{+15}_0
×62×10CMWV-Co ×62×10CMWV-Co1	≥620	≥530	≥15	205～260	740±15	480^{+15}_0
×69×10CMWV-Cu	≥690	≥600	≥15	100～200	740±15	60^{+15}_0
×78×10CMV	≥780	≥680	≥13	205～260	690±15	480^{+15}_0
×××Z×	供需双方协定					

表 4-27　各国标准中热强钢焊丝型号对照表

序号	GB/T 39279—2020	ISO 21952:2012（B系列）	ANSI/AWS A5.28M:2005（R2015）	GB/T 8110—2008
1	×52×1M3	×52×1M3	—	—
2	×49×3M3	×49×3M3	—	—
3	×49×3M3T	×49×3M3T	—	—
4	×55×CM	×55×CM	—	—
5	×55×CMT	×55×CMT	—	—
6	×55×1CM	×55×1CM	ER55S-B2	ER55-B2
7	×55×1CM1	×55×1CM1	—	—
8	×55×1CM2	×55×1CM2	—	—
9	×55×1CM3	×55×1CM3	—	—
10	×55M211CM4V	—	—	ER55-B2-MnV
11	×55M211CM4	—	—	ER55-B2-Mn
12	×52×1CML	×52×1CML	ER49S-B2L	ER49-B2L
13	×52×1CML1	×52×1CML1	—	—
14	×55×1CMT	×55×1CMT	—	—
15	×55×1CMT1	×55×1CMT1	—	—
16	×52×2CMWV	×52×2CMWV	—	—
17	×57×2CMWV-Ni	×57×2CMWV-Ni	—	—
18	×62×2C1M	×62×2C1M	ER62S-B3	ER62-B3
19	×62×2C1M1	×62×2C1M1	—	—
20	×62×2C1M2	×62×2C1M2	—	—
21	×62×2C1M3	×62×2C1M3	—	—
22	×55×2C1ML	×55×2C1ML	ER55S-B3L	ER55-B3L
23	×55×2C1ML1	×55×2C1ML1	—	—
24	×55×2C1MV	×55×2C1MV	—	—
25	×55×2C1MV1	×55×2C1MV1	—	—
26	×62×2C1MT	×62×2C1MT	—	—
27	×62×2C1MT1	×62×2C1MT1	—	—
28	×62×3C1M	×62×3C1M	—	—
29	×62×3C1MV	×62×3C1MV	—	—
30	×62×3C1MV1	×62×3C1MV1	—	—
31	×55×5CM	×55×5CM	ER55S-B6	ER55-B6
32	×55×9C1M	×55×9C1M	ER55S-B8	ER55-B8

序号	GB/T 39279—2020	ISO 21952:2012（B 系列）	ANSI/AWS A5.28M:2005（R2015）	GB/T 8110—2008
33	×62M229C1MV	×62M229C1MV	ER62S-B9	ER62-B9
34	×62×9C1MV1	×62×9C1MV1	—	—
35	×62×9C1MV2	×62×9C1MV2	—	—
36	×78×10CMV	×78×10CMV	—	—
37	×62×10CMWV-Co	×62×10CMWV-Co	—	—
38	×62×10CMWV-Co1	×62×10CMWV-Co1	—	—
39	×69×10CMWV-Cu	×69×10CMWV-Cu	—	—

三、气体保护焊用热强钢药芯焊丝

在国家标准 GB/T 17493—2018 中规定，气体保护焊用热强钢药芯焊丝的力学性能，是焊后热处理状态下的性能。其熔敷金属的化学成分见表 4-28，力学性能见表 4-29。

表 4-28　热强钢药芯焊丝熔敷金属化学成分（GB/T 17493—2018）

化学成分分类	化学成分（质量分数）[a]/%								
	C	Mn	Si	P	S	Ni	Cr	Mo	V
2M3	0.12	1.25	0.80	0.030	0.030	—	—	0.40~0.65	—
CM	0.05~0.12	1.25	0.80	0.030	0.030	—	0.40~0.65	0.40~0.65	—
CML	0.05	1.25	0.80	0.030	0.030	—	0.40~0.65	0.40~0.65	—
1CM	0.05~0.12	1.25	0.80	0.030	0.030	—	1.00~1.50	0.40~0.65	—
1CML	0.05	1.25	0.80	0.030	0.030	—	1.00~1.50	0.40~0.65	—
1CMH	0.10~0.15	1.25	0.80	0.030	0.030	—	1.00~1.50	0.40~0.65	—
2C1M	0.05~0.12	1.25	0.80	0.030	0.030	—	2.00~2.50	0.90~1.20	—
2C1ML	0.05	1.25	0.80	0.030	0.030	—	2.00~2.50	0.90~1.20	—
2C1MH	0.10~0.15	1.25	0.80	0.030	0.030	—	2.00~2.50	0.90~1.20	—
5CM	0.05~0.12	1.25	1.00	0.025	0.030	0.40	4.0~6.0	0.45~0.65	—
5CML	0.05	1.25	1.00	0.025	0.030	0.40	4.0~6.0	0.45~0.65	—
9C1M[b]	0.05~0.12	1.25	1.00	0.040	0.030	0.40	8.0~10.5	0.85~1.20	—
9C1ML[b]	0.05	1.25	1.00	0.040	0.030	0.40	8.0~10.5	0.85~1.20	—
9C1MV[c]	0.08~0.13	1.20	0.50	0.020	0.015	0.80	8.0~10.5	0.85~1.20	0.15~0.30

续表

化学成分分类	化学成分（质量分数）ᵃ/%								
	C	Mn	Si	P	S	Ni	Cr	Mo	V
9C1MV1ᵈ	0.05～0.12	1.25～2.00	0.50	0.020	0.015	1.00	8.0～10.5	0.85～1.20	0.15～0.30
GXᵉ	其他协定成分								

注：表中单值均为最大值。

ᵃ 化学分析应按表中规定的元素进行分析。如在分析过程中发现其他元素，这些元素的总量（除铁外）不应超过 0.50%。

ᵇ Cu<0.50%。

ᶜ Nb:0.02%～0.10%，N:0.02%～0.07%，Cu<0.25%，Al<0.04%，（Mn+Ni）<1.40%。

ᵈ Nb:0.01%～0.08%，N:0.02%～0.07%，Cu<0.25%，Al<0.04%。

ᵉ 表中未列出的分类可用相类似的分类表示，词头加字母"G"。化学成分范围不进行规定，两种分类之间不可替换。

表 4-29　热强钢药芯焊丝熔敷金属力学性能（GB/T 17493—2018）

焊丝型号	抗拉强度 R_m/MPa	规定塑性延伸强度 $R_{p0.2}$/MPa	断后伸长率 A/%	预热温度和道间温度/℃	焊后热处理	
					热处理温度/℃	保温时间/min
T49TX-XX-2M3	490～660	≥400	≥18	135～165	605～635	60^{+15}_0
T55TX-XX-2M3	550～690	≥470	≥17	135～165	605～635	60^{+15}_0
T55TX-XX-CM	550～690	≥470	≥17	160～190	675～705	60^{+15}_0
T55TX-XX-CML	550～690	≥470	≥17	160～190	675～705	60^{+15}_0
T55TX-XX-1CM	550～690	≥470	≥17	160～190	675～705	60^{+15}_0
T49TX-XX-1CML	490～660	≥400	≥18	160～190	675～705	60^{+15}_0
T55TX-XX-1CML	550～690	≥470	≥17	160～190	675～705	60^{+15}_0
T55TX-XX-1CMH	550～690	≥470	≥17	160～190	675～705	60^{+15}_0
T62TX-XX-2C1M	620～760	≥540	≥15	160～190	675～705	60^{+15}_0
T69TX-XX-2C1M	690～830	≥610	≥14	160～190	675～705	60^{+15}_0
T55TX-XX-2C1ML	550～690	≥470	≥17	160～190	675～705	60^{+15}_0
T62TX-XX-2C1ML	620～760	≥540	≥15	160～190	675～705	60^{+15}_0
T62TX-XX-2C1MH	620～760	≥540	≥15	160～190	675～705	60^{+15}_0
T55TX-XX-5CM	550～690	≥470	≥17	150～250	730～760	60^{+15}_0
T55TX-XX-5CML	550～690	≥470	≥17	150～250	730～760	60^{+15}_0
T55TX-XX-9C1M	550～690	≥470	≥17	150～250	730～760	60^{+15}_0
T55TX-XX-9C1ML	550～690	≥470	≥17	150～250	730～760	60^{+15}_0
T69TX-XX-9C1MV	690～830	≥610	≥14	150～250	730～760	60^{+15}_0
T69TX-XX-9C1MV1	690～830	≥610	≥14	150～250	730～760	60^{+15}_0
TXXTX-XX-GX	供需双方协定					

四、埋弧焊用热强钢实心焊丝

　　国家标准 GB/T 12470—2018 中规定的埋弧焊用铬钼耐热钢实心焊丝的化学成分列于表 4-30 中。

表 4-30　热强钢埋弧焊接用实心焊丝的化学成分（GB/T 12470—2018）

焊丝型号	冶金牌号分类	化学成分（质量分数）ᵃ/%										
		C	Mn	Si	P	S	Ni	Cr	Mo	V	Cuᵇ	其他
SU1M31	H13MnMo	0.05~0.15	0.65~1.00	0.25	0.025	0.025	—	—	0.45~0.65	—	0.35	—
SU3M31ᶜ	H15MnMoᶜ	0.18	1.10~1.90	0.60	0.025	0.025	—	—	0.30~0.70	—	0.35	—
SU4M32ᶜ·ᵈ	H11Mn2Moᶜ·ᵈ	0.05~0.17	1.65~2.20	0.20	0.025	0.025	—	—	0.45~0.65	—	0.35	—
SU4M33ᶜ	H15Mn2Moᶜ	0.18	1.70~2.60	0.60	0.025	0.025	—	—	0.30~0.70	—	0.35	—
SUCM	H07CrMo	0.10	0.40~0.80	0.05~0.30	0.025	0.025	—	0.40~0.75	0.45~0.65	—	0.35	—
SUCM1	H12CrMo	0.15	0.30~1.20	0.40	0.025	0.025	—	0.30~0.70	0.30~0.70	—	0.35	—
SUCM2	H10CrMo	0.12	0.40~0.70	0.15~0.35	0.030	0.030	0.30	0.45~0.65	0.40~0.60	—	0.35	—
SUC1MH	H19CrMo	0.15~0.23	0.40~0.70	0.40~0.60	0.025	0.025	—	0.45~0.65	0.90~1.20	—	0.30	—
SUC1Mᵉ	H11CrMoᵉ	0.07~0.15	0.45~1.00	0.05~0.30	0.025	0.025	—	1.00~1.75	0.45~0.65	—	0.35	—
SU1CM1	H14CrMo	0.15	0.30~1.20	0.60	0.025	0.025	—	0.80~1.80	0.40~0.65	—	0.35	—
SU1CM2	H08CrMo	0.10	0.40~0.70	0.15~0.35	0.030	0.030	0.30	0.80~1.10	0.40~0.60	—	0.35	—
SU1CM3	H13CrMo	0.11~0.16	0.40~0.70	0.15~0.35	0.030	0.030	0.30	0.80~1.10	0.40~0.60	—	0.35	—
SU1CMV	H08CrMoV	0.10	0.40~0.70	0.15~0.35	0.030	0.030	0.30	1.00~1.30	0.50~0.70	0.15~0.35	0.35	—
SU1CMH	H18CrMo	0.15~0.22	0.40~0.70	0.15~0.35	0.025	0.025	0.30	0.80~1.10	0.15~0.25	—	0.35	—
SU1CMVH	H30CrMoV	0.28~0.33	0.45~0.65	0.55~0.75	0.015	0.015	—	1.00~1.50	0.40~0.65	0.20~0.30	0.30	—
SU2C1Mᵉ	H10Cr3Moᵉ	0.05~0.15	0.40~0.80	0.05~0.30	0.025	0.025	—	2.25~3.00	0.90~1.10	—	0.35	—
SU2C1M1	H12Cr3Mo	0.15	0.30~1.20	0.35	0.025	0.025	—	2.20~2.80	0.90~1.20	—	0.35	—
SU2C1M2	H13Cr3Mo	0.08~0.18	0.30~1.20	0.35	0.025	0.025	—	2.20~2.80	0.90~1.20	—	0.35	—
SU2C1MV	H10Cr3MoV	0.05~0.15	0.50~1.50	0.40	0.025	0.025	—	2.20~2.80	0.90~1.20	0.15~0.45	0.35	Nb: 0.01~0.10

续表

焊丝型号	冶金牌号分类	化学成分（质量分数）a/%										
		C	Mn	Si	P	S	Ni	Cr	Mo	V	Cub	其他
SU5CM	H08MnCr6Mo	0.10	0.35~0.70	0.05~0.50	0.025	0.025	—	4.50~6.50	0.45~0.70	—	0.35	—
SU5CM1	H12MnCr5Mo	0.15	0.30~1.20	0.60	0.025	0.025	—	4.50~6.00	0.40~0.65	—	0.35	—
SU5CMH	H33MnCr5Mo	0.25~0.40	0.75~1.00	0.25~0.50	0.025	0.025	—	4.80~6.00	0.45~0.65	—	0.35	—
SU9C1M	H09MnCr9Mo	0.10	0.30~0.65	0.05~0.50	0.025	0.025	—	8.00~10.50	0.80~1.20	—	0.35	—
SU9C1MVf	H10MnCr9NiMoVf	0.07~0.13	1.25	0.50	0.010	0.010	1.00	8.50~10.50	0.85~1.15	0.15~0.25	0.10	Nb: 0.02~0.10 N: 0.03~0.07 Al: 0.04
SU9C1MV1	H09MnCr9NiMoV	0.12	0.50~1.25	0.50	0.025	0.025	0.10~0.80	8.00~10.50	0.80~1.20	0.10~0.35	0.35	Nb: 0.01~0.12 N: 0.01~0.05
SU9C1MV2	H09Mn2Cr9NiMoV	0.12	1.20~1.90	0.50	0.025	0.025	0.20~1.00	8.00~10.50	0.80~1.20	0.15~0.50	0.35	Nb: 0.01~0.12 N: 0.01~0.05
SUGg	HGg	其他协定成分										

注：表中单值均为最大值。

a 化学分析应按表中规定的元素进行分析。如果在分析过程中发现其他元素，这些元素的总量（除铁外）不应超过 0.50%。

b Cu 含量是包括镀铜层中的含量。

c 该分类中含有约 0.5% 的 Mo，不含 Cr，如果 Mn 的含量超过 1%，可能无法提供最佳的抗蠕变性能。

d 此类焊丝也列于 GB/T 5293《埋弧焊用非合金钢及细晶粒钢实心焊丝、药芯焊丝和焊剂组合分类要求》中。

e 若后缀附加可选代号字母"R"，则该分类应满足以下要求：S: 0.010%，P: 0.010%，Cu: 0.15%，As: 0.005%，Sn: 0.005%，Sb: 0.005%。

f Mn+Ni≤1.50%。

g 表中未列出的焊丝型号可用相类似的型号表示，未列出的焊丝冶金牌号分类可用相类似的冶金牌号分类表示，词头加字母"SUG"，化学成分范围不进行规定，两种分类之间不可替换。

第四节　低温钢及超低温钢焊接材料

一、低温钢焊条

低温钢焊条用于焊接低温钢，GB/T 5117—2012 中规定的其熔敷金属的化学成分和力学性能分别列于表 4-31 和表 4-32 中。

表 4-31　低温钢焊条熔敷金属的化学成分（GB/T 5117—2012）

焊条型号	化学成分（质量分数）/%									
	C	Mn	Si	P	S	Ni	Cr	Mo	V	其他
E5015-N1	0.12	0.60~1.60	0.90	0.03	0.03	0.30~1.00	—	0.35	0.05	—
E5016-N1	0.12	0.60~1.60	0.90	0.03	0.03	0.30~1.00	—	0.35	0.05	—
E5028-N1	0.12	0.60~1.60	0.90	0.03	0.03	0.30~1.00	—	0.35	0.05	—
E5515-N1	0.12	0.60~1.60	0.90	0.03	0.03	0.30~1.00	—	0.35	0.05	—
E5516-N1	0.12	0.60~1.60	0.90	0.03	0.03	0.30~1.00	—	0.35	0.05	—
E5528-N1	0.12	0.60~1.60	0.90	0.03	0.03	0.30~1.00	—	0.35	0.05	—
E5015-N2	0.08	0.40~1.40	0.50	0.03	0.03	0.80~1.10	0.15	0.35	0.05	—
E5016-N2	0.08	0.40~1.40	0.50	0.03	0.03	0.80~1.10	0.15	0.35	0.05	—
E5018-N2	0.08	0.40~1.40	0.50	0.03	0.03	0.80~1.10	0.15	0.35	0.05	—
E5515-N2	0.12	0.40~1.25	0.80	0.03	0.03	0.80~1.10	0.15	0.35	0.05	—
E5516-N2	0.12	0.40~1.25	0.80	0.03	0.03	0.80~1.10	0.15	0.35	0.05	—
E5518-N2	0.12	0.40~1.25	0.80	0.03	0.03	0.80~1.10	0.15	0.35	0.05	—
E5015-N3	0.10	1.25	0.60	0.03	0.03	1.10~2.00	—	0.35	—	—
E5016-N3	0.10	1.25	0.60	0.03	0.03	1.10~2.00	—	0.35	—	—
E5515-N3	0.10	1.25	0.60	0.03	0.03	1.10~2.00	—	0.35	—	—
E5516-N3	0.10	1.25	0.60	0.03	0.03	1.10~2.00	—	0.35	—	—
E5516-3N3	0.10	1.60	0.60	0.03	0.03	1.10~2.00	—	—	—	—
E5518-N3	0.10	1.25	0.80	0.03	0.03	1.10~2.00	—	—	—	—
E5015-N5	0.05	1.25	0.50	0.03	0.03	2.00~2.75	—	—	—	—

焊条型号	化学成分（质量分数）/%									
	C	Mn	Si	P	S	Ni	Cr	Mo	V	其他
E5016-N5	0.05	1.25	0.50	0.03	0.03	2.00~2.75	—	—	—	—
E5018-N5	0.05	1.25	0.50	0.03	0.03	2.00~2.75	—	—	—	—
E5028-N5	0.10	1.00	0.80	0.025	0.020	2.00~2.75	—	—	—	—
E5515-N5	0.12	1.25	0.60	0.03	0.03	2.00~2.75	—	—	—	—
E5516-N5	0.12	1.25	0.60	0.03	0.03	2.00~2.75	—	—	—	—
E5518-N5	0.12	1.25	0.80	0.03	0.03	2.00~2.75	—	—	—	—
E5015-N7	0.05	1.25	0.50	0.03	0.03	3.00~3.75	—	—	—	—
E5016-N7	0.05	1.25	0.50	0.03	0.03	3.00~3.75	—	—	—	—
E5018-N7	0.05	1.25	0.50	0.03	0.03	3.00~3.75	—	—	—	—
E5515-N7	0.12	1.25	0.80	0.03	0.03	3.00~3.75	—	—	—	—
E5516-N7	0.12	1.25	0.80	0.03	0.03	3.00~3.75	—	—	—	—
E5518-N7	0.12	1.25	0.80	0.03	0.03	3.00~3.75	—	—	—	—
E5515-N13	0.06	1.00	0.60	0.025	0.020	6.00~7.00	—	—	—	—
E5516-N13	0.06	1.00	0.60	0.025	0.020	6.00~7.00	—	—	—	—
E50XX-G[a]、E55XX-G[a]、E57XX-G[a]	—	—	—	—	—	—	—	—	—	—

注：表中单值均为最大值。

[a] 焊条型号中的"XX"代表焊条的药皮类型。

表 4-32 低温钢焊条熔敷金属的力学性能（GB/T 5117—2012）

焊条型号	抗拉强度 R_m/MPa	屈服强度[a] R_{eL}/MPa	断后伸长率 A/%	≥27J 的冲击试验温度/℃
E5015-N1	≥490	≥390	≥20	−40
E5016-N1	≥490	≥390	≥20	−40
E5028-N1	≥490	≥390	≥20	−40
E5515-N1	≥550	≥460	≥17	−40
E5516-N1	≥550	≥460	≥17	−40
E5528-N1	≥550	≥460	≥17	−40
E5015-N2	≥490	≥390	≥20	−40
E5016-N2	≥490	≥390	≥20	−40
E5018-N2	≥490	≥390	≥20	−50

续表

焊条型号	抗拉强度 R_m/MPa	屈服强度 [a] R_{eL}/MPa	断后伸长率 A/%	≥27J 的冲击试验温度/℃
E5515-N2	≥550	470～550	≥20	-40
E5516-N2	≥550	470～550	≥20	-40
E5518-N2	≥550	470～550	≥20	-40
E5015-N3	≥490	≥390	≥20	-40
E5016-N3	≥490	≥390	≥20	-40
E5515-N3	≥550	≥460	≥17	-50
E5516-N3	≥550	≥460	≥17	-50
E5516-3N3	≥550	≥460	≥17	-50
E5518-N3	≥550	≥460	≥17	-50
E5015-N5	≥490	≥390	≥20	-75
E5016-N5	≥490	≥390	≥20	-75
E5018-N5	≥490	≥390	≥20	-75
E5028-N5	≥490	≥390	≥20	-60
E5515-N5	≥550	≥460	≥17	-60
E5516-N5	≥550	≥460	≥17	-60
E5518-N5	≥550	≥460	≥17	-60
E5015-N7	≥490	≥390	≥20	-100
E5016-N7	≥490	≥390	≥20	-100
E5018-N7	≥490	≥390	≥20	-100
E5515-N7	≥550	≥460	≥17	-75
E5516-N7	≥550	≥460	≥17	-75
E5518-N7	≥550	≥460	≥17	-75
E5515-N13	≥550	≥460	≥17	-100
E5516-N13	≥550	≥460	≥17	-100
E50XX-G [b]	≥490	≥400	≥20	—
E55XX-G [b]	≥550	≥460	≥17	—
E57XX-G [b]	≥570	≥490	≥16	—

[a] 当屈服发生不明显时，应测定规定塑性延伸强度 $R_{p0.2}$。

[b] 焊条型号中"XX"代表焊条的药皮类型。

二、气体保护焊用低温钢焊丝

气体保护焊用低温钢焊丝用于焊接各种低温钢，包括熔化极气体保护电弧焊及等离子弧焊等方法采用的焊丝，保护气体有 CO_2 及 Ar 与 CO_2 等不同比例的混合气体。GB/T 8110—2020《熔化极气体保护电弧焊用非合金钢及细晶粒钢焊丝》中规定的气体保护焊焊丝的化学成分见表 4-33，熔敷金属冲击试验温度要求见表 4-34。

表 4-33 低温钢用气体保护焊焊丝焊丝化学成分（GB/T 8110—2020）

序号	化学成分分类	焊丝成分代号	化学成分（质量分数）ª/%											
			C	Mn	Si	P	S	Ni	Cr	Mo	V	Cuᵇ	Al	Ti+Zr
1	SN1	—	0.12	1.25	0.20~0.50	0.025	0.025	0.60~1.00	—	0.35	—	0.35	—	—
2	SN2	ER55-Ni1	0.12	1.25	0.40~0.80	0.025	0.025	0.80~1.10	0.15	0.35	0.05	0.35	—	—
3	SN3	—	0.12	1.20~1.60	0.30~0.80	0.025	0.025	1.50~1.90	—	0.35	—	0.35	—	—
4	SN5	ER55-Ni2	0.12	1.25	0.40~0.80	0.025	0.025	2.00~2.75	—	—	—	0.35	—	—
5	SN7	—	0.12	1.25	0.20~0.50	0.025	0.025	3.00~3.75	—	0.35	—	0.35	—	—
6	SN71	ER55-Ni3	0.12	1.25	0.40~0.80	0.025	0.025	3.00~3.75	—	—	—	0.35	—	—
7	SN9	—	0.10	1.40	0.50	0.025	0.025	4.00~4.75	—	0.35	—	0.35	—	—

注：表中单值均为最大值。

ª 化学分析应按表中规定的元素进行分析，如果分析中发现其他元素，这些元素的总量（铁除外）不应超过 0.5%。

ᵇ Cu 的含量包括镀铜层中的含量。

表 4-34　冲击试验温度代号（GB/T 8110—2020）

冲击试验温度代号	冲击吸收能量（KV_2）不小于 27J 时的试验温度/℃
Z	无要求
Y	+20
0	0
2	−20
3	−30
4	−40
4H	−45
5	−50
6	−60
7	−70
7H	−75
8	−80
9	−90
10	−100

三、钨极气体保护焊用低温钢填充丝或焊丝

钨极气体保护焊用低温钢填充丝或焊丝，用于焊接低温钢，保护气体为纯 Ar。GB/T 39280—2020《钨极气体保护电弧焊用非合金钢及细晶粒钢实心焊丝》中规定的气体保护焊焊丝的化学成分见表 4-35，熔敷金属冲击试验温度要求见表 4-36。

表 4-35　钨极气体保护焊用低温钢填充丝和焊丝的化学成分（GB/T 39280—2020）

代号	化学成分（质量分数）/%											
	C	Si	Mn	P	S	Ni	Cr	Mo	V	Cuc	Al	Ti+Zr
N1	0.12	0.20～0.50	1.25	0.025	0.025	0.60～1.00	—	0.35	—	0.35	—	—
N2	0.12	0.40～0.80	1.25	0.025	0.025	0.80～1.10	0.15	0.35	0.05	0.35	—	—
N3	0.12	0.30～0.80	1.20～1.60	0.025	0.025	1.50～1.90	—	0.35	—	0.35	—	—
N5	0.12	0.40～0.80	1.25	0.025	0.025	2.00～2.75	—	—	—	0.35	—	—
N7	0.12	0.20～0.50	1.25	0.025	0.025	3.00～3.75	—	0.35	—	0.35	—	—

代号	化学成分（质量分数）/%											
	C	Si	Mn	P	S	Ni	Cr	Mo	V	Cuc	Al	Ti+Zr
N71	0.12	0.40～0.80	1.25	0.025	0.025	3.00～3.75	—	—	—	0.35	—	—
N9	0.1	0.5	1.4	0.025	0.025	4.00～4.75	—	0.35	—	0.35	—	Ti：0.02～0.30

表 4-36　钨极气体保护焊用低温钢填充丝或焊丝熔敷金属的冲击试验温度代号（GB/T 39280—2020）

冲击试验温度代号	冲击吸收能量（KV_2）不小于 27J 时的试验温度/℃
Z	无要求
Y	+20
0	0
2	−20
3	−30
4	−40
4H	−45
5	−50
6	−60
7	−70
7H	−75
8	−80
9	−90
10	−100

第五节　耐大气及其他介质腐蚀低合金钢焊接材料

一、耐大气及其他介质腐蚀低合金钢用焊条

　　该类耐大气及其他介质腐蚀低合金钢用焊条，用于焊接耐大气及其他介质腐蚀的低合金钢。GB/T 5117—2012《非合金及细晶粒钢焊条》规定的焊条的熔敷金属化学成分列于表 4-37 中，力学性能见表 4-38。

　　临氢设备用铬钼合金钢是耐硫化氢腐蚀的钢材，它采用的焊材不属于本节内容，可查找铬钼耐热钢焊接材料一节，特此说明。

表 4-37 耐大气腐蚀及其他介质腐蚀低合金钢用焊条的熔敷金属化学成分（GB/T 5117—2012）

焊条型号	化学成分（质量分数）/%									
	C	Mn	Si	P	S	Ni	Cr	Mo	V	其他
E5016-NC	0.12	0.30~1.40	0.90	0.03	0.03	0.25~0.70	0.30	—	—	Cu: 0.20~0.60
E5028-NC	0.12	0.30~1.40	0.90	0.03	0.03	0.25~0.70	0.30	—	—	Cu: 0.20~0.60
E5716-NC	0.12	0.30~1.40	0.90	0.03	0.03	0.25~0.70	0.30	—	—	Cu: 0.20~0.60
E5728-NC	0.12	0.30~1.40	0.90	0.03	0.03	0.25~0.70	0.30	—	—	Cu: 0.20~0.60
E5016-CC	0.12	0.30~1.40	0.90	0.03	0.03	—	0.30~0.70	—	—	Cu: 0.20~0.60
E5028-CC	0.12	0.30~1.40	0.90	0.03	0.03	—	0.30~0.70	—	—	Cu: 0.20~0.60
E5716-CC	0.12	0.30~1.40	0.90	0.03	0.03	—	0.30~0.70	—	—	Cu: 0.20~0.60
E5728-CC	0.12	0.30~1.40	0.90	0.03	0.03	—	0.30~0.70	—	—	Cu: 0.20~0.60
E5016-NCC	0.12	0.30~1.40	0.90	0.03	0.03	0.05~0.45	0.45~0.75	—	—	Cu: 0.30~0.70
E5028-NCC	0.12	0.30~1.40	0.90	0.03	0.03	0.05~0.45	0.45~0.75	—	—	Cu: 0.30~0.70
E5716-NCC	0.12	0.30~1.40	0.90	0.03	0.03	0.05~0.45	0.45~0.75	—	—	Cu: 0.30~0.70
E5728-NCC	0.12	0.30~1.40	0.90	0.03	0.03	0.05~0.45	0.45~0.75	—	—	Cu: 0.30~0.70
E5016-NCC1	0.12	0.50~1.30	0.35~0.80	0.03	0.03	0.40~0.80	0.45~0.70	—	—	Cu: 0.30~0.75
E5028-NCC1	0.12	0.50~1.30	0.80	0.03	0.03	0.40~0.80	0.45~0.70	—	—	Cu: 0.30~0.75
E5516-NCC1	0.12	0.50~1.30	0.35~0.80	0.03	0.03	0.40~0.80	0.45~0.70	—	—	Cu: 0.30~0.75
E5518-NCC1	0.12	0.50~1.30	0.35~0.80	0.03	0.03	0.40~0.80	0.45~0.70	—	—	Cu: 0.30~0.75
E5716-NCC1	0.12	0.50~1.30	0.35~0.80	0.03	0.03	0.40~0.80	0.45~0.70	—	—	Cu: 0.30~0.75
E5728-NCC1	0.12	0.50~1.30	0.80	0.03	0.03	0.40~0.80	0.45~0.70	—	—	Cu: 0.30~0.75
E5016-NCC2	0.12	0.40~0.70	0.40~0.70	0.025	0.025	0.20~0.40	0.15~0.30	—	0.08	Cu: 0.30~0.60
E5018-NCC2	0.12	0.40~0.70	0.40~0.70	0.025	0.025	0.20~0.40	0.15~0.30	—	0.08	Cu: 0.30~0.60
E50XX-G[a]、E55XX-G[a]、E57XX-G[a]	—	—	—	—	—	—	—	—	—	—

注：表中单值均为最大值。

[a] 焊条型号中的"XX"代表焊条的药皮类型。

表 4-38 耐大气及其他介质腐蚀低合金钢用焊条的力学性能（GB/T 5117—2012）

焊条型号	抗拉强度 R_m/MPa	屈服强度 $^aR_{eL}$/MPa	断后伸长率 A/%	≥27J 的冲击试验温度/℃
E5016-NC	≥490	≥390	≥20	0
E5028-NC	≥490	≥390	≥20	0
E5716-NC	≥570	≥490	≥16	0
E5728-NC	≥570	≥490	≥16	0
E5016-CC	≥490	≥390	≥20	0
E5028-CC	≥490	≥390	≥20	0
E5716-CC	≥570	≥490	≥16	0
E5728-CC	≥570	≥490	≥16	0
E5016-NCC	≥490	≥390	≥20	0
E5028-NCC	≥490	≥390	≥20	0
E5716-NCC	≥570	≥490	≥16	0
E5728-NCC	≥570	≥490	≥16	0
E5016-NCC1	≥490	≥390	≥20	0
E5028-NCC1	≥490	≥390	≥20	0
E5516-NCC1	≥550	≥460	≥17	−20
E5518-NCC1	≥550	≥460	≥17	−20
E5716-NCC1	≥570	≥490	≥16	0
E5728-NCC1	≥570	≥490	≥16	0
E5016-NCC2	≥490	≥420	≥20	−20
E5018-NCC2	≥490	≥420	≥20	−20
E50XX-G[b]	≥490	≥400	≥20	—
E55XX-G[b]	≥550	≥460	≥17	—
E57XX-G[b]	≥570	≥490	≥16	—

[a] 当屈服发生不明显时，应测定规定塑性延伸强度 $R_{p0.2}$。

[b] 焊条型号中"XX"代表焊条的药皮类型。

二、气体保护焊用耐大气及其他介质腐蚀低合金钢焊丝

关于该类耐大气及其他介质腐蚀的低合金钢气保焊焊丝的标准，是 GB/T 8110—2020《熔化极气体保护电弧焊用非合金钢及细晶粒钢焊丝》标准的一部分，该类焊丝用于焊接耐大气及其他介质腐蚀的低合金钢，包括熔化极气体保护电弧焊及等离子弧焊等方法采用的焊丝，保护气体有 CO_2 及 Ar 与 CO_2 等不同比例的混合气体。气体保护焊焊丝的化学成分见表 4-39，熔敷金属抗拉强度见表 4-40。

表4-39　耐大气及其他介质腐蚀低合金钢气体保护焊焊丝焊化学成分（GB/T 8110—2020）

序号	化学成分分类	焊丝成分代号	化学成分（质量分数）[a]/%											
			C	Mn	Si	P	S	Ni	Cr	Mo	V	Cu[b]	Al	Ti+Zr
1	SNCC	—	0.12	1.00~1.65	0.60~0.90	0.030	0.030	0.10~0.30	0.50~0.80	—	—	0.20~0.60	—	—
2	SNCC1	ER55-1	0.10	1.20~1.60	0.60	0.025	0.020	0.20~0.60	0.30~0.90	—	—	0.20~0.50	—	—
3	SNCC2	—	0.10	0.60~1.20	0.60	0.025	0.020	0.20~0.60	0.30~0.90	—	—	0.20~0.50	—	—
4	SNCC21	—	0.10	0.90~1.30	0.35~0.65	0.025	0.025	0.40~0.60	0.10	—	—	0.20~0.50	—	—
5	SNCC3	—	0.10	0.90~1.30	0.35~0.65	0.025	0.025	0.20~0.50	0.20~0.50	—	—	0.20~0.50	—	—
6	SNCC31	—	0.10	0.90~1.30	0.35~0.65	0.025	0.025	—	0.20~0.50	—	—	0.20~0.50	—	—
7	SNCCT	—	0.12	1.10~1.65	0.60~0.90	0.030	0.030	0.10~0.30	0.50~0.80	—	—	0.20~0.60	—	Ti: 0.02~0.30
8	SNCCT1	—	0.12	1.20~1.80	0.50~0.80	0.030	0.030	0.10~0.40	0.50~0.80	0.02~0.30	—	0.20~0.60	—	Ti: 0.02~0.30
9	SNCCT2	—	0.12	1.10~1.70	0.50~0.90	0.030	0.030	0.40~0.80	0.50~0.80	—	—	0.20~0.60	—	Ti: 0.02~0.30
10	SN1M2T	—	0.12	1.70~2.30	0.60~1.00	0.025	0.025	0.40~0.80	—	0.20~0.60	—	0.50	—	Ti: 0.02~0.30
11	SN2M1T	—	0.12	1.10~1.90	0.30~0.80	0.025	0.025	0.80~1.60	—	0.10~0.45	—	0.50	—	Ti: 0.02~0.30
12	SN2M2T	—	0.05~0.15	1.00~1.80	0.30~0.90	0.025	0.025	0.70~1.20	—	0.20~0.60	—	0.50	—	Ti: 0.02~0.30
13	SN2M3T	—	0.05~0.15	1.40~2.10	0.30~0.90	0.025	0.025	0.70~1.20	—	0.40~0.65	—	0.50	—	Ti: 0.02~0.30
14	SN2M4T	—	0.12	1.70~2.30	0.50~1.00	0.025	0.025	0.80~1.30	—	0.55~0.85	—	0.50	—	Ti: 0.02~0.30
15	SN2MC	—	0.10	1.60	0.65	0.020	0.010	1.00~2.00	—	0.15~0.50	—	0.20~0.50	—	—
16	SN3MC	—	0.10	1.60	0.65	0.020	0.010	2.80~3.80	—	0.05~0.50	—	0.20~0.70	—	—
17	Z[c]	—	其他协定成分											

注：1. 表中单值均为最大值。

2. 化学分析应按表中规定的元素进行分析。如在分析过程中发现其他元素，这些元素的总量（除铁外）不应超过0.50%。

[a] 化学分析所列出的"焊丝成分代号"是为了便于实际使用对照。

[b] Cu含量包括镀铜层中的含量。

[c] 表中未列出的分类可用相类似层的分类表示，词头加字母"Z"。化学成分范围不进行规定，两种分类之间不可替换。

表 4-40　气体保护焊用耐大气及其他介质腐蚀低合金钢焊丝熔敷金属抗拉强度代号（GB/T 8110—2020）

抗拉强度代号 [a]	抗拉强度 R_m/MPa	屈服强度 [b] R_{eL}/MPa	断后伸长率 A/%
43×	430～600	≥330	≥20
49×	490～670	≥390	≥18
55×	550～740	≥460	≥17
57×	570～770	≥490	≥17

[a] ×代表 "A" "P" 或者 "AP"，"A" 表示在焊态条件下试验；"P" 表示在焊后热处理条件下试验；"AP" 表示在焊态和焊后热处理条件下试验均可。

[b] 当屈服发生不明显时，应测定规定塑性延伸强度 $R_{p0.2}$。

三、钨极气体保护焊用耐大气及其他介质腐蚀低合金钢填充丝或焊丝

钨极气体保护焊用耐大气及其他介质腐蚀的低合金钢填充丝或焊丝，用于焊接耐大气及其他介质腐蚀的低合金钢，保护气体为纯 Ar。GB/T 39280—2020《钨极惰性气体保护电弧焊用非合金钢及细晶粒钢实心焊丝》规定的气体保护焊焊丝的化学成分见表 4-41，熔敷金属抗拉强度和冲击试验温度分别见表 4-42 和表 4-43。

表 4-41　极气体保护用耐大气及其他介质腐蚀低合金钢钨填充丝或焊丝的化学成分（GB/T 39280—2020）

代号	化学成分（质量分数）[a,b]/%											
	C	Si	Mn	P	S	Ni	Cr	Mo	V	Cu[c]	Al	Ti+Zr
NCC	0.12	0.60～0.90	1.00～1.65	0.03	0.03	0.10～0.30	0.50～0.80	—	—	0.20～0.60	—	—
NCC1	0.12	0.20～0.40	0.40～0.70	0.03	0.03	0.50～0.80	0.50～0.80	—	—	0.30～0.75	—	—
NCCT	0.12	0.60～0.90	1.00～1.65	0.03	0.03	0.10～0.30	0.50～0.80	—	—	0.20～0.60	—	Ti：0.02～0.30
NCCT1	0.12	0.50～0.80	1.20～1.80	0.03	0.03	0.10～0.40	0.50～0.80	0.02～0.30	—	0.20～0.60	—	Ti：0.02～0.30
NCCT2	0.12	0.50～0.90	1.10～1.70	0.03	0.03	0.40～0.80	0.50～0.80	—	—	0.20～0.60	—	Ti：0.02～0.30
N1M2T	0.12	0.60～1.00	1.70～2.30	0.025	0.025	0.40～0.80	—	0.20～0.60	—	0.5		—
N1M3	0.12	0.20～0.80	1.00～1.80	0.025	0.025	0.30～0.80	—	0.40～0.65	—	0.5		—
N2M3	0.12	0.3	1.10～1.60	0.025	0.025	0.80～1.20	—	0.40～0.65	—	0.5		—
Z[d]	任意协商成分											

[a] 实心焊丝需按表中所列化学元素进行分析，如果在分析过程中存在其他未列出元素，这些元素的总和（除 Fe 之外）不应超过 0.50%（质量分数）。

[b] 表中单值均为最大值。

[c] Cu 含量包括镀铜层中的含量。

[d] 表中未列的焊丝型号可用相类似的型号表示，词头加字母 "Z"。化学成分范围不进行规定，分类同为 "Z" 的两种焊丝之间不可替换。

表 4-42　TIG 填充丝或焊丝熔敷金属的抗拉强度代号（GB/T 39280—2020）

抗拉强度代号 [a]	最小屈服强度 [b]/MPa	抗拉强度/MPa	最小伸长率 [c]/%
43X	330	430～600	20
49X	390	490～670	18
55X	460	550～740	17
57X	490	570～770	17

[a] "X" 是 "A" 或者 "P"，"A" 指在焊态条件下试验；"P" 指在焊后热处理条件下试验。

[b] 在屈服发生时将使用屈服强度（R_{eL}），否则，将使用规定塑性延伸强度（$R_{p0.2}$）。

[c] 标距长度等于试样直径的五倍。

表 4-43　TIG 填充丝或焊丝熔敷金属的冲击试验温度代号（GB/T 39280—2020）

冲击试验温度代号	冲击吸收能量（KV_2）不小于 27J 时的试验温度/℃
Z	无要求
Y	+20
0	0
2	−20
3	−30
4	−40
4H	−45
5	−50

第六节　不锈钢焊接材料

一、不锈钢焊条

　　本书中采用的不锈钢焊条标准是 GB/T 983—2012，该标准包括了熔敷金属中铬含量大于 11%的不锈钢焊条，分为奥氏体、马氏体、铁素体、双相不锈钢及沉淀硬化型不锈钢等类型，其熔敷金属化学成分和力学性能汇总于表 4-44 和表 4-45 中。

表 4-44　不锈钢焊条熔敷金属的化学成分（GB/T 983—2012）

化学成分（质量分数）[b]/%

焊条型号[a]	C	Mn	Si	P	S	Cr	Ni	Mo	Cu	其他
E209-XX	0.06	4.0~7.0	1.00	0.04	0.03	20.5~24.0	9.5~12.0	1.5~3.0	0.75	N: 0.10~0.30 V: 0.10~0.30
E219-XX	0.06	8.0~10.0	1.00	0.04	0.03	19.0~21.5	5.5~7.0	0.75	0.75	N: 0.10~0.30
E240-XX	0.06	10.5~13.5	1.00	0.04	0.03	17.0~19.0	4.0~6.0	0.75	0.75	N: 0.10~0.30
E307-XX	0.04~0.14	3.30~4.75	1.00	0.04	0.03	18.0~21.5	9.0~10.7	0.5~1.5	0.75	—
E308-XX	0.08	0.5~2.5	1.00	0.04	0.03	18.0~21.0	9.0~11.0	0.75	0.75	—
E308H-XX	0.04~0.08	0.5~2.5	1.00	0.04	0.03	18.0~21.0	9.0~11.0	0.75	0.75	—
E308L-XX	0.04	0.5~2.5	1.00	0.04	0.03	18.0~21.0	9.0~12.0	0.75	0.75	—
E308Mo-XX	0.08	0.5~2.5	1.00	0.04	0.03	18.0~21.0	9.0~12.0	2.0~3.0	0.75	—
E308LMo-XX	0.04	0.5~2.5	1.00	0.04	0.03	18.0~21.0	9.0~12.0	2.0~3.0	0.75	—
E309L-XX	0.04	0.5~2.5	1.00	0.04	0.03	22.0~25.0	12.0~14.0	0.75	0.75	—
E309-XX	0.15	0.5~2.5	1.00	0.04	0.03	22.0~25.0	12.0~14.0	0.75	0.75	—
E309H-XX	0.04~0.15	0.5~2.5	1.00	0.04	0.03	22.0~25.0	12.0~14.0	0.75	0.75	—
E309LNb-XX	0.04	0.5~2.5	1.00	0.040	0.030	22.0~25.0	12.0~14.0	0.75	0.75	Nb+Ta: 0.70~1.00
E309Nb-XX	0.12	0.5~2.5	1.00	0.04	0.03	22.0~25.0	12.0~14.0	0.75	0.75	Nb+Ta: 0.70~1.00
E309Mo-XX	0.12	0.5~2.5	1.00	0.04	0.03	22.0~25.0	12.0~14.0	2.0~3.0	0.75	—
E309LMo-XX	0.04	0.5~2.5	1.00	0.04	0.03	22.0~25.0	12.0~14.0	2.0~3.0	0.75	—
E310-XX	0.08~0.20	1.0~2.5	0.75	0.03	0.03	25.0~28.0	20.0~22.5	0.75	0.75	—
E310H-XX	0.35~0.45	1.0~2.5	0.75	0.03	0.03	25.0~28.0	20.0~22.5	0.75	0.75	—
E310Nb-XX	0.12	1.0~2.5	0.75	0.03	0.03	25.0~28.0	20.0~22.0	0.75	0.75	Nb+Ta: 0.70~1.00
E310Mo-XX	0.12	0.5~2.5	1.00	0.04	0.03	25.0~28.0	20.0~22.0	2.0~3.0	0.75	—
E312-XX	0.15	0.5~2.5	1.00	0.04	0.03	28.0~32.0	8.0~10.5	0.75	0.75	—
E316-XX	0.08	0.5~2.5	1.00	0.04	0.03	17.0~20.0	11.0~14.0	2.0~3.0	0.75	—
E316H-XX	0.04~0.08	0.5~2.5	1.00	0.04	0.03	17.0~20.0	11.0~14.0	2.0~3.0	0.75	—

续表

焊条型号 [a]	化学成分（质量分数）[b]/%									
	C	Mn	Si	P	S	Cr	Ni	Mo	Cu	其他
E316L-XX	0.04	0.5~2.5	1.00	0.04	0.03	17.0~20.0	11.0~14.0	2.0~3.0	0.75	—
E316LCu-XX	0.04	0.5~2.5	1.00	0.040	0.030	17.0~20.0	11.0~16.0	1.20~2.75	1.00~2.50	—
E316LMn-XX	0.04	5.0~8.0	0.90	0.04	0.03	18.0~21.0	15.0~18.0	2.5~3.5	0.75	N: 0.10~0.25
E317-XX	0.08	0.5~2.5	1.00	0.04	0.03	18.0~21.0	12.0~14.0	3.0~4.0	0.75	—
E317L-XX	0.04	0.5~2.5	1.00	0.04	0.03	18.0~21.0	12.0~14.0	3.0~4.0	0.75	—
E317MoCu-XX	0.08	0.5~2.5	0.90	0.035	0.030	18.0~21.0	12.0~14.0	2.0~2.5	2	—
E317LMoCu-XX	0.04	0.5~2.5	0.90	0.035	0.030	18.0~21.0	12.0~14.0	2.0~2.5	2	—
E318-XX	0.08	0.5~2.5	1.00	0.04	0.03	17.0~20.0	11.0~14.0	2.0~3.0	0.75	Nb+Ta: 6×C~1.00
E318V-XX	0.08	0.5~2.5	1.00	0.035	0.03	17.0~20.0	11.0~14.0	2.0~2.5	0.75	V: 0.30~0.70
E320-XX	0.07	0.5~2.5	0.60	0.04	0.03	19.0~21.0	32.0~36.0	2.0~3.0	3.0~4.0	Nb+Ta: 8×C~1.00
E320LR-XX	0.03	1.5~2.5	0.30	0.020	0.015	19.0~21.0	32.0~36.0	2.0~3.0	3.0~4.0	Nb+Ta: 8×C~0.40
E330-XX	0.18~0.25	1.0~2.5	1.00	0.04	0.03	14.0~17.0	33.0~37.0	0.75	0.75	—
E330H-XX	0.35~0.45	1.0~2.5	1.00	0.04	0.03	14.0~17.0	33.0~37.0	0.75	0.75	—
E330MoMnWNb-XX	0.20	3.5	0.70	0.035	0.030	15.0~17.0	33.0~37.0	2.0~3.0	0.75	Nb: 1.0~2.0 W: 2.0~3.0
E347-XX	0.08	0.5~2.5	1.00	0.04	0.03	18.0~21.0	9.0~11.0	0.75	0.75	Nb+Ta: 8×C~1.00
E347L-XX	0.04	0.5~2.5	1.00	0.040	0.030	18.0~21.0	9.0~11.0	0.75	0.75	Nb+Ta: 8×C~1.00
E349-XX	0.13	0.5~2.5	1.00	0.04	0.03	18.0~21.0	8.0~10.0	0.35~0.65	0.75	Nb+Ta: 0.75~1.20 V: 0.10~0.30 Ti≤0.15 W: 1.25~1.75
E383-XX	0.03	0.5~2.5	0.90	0.02	0.02	26.5~29.0	30.0~33.0	3.2~4.2	0.6~1.5	—
E385-XX	0.03	1.0~2.5	0.90	0.03	0.02	19.5~21.5	24.0~26.0	4.2~5.2	1.2~2.0	—
E409Nb-XX	0.12	1.00	1.00	0.040	0.030	11.0~14.0	0.60	0.75	0.75	Nb+Ta: 0.50~1.50

续表

焊条型号 [a]	化学成分（质量分数）[b]/%									
	C	Mn	Si	P	S	Cr	Ni	Mo	Cu	其他
E410-XX	0.12	1.0	0.90	0.04	0.03	11.0~14.0	0.70	0.75	0.75	—
E410NiMo-XX	0.06	1.0	0.90	0.04	0.03	11.0~12.5	4.0~5.0	0.40~0.70	0.75	—
E430-XX	0.10	1.0	0.90	0.04	0.03	15.0~18.0	0.6	0.75	0.75	—
E430Nb-XX	0.10	1.00	1.00	0.040	0.030	15.0~18.0	0.60	0.75	0.75	Nb+Ta: 0.50~1.50
E630-XX	0.05	0.25~0.75	0.75	0.04	0.03	16.00~16.75	4.5~5.0	0.75	3.25~4.00	Nb+Ta: 0.15~0.30
E16-8-2-XX	0.10	0.5~2.5	0.60	0.03	0.03	14.5~16.5	7.5~9.5	1.0~2.0	0.75	—
E16-25MoN-XX	0.12	0.5~2.5	0.90	0.035	0.030	14.0~18.0	22.0~27.0	5.0~7.0	0.75	N: ≥0.1
E2209-XX	0.04	0.5~2.0	1.00	0.04	0.03	21.5~23.5	7.5~10.5	2.5~3.5	0.75	N: 0.08~0.20
E2553-XX	0.06	0.5~1.5	1.0	0.04	0.03	24.0~27.0	6.5~8.5	2.9~3.9	1.5~2.5	N: 0.10~0.25
E2593-XX	0.04	0.5~1.5	1.0	0.04	0.03	24.0~27.0	8.5~10.5	2.9~3.9	1.5~3.0	N: 0.08~0.25
E2594-XX	0.04	0.5~2.0	1.00	0.04	0.03	24.0~27.0	8.0~10.5	3.5~4.5	0.75	N: 0.20~0.30
E2595-XX	0.04	2.5	1.2	0.03	0.025	24.0~27.0	8.0~10.5	2.5~4.5	0.4~1.5	N: 0.20~0.30 W: 0.4~1.0
E3155-XX	0.10	1.0~2.5	1.00	0.04	0.03	20.0~22.5	19.0~21.0	2.5~3.5	0.75	Nb+Ta: 0.75~1.25 Co: 18.5~21.0 W: 2.0~3.0
E33-31-XX	0.03	2.5~4.0	0.9	0.02	0.01	31.0~35.0	30.0~32.0	1.0~2.0	0.4~0.8	N: 0.3~0.5

注：表中单值均为最大值。

[a] 焊条型号中"-XX"表示焊接位置和药皮类型。

[b] 化学分析应按表中规定的元素进行分析。如果在分析过程中发现其他化学成分，则应进一步分析这些元素的含量，除铁外，不应超过0.5‰。

表 4-45 不锈钢焊条熔敷金属的力学性能（GB/T 983—2012）

焊条型号	抗拉强度 R_m/MPa	断后伸长率 A/%	焊后热处理
E209-XX	690	15	—
E219-XX	620	15	—
E240-XX	690	25	—
E307-XX	590	25	—
E308-XX	550	30	—
E308H-XX	550	30	—
E308L-XX	510	30	—
E308Mo-XX	550	30	—
E308LMo-XX	520	30	—
E309L-XX	510	25	—
E309-XX	550	25	—
E309H-XX	550	25	—
E309LNb-XX	510	25	—
E309Nb-XX	550	25	—
E309Mo-XX	550	25	—
E309LMo-XX	510	25	—
E310-XX	550	25	—
E310H-XX	620	8	—
E310Nb-XX	550	23	—
E310Mo-XX	550	28	—
E312-XX	660	15	—
E316-XX	520	25	—
E316H-XX	520	25	—
E316L-XX	490	25	—
E316LCu-XX	510	25	—
E316LMn-XX	550	15	—
E317-XX	550	20	—
E317L-XX	510	20	—
E317MoCu-XX	540	25	—
E317LMoCu-XX	540	25	—
E318-XX	550	20	—
E318V-XX	540	25	—
E320-XX	550	28	—
E320LR-XX	520	28	—

焊条型号	抗拉强度 R_m/MPa	断后伸长率 A/%	焊后热处理
E330-XX	520	23	—
E330H-XX	620	8	—
E330MoMnWNb-XX	590	25	—
E347-XX	520	25	—
E347L-XX	510	25	—
E349-XX	690	23	—
E383-XX	520	28	—
E385-XX	520	28	—
E409Nb-XX	450	13	a
E410-XX	450	15	b
E410NiMo-XX	760	10	c
E430-XX	450	15	a
E430Nb-XX	450	13	a
E630-XX	930	6	d
E16-8-2-XX	520	25	—
E16-25MoN-XX	610	30	—
E2209-XX	690	15	—
E2553-XX	760	13	—
E2593-XX	760	13	—
E2594-XX	760	13	—
E2595-XX	760	13	—
E3155-XX	690	15	—
E33-31-XX	720	20	—

注：表中单值均为最小值。

a 加热到 760～790℃，保温 2h，以不高于 55℃/h 的速度炉冷至 595℃ 以下，然后空冷至室温。

b 加热到 730～760℃，保温 1h，以不高于 110℃/h 的速度炉冷至 315℃ 以下，然后空冷至室温。

c 加热到 595～620℃，保温 1h，然后空冷至室温。

d 加热到 1025～1050℃，保温 1h，空冷至室温，然后在 610～630℃，保温 4h 沉淀硬化处理，空冷至室温。

二、气体保护焊用不锈钢焊丝

气体保护焊用不锈钢焊丝的技术要求，执行 GB/T 29713—2013《不锈钢焊丝和焊带》标准中的焊丝化学成分要求，将其相关成分列于表 4-46 中。

三、气体保护或自保护焊用不锈钢药芯焊丝

气体保护焊接用非金属粉型药芯焊丝和钨极惰性气体保护焊接用药芯填充丝的熔敷金属化学成分列于表 4-47 中。药芯焊丝或填充丝的熔敷金属力学性能列于表 4-48 中。

不锈钢盘条与不锈钢焊丝牌号/分类对照见表 4-49。

表4-46　气体保护焊用不锈钢焊丝化学成分（GB/T 29713—2013）

牌号	化学成分（质量分数）/%										
	C	Si	Mn	P	S	Cr	Ni	Mo	Cu	Nb[a]	其他
209	0.05	0.90	4.0~7.0	0.03	0.03	20.5~24.0	9.5~12.0	1.5~3.0	0.75	—	N：0.10~0.30 V：0.10~0.30
218	0.10	3.5~4.5	7.0~9.0	0.03	0.03	16.0~18.0	8.0~9.0	0.75	0.75	—	N：0.08~0.18
219	0.05	1.00	8.0~10.0	0.03	0.03	19.0~21.5	5.5~7.0	0.75	0.75	—	N：0.10~0.30
240	0.05	1.00	10.5~13.5	0.03	0.03	17.0~19.0	4.0~6.0	0.75	0.75	—	N：0.10~0.30
307[b]	0.04~0.14	0.65	3.3~4.8	0.03	0.03	19.5~22.0	8.0~10.7	0.5~1.5	0.75	—	—
307Si[b]	0.04~0.14	0.65~1.00	6.5~8.0	0.03	0.03	18.5~22.0	8.0~10.7	0.75	0.75	—	—
307Mn[b]	0.20	1.2	5.0~8.0	0.03	0.03	17.0~20.0	7.0~10.0	0.5	0.5	—	—
308	0.08	0.65	1.0~2.5	0.03	0.03	19.5~22.0	9.0~11.0	0.75	0.75	—	—
308Si	0.08	0.65~1.00	1.0~2.5	0.03	0.03	19.5~22.0	9.0~11.0	0.75	0.75	—	—
308H	0.04~0.08	0.65	1.0~2.5	0.03	0.03	19.5~22.0	9.0~11.0	0.50	0.75	—	—
308L	0.03	0.65	1.0~2.5	0.03	0.03	19.5~22.0	9.0~11.0	0.75	0.75	—	—
308LSi	0.03	0.65~1.00	1.0~2.5	0.03	0.03	19.5~22.0	9.0~11.0	0.75	0.75	—	—
308Mo	0.08	0.65	1.0~2.5	0.03	0.03	18.0~21.0	9.0~12.0	2.0~3.0	0.75	—	—
308LMo	0.03	0.65	1.0~2.5	0.03	0.03	18.0~21.0	9.0~12.0	2.0~3.0	0.75	—	—
309	0.12	0.65	1.0~2.5	0.03	0.03	23.0~25.0	12.0~14.0	0.75	0.75	—	—
309Si	0.12	0.65~1.00	1.0~2.5	0.03	0.03	23.0~25.0	12.0~14.0	0.75	0.75	—	—
309L	0.03	0.65	1.0~2.5	0.03	0.03	23.0~25.0	12.0~14.0	0.75	0.75	—	—
309LD[c]	0.03	0.65	1.0~2.5	0.03	0.03	21.0~24.0	10.0~12.0	0.75	0.75	—	—
309LSi	0.03	0.65~1.00	1.0~2.5	0.03	0.03	23.0~25.0	12.0~14.0	0.75	0.75	—	—

续表

牌号	化学成分（质量分数）/%										
	C	Si	Mn	P	S	Cr	Ni	Mo	Cu	Nbᵃ	其他
309LNb	0.03	0.65	1.0~2.5	0.03	0.03	23.0~25.0	12.0~14.0	0.75	0.75	10×C~1.0	—
309LNbDᶜ	0.03	0.65	1.0~2.5	0.03	0.03	20.0~23.0	11.0~13.0	0.75	0.75	10×C~1.2	—
309Mo	0.12	0.65	1.0~2.5	0.03	0.03	23.0~25.0	12.0~14.0	2.0~3.0	0.75	—	—
309LMo	0.03	0.65	1.0~2.5	0.03	0.03	23.0~25.0	12.0~14.0	2.0~3.0	0.75	—	—
309LMoDᶜ	0.03	0.65	1.0~2.5	0.03	0.03	19.0~22.0	12.0~14.0	2.3~3.3	0.75	—	—
310ᵇ	0.08~0.15	0.65	1.0~2.5	0.03	0.03	25.0~28.0	20.0~22.5	0.75	0.75	—	—
310Sᵇ	0.08	0.65	1.0~2.5	0.03	0.03	25.0~28.0	20.0~22.5	0.75	0.75	—	—
310Lᵇ	0.03	0.65	1.0~2.5	0.03	0.03	25.0~28.0	20.0~22.5	0.75	0.75	—	—
312	0.15	0.65	1.0~2.5	0.03	0.03	28.0~32.0	8.0~10.5	0.75	0.75	—	—
316	0.08	0.65	1.0~2.5	0.03	0.03	18.0~20.0	11.0~14.0	2.0~3.0	0.75	—	—
316Si	0.08	0.65~1.00	1.0~2.5	0.03	0.03	18.0~20.0	11.0~14.0	2.0~3.0	0.75	—	—
316H	0.04~0.08	0.65	1.0~2.5	0.03	0.03	18.0~20.0	11.0~14.0	2.0~3.0	0.75	—	—
316L	0.03	0.65	1.0~2.5	0.03	0.03	18.0~20.0	11.0~14.0	2.0~3.0	0.75	—	—
316LSi	0.03	0.65~1.00	1.0~2.5	0.03	0.03	18.0~20.0	11.0~14.0	2.0~3.0	0.75	—	—
316LCu	0.03	0.65	1.0~2.5	0.03	0.03	18.0~20.0	11.0~14.0	2.0~3.0	1.0~2.5	—	—
316LMnᵇ	0.03	1.0	5.0~9.0	0.03	0.02	19.0~22.0	15.0~18.0	2.5~4.5	0.5	—	N: 0.10~0.20
317	0.08	0.65	1.0~2.5	0.03	0.03	18.5~20.5	13.0~15.0	3.0~4.0	0.75	—	—
317L	0.03	0.65	1.0~2.5	0.03	0.03	18.5~20.5	13.0~15.0	3.0~4.0	0.75	—	—
318	0.08	0.65	1.0~2.5	0.03	0.03	18.0~20.0	11.0~14.0	2.0~3.0	0.75	8×C~1.0	—

续表

化学成分（质量分数）/%

牌号	C	Si	Mn	P	S	Cr	Ni	Mo	Cu	Nb[a]	其他
318L	0.03	0.65	1.0~2.5	0.03	0.03	18.0~20.0	11.0~14.0	2.0~3.0	0.75	8×C~1.0	—
320[b]	0.07	0.60	2.5	0.03	0.03	19.0~21.0	32.0~36.0	2.0~3.0	3.0~4.0	8×C~1.0	—
320LR[b]	0.025	0.15	1.5~2.0	0.015	0.02	19.0~21.0	32.0~36.0	2.0~3.0	3.0~4.0	8×C~0.40	—
321	0.08	0.65	1.0~2.5	0.03	0.03	18.5~20.5	9.0~10.5	0.75	0.75	—	Ti: 9×C~1.0
330	0.18~0.25	0.65	1.0~2.5	0.03	0.03	15.0~17.0	34.0~37.0	0.75	0.75	—	—
347	0.08	0.65	1.0~2.5	0.03	0.03	19.0~21.5	9.0~11.0	0.75	0.75	10×C~1.0	—
347Si	0.08	0.65~1.00	1.0~2.5	0.03	0.03	19.0~21.5	9.0~11.0	0.75	0.75	10×C~1.0	—
347L	0.03	0.65	1.0~2.5	0.03	0.03	19.0~21.5	9.0~11.0	0.75	0.75	10×C~1.0	—
383[b]	0.025	0.50	1.0~2.5	0.02	0.03	26.5~28.5	30.0~33.0	3.2~4.2	0.7~1.5	—	—
385[b]	0.025	0.50	1.0~2.5	0.02	0.03	19.5~21.5	24.0~26.0	4.2~5.2	1.2~2.0	—	—
409	0.08	0.8	0.8	0.03	0.03	10.5~13.5	0.6	0.50	0.75	—	Ti: 10×C~1.5
409Nb	0.12	0.5	0.6	0.03	0.03	10.5~13.5	0.6	0.75	0.75	8×C~1.0	—
410	0.12	0.5	0.6	0.03	0.03	11.5~13.5	0.6	0.75	0.75	—	—
410NiMo	0.06	0.5	0.6	0.03	0.03	11.0~12.5	4.0~5.0	0.4~0.7	0.75	—	—
420	0.25~0.40	0.5	0.6	0.03	0.03	12.0~14.0	0.75	0.75	0.75	—	—
430	0.10	0.5	0.6	0.03	0.03	15.5~17.0	0.6	0.75	0.75	—	—
430Nb	0.10	0.5	0.6	0.03	0.03	15.5~17.0	0.6	0.75	0.75	8×C~1.2	—
430LNb	0.03	0.5	0.6	0.03	0.03	15.5~17.0	0.6	0.75	0.75	8×C~1.2	—
439	0.04	0.8	0.8	0.03	0.03	17.0~19.0	0.6	0.5	0.75	—	Ti: 10×C~1.1

续表

牌号	化学成分（质量分数）/%										
	C	Si	Mn	P	S	Cr	Ni	Mo	Cu	Nb[a]	其他
446LMo	0.015	0.4	0.4	0.02	0.02	25.0~27.0	Ni+Cu:0.5	0.75~1.50	Ni+Cu:0.5	—	N:0.015
630	0.05	0.75	0.25~0.75	0.03	0.03	16.00~16.75	4.5~5.0	0.75	3.25~4.00	0.15~0.30	—
16-8-2	0.10	0.65	1.0~2.5	0.03	0.03	14.5~16.5	7.5~9.5	1.0~2.0	0.75	—	—
19-10H	0.04~0.08	0.65	1.0~2.0	0.03	0.03	18.5~20.0	9.0~11.0	0.25	0.75	0.05	Ti：0.05
2209	0.03	0.90	0.5~2.0	0.03	0.03	21.5~23.5	7.5~9.5	2.5~3.5	0.75	—	N：0.08~0.20
2553	0.04	1.0	1.5	0.04	0.03	24.0~27.0	4.5~6.5	2.9~3.9	1.5~2.5	—	N：0.10~0.25
2594	0.03	1.0	2.5	0.03	0.02	24.0~27.0	8.0~10.5	2.5~4.5	1.5	—	N：0.20~0.30 W：1.0
33-31	0.015	0.50	2.00	0.02	0.01	31.0~35.0	30.0~33.0	0.5~2.0	0.3~1.2	—	N：0.35~0.60
3556	0.05~0.15	0.20~0.80	0.50~2.00	0.04	0.015	21.0~23.0	19.0~22.5	2.5~4.0	—	0.30	d
Z[e]	其他成分										

注：表中单值均为最大值。

[a] 不超过 Nb 含量总量的 20%，可用 Ta 代替。

[b] 熔敷金属在多数情况下不是纯奥氏体，因此对微裂纹和热裂纹敏感。增加焊缝金属中的 Mn 含量可减少裂纹的发生，因此 Mn 的范围可以扩大到一定等级。

[c] 这些分类主要用于低稀释率的堆焊，如电渣焊带。

[d] N：0.10~0.30，Co：16.0~21.0，W：2.0~3.5，Ta：0.30~1.25，Al：0.10~0.50，Zr：0.001~0.100，La：0.005~0.100，B：0.02。

[e] 表中未列的焊丝及焊带可用相类似的符号表示，词头加字母 "Z"。化学成分范围不进行规定，两种分类之间可替换。

表4-47　气体保护非金属粉型药芯焊丝或焊丝填充丝的熔敷金属化学成分（GB/T 17853—2018）

牌号	化学成分（质量分数）/%											
	C	Mn	Si	P	S	Ni	Cr	Mo	Cu	Nb+Ta	N	其他
307	0.13	3.30~4.75	1.0	0.04	0.03	9.0~10.5	18.0~20.5	0.5~1.5	0.75	—	—	—
308	0.08	0.5~2.5	1.0	0.04	0.03	9.0~11.0	18.0~21.0	0.75	0.75	—	—	—
308L	0.04	0.5~2.5	1.0	0.04	0.03	9.0~12.0	18.0~21.0	0.75	0.75	—	—	—
308H	0.04~0.08	0.5~2.5	1.0	0.04	0.03	9.0~11.0	18.0~21.0	0.75	0.75	—	—	—
308Mo	0.08	0.5~2.5	1.0	0.04	0.03	9.0~11.0	18.0~21.0	2.0~3.0	0.75	—	—	—
308LMo	0.04	0.5~2.5	1.0	0.04	0.03	9.0~12.0	18.0~21.0	2.0~3.0	0.75	—	—	—
309	0.10	0.5~2.5	1.0	0.04	0.03	12.0~14.0	22.0~25.0	0.75	0.75	—	—	—
309L	0.04	0.5~2.5	1.0	0.04	0.03	12.0~14.0	22.0~25.0	0.75	0.75	—	—	—
309H	0.04~0.10	0.5~2.5	1.0	0.04	0.03	12.0~14.0	22.0~25.0	0.75	0.75	—	—	—
309Mo	0.12	0.5~2.5	1.0	0.04	0.03	12.0~16.0	21.0~25.0	2.0~3.0	0.75	—	—	—
309LMo	0.04	0.5~2.5	1.0	0.04	0.03	12.0~16.0	21.0~25.0	2.0~3.0	0.75	—	—	—
309LNb	0.04	0.5~2.5	1.0	0.04	0.03	12.0~14.0	22.0~25.0	0.75	0.75	0.7~1.0	—	—
309LNiMo	0.04	0.5~2.5	1.0	0.04	0.03	15.0~17.0	20.5~23.5	2.5~3.5	0.75	—	—	—
310	0.20	1.0~2.5	1.0	0.03	0.03	20.0~22.5	25.0~28.0	0.75	0.75	—	—	—
312	0.15	0.5~2.5	1.0	0.04	0.03	8.0~10.5	28.0~32.0	0.75	0.75	—	—	—
316	0.08	0.5~2.5	1.0	0.04	0.03	11.0~14.0	17.0~20.0	2.0~3.0	0.75	—	—	—
316L	0.04	0.5~2.5	1.0	0.04	0.03	11.0~14.0	17.0~20.0	2.0~3.0	0.75	—	—	—
316H	0.04~0.08	0.5~2.5	1.0	0.04	0.03	11.0~14.0	17.0~20.0	2.0~3.0	0.75	—	—	—
316LCu	0.04	0.5~2.5	1.0	0.04	0.03	11.0~16.0	17.0~20.0	1.25~2.75	1.0~2.5	—	—	—
317	0.08	0.5~2.5	1.0	0.04	0.03	12.0~14.0	18.0~21.0	3.0~4.0	0.75	—	—	—

续表

化学成分（质量分数）/%

牌号	C	Mn	Si	P	S	Ni	Cr	Mo	Cu	Nb+Ta	N	其他
317L	0.04	0.5~2.5	1.0	0.04	0.03	12.0~14.0	18.0~21.0	3.0~4.0	0.75	—	—	—
318	0.08	0.5~2.5	1.0	0.04	0.03	11.0~14.0	17.0~20.0	2.0~3.0	0.75	8×C~1.0	—	—
347	0.08	0.5~2.5	1.0	0.04	0.03	9.0~11.0	18.0~21.0	0.75	0.75	8×C~1.0	—	—
347L	0.04	0.5~2.5	1.0	0.04	0.03	9.0~11.0	18.0~21.0	0.75	0.75	8×C~1.0	—	—
347H	0.04~0.08	0.5~2.5	1.0	0.04	0.03	9.0~11.0	18.0~21.0	0.5	0.75	8×C~1.0	—	Ti: 10×C~1.5
409	0.10	0.80	1.0	0.04	0.03	0.6	10.5~13.5	0.75	0.75	—	—	—
409Nb	0.10	1.2	1.0	0.04	0.03	0.6	10.5~13.5	0.75	0.75	8×C~1.5	—	—
410	0.12	1.2	1.0	0.04	0.03	0.6	11.0~13.5	0.75	0.75	—	—	—
410NiMo	0.06	1.0	1.0	0.04	0.03	4.0~5.0	11.0~12.5	0.4~0.7	0.75	—	—	—
410NiTi	0.04	0.70	0.50	0.03	0.03	3.6~4.5	11.0~12.0	0.5	0.50	—	—	Ti: 10×C~1.5
430	0.10	1.2	1.0	0.04	0.03	0.6	15.0~18.0	0.75	0.75	—	—	—
430Nb	0.10	1.2	1.0	0.04	0.03	0.6	15.0~18.0	0.75	0.75	0.5~1.5	—	—
16-8-2	0.10	0.5~2.5	0.75	0.04	0.03	7.5~9.5	14.5~17.5	1.0~2.0	0.75	—	—	Cr+Mo: 18.5
2209	0.04	0.5~2.0	1.0	0.04	0.03	7.5~10.0	21.0~24.0	2.5~4.0	0.75	—	0.08~0.20	—
2307	0.04	2.0	1.0	0.03	0.02	6.5~10.0	22.5~25.5	0.8	0.50	—	0.10~0.20	—
2553	0.04	0.5~1.5	0.75	0.04	0.03	8.5~10.5	24.0~27.0	2.9~3.9	1.5~2.5	—	0.10~0.25	—
2594	0.04	0.5~2.5	1.0	0.04	0.03	8.0~10.5	24.0~27.0	2.5~4.5	1.5	—	0.20~0.30	W: 1.0
GXª	其他协定成分											

注：表中单列出的值均为最大值。

ª 表中未列出的分类可用相类似的分类表示，词头加字母"G"。化学成分范围不进行规定，两种分类之间不可替换。

表 4-48　不锈钢药芯焊丝或填充丝的熔敷金属力学性能（GB/T 17853—2018）

牌号	抗拉强度 R_m/MPa	断后伸长率 A/%	焊后热处理
307	≥590	≥25	
308	≥550	≥25	
308L	≥520	≥25	
308H	≥550	≥25	
308Mo	≥550	≥25	
308LMo	≥520	≥25	
308HMo	≥550	≥25	
309	≥550	≥25	
309L	≥520	≥25	
309H	≥550	≥25	
309Mo	≥550	≥15	
309LMo	≥520	≥15	
309LNiMo	≥520	≥15	
309LNb	≥520	≥25	—
310	≥550	≥25	
312	≥660	≥15	
316	≥520	≥25	
316L	≥485	≥25	
316LK	≥485	≥25	
316H	≥520	≥25	
316LCu	≥485	≥25	
317	≥550	≥20	
317L	≥520	≥20	
318	≥520	≥20	
347	≥520	≥25	
347L	≥520	≥25	
347H	≥550	≥25	
409	≥450	≥15	
409Nb	≥450	≥15	a
410	≥520	≥15	a
410NiMo	≥760	≥10	b
410NiTi	≥760	≥10	b
430	≥450	≥15	c
430Nb	≥450	≥13	c
430LNb	≥410	≥13	—
16-8-2	≥520	≥25	

续表

牌号	抗拉强度 R_m/MPa	断后伸长率 A/%	焊后热处理
2209	≥690	≥15	
2307	≥690	≥15	
2553	≥760	≥13	—
2594	≥760	≥13	
GX	供需双方协定		

a 加热到 730～760℃之间，保温 1h，随炉冷到 315℃，然后空冷至室温。
b 加热到 590～620℃之间，保温 1h，然后空冷至室温。
c 加热到 760～790℃之间，保温 2h，随炉冷到 600℃，然后空冷至室温。

表 4-49　不锈钢盘条与不锈钢焊丝牌号/分类对照

序号	GB/T 4241—2017	GB/T 29713—2013	序号	GB/T 4241—2017	GB/T 29713—2013
1	H04Cr22Ni11Mn6Mo3VN	209	26	H11Cr26Ni21	310
2	H08Cr17Ni8Mn8Si4N	218	27	H06Cr26Ni21	310S
3	H04Cr20Ni6Mn9N	219	28	H022Cr26Ni21	310L
4	H04Cr18Ni5Mn12N	240	29	H12Cr30Ni9	312
5	H08Cr21Ni10Mn6	—	30	H06Cr19Ni12Mo2	316
6	H09Cr21Ni9Mn4Mo	307	31	H06Cr19Ni12Mo2Si	316Si
7	H09Cr21Ni9Mn7Si	307Si	32	H07Cr19Ni12Mo2	316H
8	H16Cr19Ni9Mn7	307Mn	33	H022Cr19Ni12Mo2	316L
9	H06Cr21Ni10	308	34	H022Cr19Ni12Mo2Si	316LSi
10	H06Cr21Ni10Si	308Si	35	H022Cr19Ni12Mo2Cu2	316LCu
11	H07Cr21Ni10	308H	36	H022Cr20Ni16Mn7Mo3N	316LMn
12	H022Cr21Ni10	308L	37	H06Cr19Ni14Mo3	317
13	H022Cr21Ni10Si	308LSi	38	H022Cr19Ni14Mo3	317L
14	H06Cr20Ni11Mo2	308Mo	39	H06Cr19Ni12Mo2Nb	318
15	H022Cr20Ni11Mo2	308LMo	40	H022Cr19Ni12Mo2Nb	318L
16	H10Cr24Ni13	309	41	H05Cr20Ni34Mo2Cu3Nb	320
17	H10Cr24Ni13Si	309Si	42	H019Cr20Ni34Mo2Cu3Nb	320LR
18	H022Cr24Ni13	309L	43	H06Cr19Ni10Ti	321
19	H022Cr22Ni11	309LD	44	H21Cr16Ni35	330
20	H022Cr24Ni13Si	309LSi	45	H06Cr20Ni10Nb	347
21	H022Cr24Ni13Nb	309LNb	46	H06Cr20Ni10NbSi	347Si
22	H022Cr21Ni12Nb	309LNbD	47	H022Cr20Ni10Nb	347L
23	H10Cr24Ni13Mo2	309Mo	48	H019Cr27Ni32Mo3Cu	383
24	H022Cr24Ni13Mo2	309LMo	49	H019Cr20Ni25Mo4Cu	385
25	H022Cr21Ni13Mo3	309LMoD	50	H08Cr16Ni8Mo2	16-8-2

序号	GB/T 4241—2017	GB/T 29713—2013	序号	GB/T 4241—2017	GB/T 29713—2013
51	H06Cr19Ni10	19-10H	60	H08Cr17Nb	430Nb
52	H011Cr33Ni31MoCuN	33-31	61	H022Cr17Nb	430LNb
53	H10Cr22Ni21Co18Mo3W3TaAlZrLaN	3556	62	H03Cr18Ti	439
54	H022Cr22Ni9Mo3N	2209	63	H011Cr26Mo	446LMo
55	H03Cr25Ni5Mo3Cu2N	2553	64	H10Cr13	410
56	H022Cr25Ni9Mo4N	2594	65	H05Cr12Ni4Mo	410NiMo
57	H06Cr12Ti	409	66	022Cr13Ni4Mo	—
58	H10Cr12Nb	409Nb	67	H32Cr13	420
59	H08Cr17	430	68	H04Cr17Ni4Cu4Nb	630

附录

1. 焊剂牌号

熔炼焊剂前字母为"HJ"，烧结焊剂前字母为"SJ"，其后的三位数字表示渣系成分。烧结焊剂的牌号及其主要成分范围见附表1。

附表1　烧结焊剂牌号的主要成分范围

焊剂牌号	熔渣渣系类型	主要组成范围
SJ1XX	氟碱型（FB）	$CaF \geqslant 15\%$，$CaO+MgO+MnO+CaF_2 \geqslant 50\%$，$SiO_2 \leqslant 20\%$
SJ2XX	铝碱型（AB）	$Al_2O_3 \geqslant 20\%$，$Al_2O_3+CaO+MgO>45\%$
SJ3XX	钙硅型（CS）	$CaO+MgO+SiO_2 \geqslant 60\%$
SJ4XX	锰硅型（MS）	$MnO+SiO_2 \geqslant 50\%$
SJ5XX	铝钛型（AR）	$Al_2O_3+TiO_2 \geqslant 45\%$
SJ6XX	其他型（ST）	不规定

2. 焊剂的组合型号

低合金钢用完整的焊剂—焊丝组合型号示意如下，它与碳素钢的组合不同，碳素钢的 F 后面用一位数字表示与焊丝组合后的熔敷金属抗拉强度最小值，只有"4"或"5"两组。

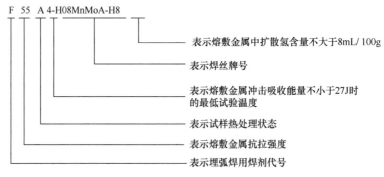

字母"F"表示焊剂，其后面的两位数字表示与焊丝组合后的熔敷金属抗拉强度最小值，相应的抗拉强度、屈服强度及断后伸长率三项指标，列于附表2。

字母"F"后面的英文字母表示热处理状态，"A"代表焊态，"P"代表焊后热处理状态。

字母"F"后面的第3位数字表示熔敷金属冲击吸收能量不小于27J时的最低试验温度。

"-"后面的部分表示焊丝牌号，它符合相应标准要求。

最后一项表示扩散氢及其含量。

附表 2 力学性能指标

焊剂型号	抗拉强度 R_m/MPa	屈服强度 $R_{p0.2}$/MPa	伸长率 A/%
F48XX-HXXX	480~660	≥400	≥22
F55XX-HXXX	550~700	≥470	≥20
F62XX-HXXX	620~760	≥540	≥17
F69XX-HXXX	690~830	≥610	≥16
F76XX-HXXX	760~900	≥680	≥15
F83XX-HXXX	830~970	≥740	≥14

参考文献

[1] 林慧国, 林钢, 张凤华. 世界钢铁牌号对照与速查手册[M]. 北京: 化学工业出版社, 2010.

[2] 纪贵. 世界钢号对照手册[M]. 北京: 中国标准出版社, 2013.

[3] 张子荣. 简明焊接材料选用手册[M]. 北京: 机械工业出版社, 2012.

[4] 尹士科, 边境, 陈默. 钢铁材料焊接施工概览[M]. 北京: 化学工业出版社, 2020.

[5] 苏航, 张解, 陈晓玲, 等. 多国钢铁材料牌号的计算机自动匹配技术[J]. 材料导报, 2005(11): 8-11.

[6] 李霞, 苏航, 陈晓玲, 等. 材料数据库的现状与发展趋势[J]. 中国冶金, 2007(06): 4-8.

[7] 吴树雄. 电焊条选用指南[M]. 北京: 化学工业出版社, 2010.

[8] 尹士科. 焊接材料手册[M]. 北京: 化学工业出版社, 2000.

[9] 干勇, 田志凌等. 中国材料工程大典: 第2、3卷 钢铁材料工程(上、下)[M]. 北京: 化学工业出版社, 2006.

[10] 金属材料卷编辑委员会编. 中国冶金百科全书: 金属材料卷[M]北京: 冶金工业出版社, 2001.

[11] 吴树雄, 尹士科, 李春范. 金属焊接材料手册[M]. 北京: 化学工业出版社, 2008.

[12] 机械科学研究院哈尔滨焊接研究所. 焊接材料产品手册[M]. 北京: 机械工业出版社, 2012.

[13] 霍春勇, 李鹤林. 中国天然气管道用钢管技术发展与展望[C]//中国石油学会, 世界石油理事会中国国家委员会, 科技部社会发展科技司. 2014中国油气论坛——油气管道技术专题研讨会论文集, 2014.

[14] 王晓香. 2016—2017年以来我国焊管产业的运行情况及技术进步[J]. 焊管, 2018, 41(06): 1-6.

[15] 牛爱军, 毕宗岳, 张高兰. 海底管线用管线钢及钢管的研发与应用[J]. 焊管, 2019, 42(06): 1-6.

[16] 胡正飞, 杨振国. 高铬耐热钢的发展及其应用[J]. 钢铁研究学报, 2003(03): 60-65.

[17] 刘振宝, 梁剑雄, 苏杰等. 高强度不锈钢的研究及发展现状[J]. 金属学报, 2020, 56(04): 549-557.

[18] 天津金桥焊材集团有限公司. 金桥焊材产品样本.

[19] 天津大桥焊材集团有限公司. 焊接材料手册.

[20] 四川大西洋焊接材料股份有限公司. 大西洋焊接材料手册.

[21] 昆山京群焊材科技有限公司. 京雷焊材焊接材料手册.

[22] 林肯电气中国. 焊接材料手册.

[23] Metrode Welding Consumables. Metrode Welding Consumables Product Catalog.

[24] Nippon Steel Welding & Engineering Co., Ltd. Product Catalog the 9th Edition.

[25] Hobart Welding Products. Hobart 焊材综合样本.

[26] 江苏孚尔姆焊业股份有限公司. 焊接材料手册.

[27] 武汉铁锚焊接材料股份有限公司. 铁锚焊接材料.

[28] 哈尔滨威尔焊接有限责任公司. 威尔焊接材料.

[29] 北京金威焊材有限公司. 金威焊材焊接材料手册.

[30] 伊萨 ESAB. 伊萨进口焊材手册第一版(中文版).

[31] 奥钢联伯乐焊接中国有限公司. 苏州产品手册.

[32] Zika Industries Ltd.. ZIKA Product Catalog.

[33] Oerlikon welding. Welding Cousumables Product Data.

[34] 锦州特种焊条有限公司. 焊接材料手册.

[35] 株式会社神户制钢所. 神钢焊接总合手册(中文版).

[36] 日本油脂株式会社. 油脂焊接综合手册(中文版).

[37] HYUNDAI WELDING CO., LTD. Hyundai Welding Consumables 12th Edition.